U0301023

水利部公益性行业科研专项经费项目

海南岛
河湖水系连通与水资源联合调配研究

陈成豪　李龙兵　黄国如　冯杰　林尤文　等　著

中国水利水电出版社
www.waterpub.com.cn
·北京·

图书在版编目（ＣＩＰ）数据

海南岛河湖水系连通与水资源联合调配研究 ／ 陈成豪等著. -- 北京 ： 中国水利水电出版社，2019.5
ISBN 978-7-5170-7668-1

Ⅰ．①海… Ⅱ．①陈… Ⅲ．①水资源管理－资源配置－研究－海南 Ⅳ．①TV213.4

中国版本图书馆CIP数据核字(2019)第087692号

书　　名	海南岛河湖水系连通与水资源联合调配研究 HAINANDAO HEHU SHUIXI LIANTONG YU SHUIZIYUAN LIANHE DIAOPEI YANJIU
作　　者	陈成豪　李龙兵　黄国如　冯杰　林尤文 等 著
出 版 发 行	中国水利水电出版社
	(北京市海淀区玉渊潭南路1号D座　100038)
	网址: www.waterpub.com.cn
	E-mail: sales@waterpub.com.cn
	电话: (010) 68367658 (营销中心)
经　　售	北京科水图书销售中心 (零售)
	电话: (010) 88383994、63202643、68545874
	全国各地新华书店和相关出版物销售网点
排　　版	中国水利水电出版社微机排版中心
印　　刷	北京印匠彩色印刷有限公司
规　　格	184mm×260mm　16开本　17.5印张　439千字　8插页
版　　次	2019年5月第1版　2019年5月第1次印刷
印　　数	001—800册
定　　价	108.00元

内容提要

本书主要在对海南岛河湖水系连通现状进行充分调研的基础上，明晰了河湖水系连通的基本概念、内涵和特征，综合运用系统动力学、环境学、统计分析法等理论和方法，采用分析、仿真模拟、评价和归纳总结相结合的手段，对河湖水系连通进行了系统概化和仿真评价分析研究。对海口市水资源水环境问题进行了分析，评估了海口市河湖水系连通工程；以海口市龙昆沟为例，进行了河湖水系连通水量调度数值模拟研究，并对海口市社会经济发展进行了需水预测；构建了海口市水资源优化配置模型，开发了海口市河湖水系连通系统。

本书可供从事水利、水务、规划和环保等科研工作者和工程技术人员使用，也可供相关专业的大学本科生和研究生使用与参考。

本书编委会

主　　编：陈成豪

副主编：李龙兵　黄国如

参　　编：冯　杰　　林尤文　　廖　军　　邢李桃　　陈小康

陈秋松　　张　鹭　　黄宇辉　　王　坚　　肖　静

林道平　　李沁林　　吴煜禾　　陈　婷　　赵光辉

陈　尧　　吴　明　　陈海浪　　陈　群　　周通明

莫书平　　吴际伟　　黄宗元　　王　丁　　利　锋

刘曾美　　胡海英　　冼卓雁　　李彤彤　　王　欣

喻海军　　武传号　　张灵敏　　黄　维　　陈文杰

张　瀚　　吴海春　　陈晓丽　　麦叶鹏　　李立成

曾娇娇　　冯麒宇　　曾家俊　　刘家宏　　杨志勇

翁白莎　　邵薇薇　　丁相毅　　陈向东　　于赢东

李晓丽　　段衍衍　　张良艳　　陈青青

前 言
FOREWORD

海南省位于我国的最南端，四面环海，属热带季风海洋性气候，随着海南国际旅游岛建设被确立为国家发展战略，海南省正在规划建设世界一流的海岛休闲度假旅游目的地。作为海南省省会城市的海口市和海南省其他地区一样，河网水系发达，纵横交错，为海口市构建"海洋、江河与湖泊"水景观提供了良好的自然条件。但海口市在城市化以及社会经济发展进程中，将河道排水改为管道排水，河流水面被人为侵占、河网末端大量村镇级小河流被填埋，河网水系的自然调蓄功能萎缩，高度城市化地区非主干河道不断减少，河网结构趋于简单，河网有单一化以及主干化的趋势，导致河流水系结构破坏以及功能退化的状况比较突出，严重影响了河网水系的连通性和水动力特性，造成河湖逐年淤积、水污染日益加剧、生态环境退化。因此，开展海南岛河湖水系连通及水资源调配研究，是保证海南岛河湖水系健康生命的重要基础工作，具有重要的研究价值。

本书共分 11 章。第 1 章为绪论，主要介绍了项目的研究背景、研究意义，着重论述了河湖水系连通的国内外研究进展情况，主要包括河湖水系连通、需水量、水资源配置和水资源调度与管理系统等内容，在此基础上明确了项目研究目标和主要研究内容。第 2 章为河湖水系连通内涵与评价指标体系，针对河湖水系连通研究不够充分、其内涵不够明晰等问题，在总结相关研究成果的基础上，结合河湖水系连通的战略目标、构成要素等，着重对河湖水系连通的概念、内涵及特征进行深入探讨。第 3 章为海南岛河湖水系连通系统动力学评价，主要在系统科学、可持续发展思想和战略思维方法的指导下，综合运用系统动力学、环境学、统计分析法等理论和方法，采用分析、仿真模拟、评价和归纳总结相结合的方式，对河湖水系连通进行了系统概化和仿真评价分析研究。第 4 章为海南岛河湖水系连通工程布局，主要介绍海南岛河湖水系连通总体布局，介绍河湖水系连通背景、现状、连通必要性和可行性、建设思路，提出海南岛河湖水系连通总体布局，在此基础上介绍了海南岛典型河湖水系连通工程情况。第 5 章为海口市水资源现状，主要介绍了海口市城市基本情况，包括地理环境、社会经济、水资源概况及水资源利用情况等，着重介绍了海口市河网水系、水环境质量存在的主要问题及其原因，提出改善水环境质量的整治措施。第 6 章为海口市河湖水系连通工程，主要介绍了海口市重点河流、湖泊、水库等水系分布和基本特征，阐述了海口市河湖水系连通格局，着重介绍了江东水系和龙昆沟水系连通工程，并利用 MIKE 模型模拟评估了该工程建设对改善水动力条件和水质提升的效果。第 7 章为海口市需水预测，主要基于系统动力学理论，对海口市进行了水资源需求预测。第 8 章为海口市来水预测，主要介绍了海口市南渡江的来水预测方法。第 9 章为海口市水资源合理配置，主要介绍了水资源合理配置内涵、模式和原则，并以此构建了海口市量质效三位一体水资源合理配置模型，对海口市现状和未来的水资源合理配置模型进行求解。第 10 章为海口市河湖水系连通与联合调配水资源管理系统，主要介绍了海口市水利信息化建设的必要性和可行性，针对海口市河湖水系连通与联合调配水资源管理系统提出了具体的目标、任务、原则和总体框架，开发了海口市河湖水系连通与联合调配水资源管理系统，并对软件的总体逻辑结构和主要功能进行了展示。第 11 章为主要研究成果，对本书主要内容进行了梳理总结。

本书的研究成果是海南省水文水资源勘测局、华南理工大学、中国水利科学研究院项目组工作人员长期努力的结晶，研究得到了水利部公益性行业科研专项经费项目（编号：201401048）的大力资助。本书中参考引用了国内外许多专家和学者的研究成果，在此一并表示感谢。限于作者的研究水平，书中难免存在疏漏之处，恳请同仁批评指正。

作者

2019 年 2 月 7 日

松涛水库

松涛水库溢洪道

松涛水库

松涛水库

大广坝水库

昌江县石碌水库

昌化江宝桥水文站

万宁市万宁水库

乐东县长茅水库

万泉河

三亚市大隆水库

文昌市竹包水库

东方市陀兴水库

海口市凤翔湿地公园

文教河

戈枕水库

CONTENTS 目录

第1章　绪　　论

1.1　研究背景

水是区域社会经济协调健康发展的战略性基础资源，也是区域生态环境系统维持良性循环的控制性要素。随着社会经济的快速发展，水环境遭到破坏、用水需求量增加，亟须解决水资源问题，以提高水资源开发利用强度、改善河湖健康状况、增强抵御水旱灾害能力。2010年，时任水利部部长陈雷在全国水利规划计划工作会议上强调"河湖连通是提高水资源配置能力的重要途径""完善优化水资源战略配置格局，在保护生态前提下，尽快建设一批骨干水源工程和河湖水系连通工程"，被提上2011年中央一号文件——《国务院关于加快水利改革发展的决定》中。河湖水系连通作为河流健康的一个指标，已成为水资源科学在国家江河治理新形势下研究的重大课题。按照科学发展观的要求，以系统思维的方法和可持续发展的理论为指导，从系统全局的观点，科学、客观地研究河湖水系连通，合理评价河湖水系连通，提出针对性地、有效地解决连通问题的相关措施，供决策部门参考，最终实现河湖水系连通与区域社会经济发展安全协调一致。

海南省位于我国的最南端，四面环海，属热带季风海洋性气候，随着海南国际旅游岛建设被确立为国家发展战略，海南省正在规划建设世界一流的海岛休闲度假旅游目的地。作为海南省省会城市的海口市和海南省其他地区一样，河网水系发达，纵横交错，为海口市构建"海洋、江河与湖泊"水景观提供了良好自然条件。但为了争夺有限的土地资源，海口市在城市化以及社会经济发展进程中，将河道排水改为管道排水，河流水面被人为侵占、河网末端大量村镇级小河流被填埋，河网水系自然的调蓄功能萎缩，高度城市化地区非主干河道不断减少，河网结构趋于简单，河网有单一化以及主干化的趋势，导致河流水系结构破坏以及功能退化的状况比较突出，严重影响了河网水系的连通性和水动力特性，造成河湖逐年淤积、水污染日益加剧、生态环境退化。因此，开展海南岛河湖水系连通及水资源调配研究，是保证海南岛河湖水系健康生命的重要基础工作，具有重要的研究价值。

1.2　研究意义

河湖水系连通涉及自然、技术、经济和社会等各个方面，与社会系统、经济系

1

统、生态环境系统通过系统中各种因素输入输出各自的信息（水量、水质、水生态环境和投资等）相互联系、相互作用、相互制约、相互交织而构成一个复杂时变的复合大系统。这个大系统中，社会、经济、水系连通性和连通时效子系统紧紧围绕着河湖水系连通这一核心子系统形成一个完整系统。

在这个大系统中，一方面，各子系统间这种关联互动的关系使得整个大系统表现出内部结构的复杂性；另一方面，不同的地貌特性、不同的水资源调配功能等因素又会使整个大系统在不同的时间点表现出不同的状态，使得整个大系统具有时变特征。显然，用以往孤立、静态的观点进行河湖水系连通的分析具有局限性，缺乏对河湖水系连通各关联因素内在影响的模拟分析，缺乏对河湖水系连通的可持续性评价，带有盲目性。只有将河湖水系连通置于河湖水系与社会、经济、生态环境融为一体的大系统中进行动态的系统分析与考察，才能达到河湖水系连通与社会经济发展安全协调一致的目标。

进入 21 世纪，区域社会经济发展与水系连通之间的互动影响关系将更为密切，科学合理地解决水安全问题对促进经济社会全面协调、持续健康发展，维护生态环境系统的持续良性循环有巨大的促进作用。反之，则会成为经济社会发展的重要障碍，并破坏生态环境系统的良性循环，21 世纪全球迅猛发展的高新技术和信息化革命浪潮为河湖水系连通与区域社会经济发展的互动关系进行动态研究提供了条件。按照全面协调可持续的科学发展观要求，运用系统全局的思维方法，科学、客观地研究河湖水系连通，系统有效地解决区域发展中的河湖水系连通问题，以支撑和保障经济社会和生态环境的全面协调和持续健康发展，是一个具有全局性、战略性和基础性的重大课题，具有重要的科学意义，该研究成果对海南岛社会经济快速发展具有重要意义。

1.3　国内外研究进展

1.3.1　水系连通工程研究进展

我国河湖水系连通工程开始较早。在古代，河湖水系连通工程的主要目的是满足灌溉、航运、军事等需求。早在春秋时期就建设了邗沟、菏水和鸿沟三大水运工程，将黄河与长江两大流域连接在一起，拓宽了当时的水上交通范围。公元前 256 年，秦国蜀郡太守李冰主持修建了都江堰水利工程，引岷江水入成都平原，消除岷江频繁的洪涝灾害并实现蜀地经济用水需求，具有防御洪水、引水灌溉等工程效益。公元前 214 年，秦始皇组织修造了灵渠，连通了湘江和漓江（分别属于长江水系和珠江水系），是世界上最古老的人工运河之一，至今仍对航运、农田灌溉起着重要作用。京杭大运河是我国古代最大的南北走向人工运河，始于春秋之末，全线通航于元初，沟通了海河、黄河、淮河、长江、钱塘江五大水系，是贯通中国南北的交通大动脉。近现代以来，人们对水资源的要求不断提高，为解决城市饮水水质安全、农业灌溉缺水，保证城市、流域防洪安全，全国陆续建设了一批水系连通工程（如东深供水工程、引滦入津工程、南水北调工程等），以解决城市发展缺水，改善农业灌溉状况，保证区域防洪安全等。

国外方面，早在公元前 2400 年，古埃及的国王默内尔兴建了尼罗河引水灌溉工程，从尼罗河引水至今埃塞俄比亚高原南部，这是世界上第一个河湖水系连通工程，解决了地区灌溉用水问题，古埃及文明得以发展繁荣。哥伦布到达美洲大陆，开启了世界历史的新时代，全球资源实现了大范围的转移和运输，水路运输需求推动了水系连通工程的建设，基尔运河、苏伊士运河和巴拿马运河三大运河连通了几个不同水域，大大缩短了航运交通的里程，为资源在全世界的流通提供了更便捷的路线。两次世界大战后，城市修复和经济恢复对水资源的需求进一步提升，促进了许多为解决生活、灌溉的水系连通工程的建设，如美国加利福尼亚调水工程、美国中部亚利桑那工程、美国密西西比河流域调水工程、澳大利亚雪山调水工程、秘鲁马赫斯西瓜斯调水工程、埃及尼罗河调水工程等。

在国外，水利工程项目的前评价和后评价发展较为完善，除了单纯的工程经济效益分析，还要综合分析工程的社会、经济、环境效益相关影响。近年来，我国不少专家学者对水系连通工程的效益功能、环境影响、资源承载力等方面也进行了研究分析。冯晓晶等用分摊系数法、生产率变动法、水污染经济损失计算模型等方法，对引江济太工程的调水效益从经济、社会和环境三方面进行量化。祝雪萍以碧流河水库为研究对象，基于增加引水线对常规调度图进行改进，选取 SWAT 水文模型为工具，基于未来气候情景数据分析和水利工程影响的考量，深入分析变化条件对跨流域引水和水库供水联合调度的影响。郭潇等从跨流域调水对水源、输水和受水三个区域的生态环境影响出发，从物理化学系统、生物系统、社会经济系统三方面构建了跨流域调水生态环境影响评价指标体系。张君基于河湖连通的水资源承载能力计算模型，以山东省泰安市为研究区域，研究与分析城市水网建设前后的水资源承载能力变化。

任何事物都有利有弊，水系连通工程将各水系相连，一旦发生局部的生态破坏，容易扩散到其他水系中，引发一系列大范围的生态问题。近年来，人们已经逐渐认识到水系连通的负面影响，一些发达国家已有意减慢水系连通工程的建设速度，同时积极对已建工程补充生态保护措施。但发展中国家的首要任务是经济发展，水系连通工程能创造巨大经济效益，目前仍在迅速发展。

1.3.2 需水预测研究进展

我国的需水预测起步较晚，中华人民共和国成立之后，随着国民经济的恢复和人民生活水平的提高，水资源短缺逐渐成为一个制约发展的因素，为了减缓用水压力，我国部分地区开始有控制地对水资源进行管理，逐步开展了需水预测工作。需水预测研究方法很多，从经验法、函数法到数学方法，都可以用于需水预测。目前常用的需水预测方法可分为两类：一类是建立现在与过去需水数据之间关系的时间序列法，该方法涉及长序列的需水量数据，需要大量准确的基础数据做支撑，主要预测方法有根据以往数据进行趋势外推，或者采用随机模型进行模拟；另一类是建立需水数据及其他相关因素关系的相关分析法，考虑了用水主体和影响因素之间的响应关系，能在预测中反映用水主体和影响因素变化对水量的影响，因而被普遍使用。目前主要的预测方法有回归分析法、弹性系数法、人工神经网络法、系统动力学法、用水定额法等。

近年来陆续有新的计算理论方法被应用到需水预测领域中。王盼等以苏州市为研究区，应用随机森林模型的分类功能将需水预测因子分类，再用模型的回归功能对需水进行预测。王艳菊等对郑州市各部门用水量建立了基于灰色关联分析的支持向量机非线性需水预测模型。侯景伟等尝试了基于改进蚁群算法的投影寻踪需水预测模型，并与基于人工免疫算法和 BP 神经网络的模型参数优化结果分别进行了比较，模型结果优于后两者。崔东文对单一神经网络模型进行了优化改造，提出了基于支持向量机 (SVM)、BP 和 Elman 神经网络模型的加权平均集成需水预测模型，综合了各单一模型的优点。郭亚男等采用主成分分析对需水量主要影响因子进行筛选，再用支持向量机作为优化途径，对洛阳市进行需水预测，模型预测精度较高，可应用于样本较少的工程情况。

100 多年前，南北战争结束后的美国急需完成城市重建和工业化进程，建设了很多城市供水系统以服务于居民，这些供水系统中有部分超前考虑了未来用水发展的需要，供水规划开始认为供水量应根据人口而非供水设计能力决定，这就是国外需水预测的开始。1968 年，美国完成第一次全国水资源评价工作，提出了 1968—2020 年全美需水展望，1978 年第二次全美水资源评价中，再次更新了未来需水量预测结果。20 世纪 60 年代以来，日本、英国、法国、荷兰、加拿大等国也逐步开展需水预测工作。2008 年，J. F. Adamowski 等对加拿大渥太华夏天用水峰值，用 39 种线性回归法、9 种时间序列法和 39 种人工神经网络方法进行预测结果对比，结果表明人工神经网络法模拟效果最好。2011 年，Mohsen Nasseri 等提出了卡尔曼滤波器 (EKF) 和遗传算法组合模型，并应用在伊朗首都德黑兰的月需水预测中，模型预测结果精度较好，减少了对城市水资源系统运行管理的风险。2014 年，Joon - Hong Seok 等提出了一个处理异常数据的置信区间 (ADR - CI) 方法和错误校正百分比 (EPC) 的方法，为短期需水预测提供了新思路。2015 年，Bruno M. Brentan 等用向量回归方法对巴西圣保罗州 Franca 市进行需水预测，并提出了采用傅里叶级数变换方法以提高模拟精度。

1.3.3 水资源配置研究进展

合理配置水资源是人类可持续开发和利用水资源的有效措施之一，对此许多学者进行了研究。早期国内水资源配置主要集中于水利工程，随着国民经济和人口的迅速膨胀，用水量不断攀升，流域缺水、地表径流时空不均、水环境恶化、水资源供给不足等问题普遍出现。随着国民认识水平的提高、科学理论研究的深化和工程实践经验的积累，人们对水资源合理配置的理解也产生了一定变化。

在国家层面上，我国早期的第六个五年计划对全国水资源评价做了大量基础工作，第七个五年计划在此基础上对水循环进行了分析和观测研究，推动了我国水资源配置管理工作的发展。在接下来的"八五"攻关中，中国水利水电科学研究院等单位开展了宏观经济水资源系统理论和方法研究，针对华北地区开发了宏观经济模型，并对水资源需求进行预测。第九个五年计划期间，我国专家学者对基于二元水循环模式和面向生态的水资源配置进行研究，对社会经济转型过程中水资源供给和需求变化的规律进行了定性研究。"十五"攻关的重大项目"水安全保障技术研究"基于实时调度的水资源，提出并实践了以"模拟—配置—评价—调度"为基本环节的流域水资源基础模拟、宏观规划和日常调度。我国"十一五"攻关提出了基于 ET 指标的水资源配置总体思路，以可消耗 ET 总量分配和水资源高效利用为核心，分析了水资源利用的供、用、耗、排过程。

近年来，娄帅等将水资源配置模式分为经济效益、社会效益、生态环境效益和资源利用效率等四种模式，根据主客观权重划分专家群体动态权重，在群决策中引入调整因子变量，结合 WAA (Weighted Arithmetic Average) 和免疫遗传算法进行矩阵求解。付银环等针对灌区水资源系统，运用区间二阶段随机规划方法，建立甘肃省西营灌区、清源灌区、永昌灌区的地表水和地下水联合调度水资源优化配置模型。吴凤平等针对水资源配置的模糊性、不确定性和多目标性的特点，引入多元信息融合能力和格序理论，以天津市水资源配置方案综合评价为例进行分析。

国外在水资源配置领域起步早、实践多，对我国水资源配置有很大的借鉴意义。最早于 20 世纪 50 年代末由美国哈佛大学水资源规划组人员将水资源和环境系统统计考虑，把系统理念引入到水资源规划管理中。后来美国麻省理工学院、加州大学等继续做了系统分析方法在水资源规划设计中的应用研究，加拿大、英国、苏联、法国等也先后加入了水资源系统问题的研究中。线性规划、动态规划、多目标分析理论被陆续引入到水资源配置问题的分析中。近年来，国外水资源配置逐渐形成完善、成熟的理论体系，具有以下两大明显优点。①模型综合性强。模型研究范围包括了行政区域和自然流域两块，配置目标包括了防洪、水质、生态等各个方面，配置方法包括了模拟、优化及两者结合三类，同时遥感、地理信息系统等计算机电子技术被广泛应用到模型中，与之相配的监测、调控、管理水平也较高。②模型通用性好。由于科研基础良好，国外开发出了一些较强实用性的软件产品，具有专业、综合、易操作等特点，而国内的研究虽有一定深度并取得不少成果，但不同模块的综合集成还存在不少困难，目前处于分散独立解决问题的阶段。

1.3.4 国内外水资源调度与管理系统发展现状

1.3.4.1 国外水资源调度与管理系统发展现状

近年来，随着社会经济的发展和人民生活水平的提高，发达国家对水资源管理现代化建设的重视程度与日俱增，一些国家和地区不惜投入巨资建设水资源调度与管理系统。例如，英国伦敦城市供水实时监控调度系统，利用 GIS 技术、计算机网络技术等，对伦敦地区 600 万人口自来水供给中的水量、水质实行实时监控调度，控制范围包括供水水库、地下水源、自来水厂、80km 长的环城供水隧道干线、11 个小区供水泵站及总长度为 31526km 的新老供水管网系统，实现了全面数字化管理。澳大利亚的许多州都建立了水资源实时监控与管理系统，通过对各种水资源数据信息的自动采集、传输、预警预报、决策支持、工程自动控制等，实现了水资源的优化配置和实时调度，同时还与收费系统相结合，做到自动收费。美国纽约州的城市供水水质实时监控系统，以纽约州城市供水水质标准为依据，实时监控城市供水的水质状况，确保水质达到饮用水标准。还有以色列、法国和俄罗斯等国家所建立的大型灌区优化配水管理系统，澳大利亚维多利亚州水务局的流域水资源监测和调度管理系统、供水公司的实时监控及自动化调度系统以及昆士兰州洪水预警系统等。这些系统的成功运用，极大地提高了水资源综合管理的工作效率，为水资源的优化配置与统一管理提供了强有力的技术支撑和先进的工作平台。

1.3.4.2　国内水资源调度与管理系统发展现状

我国自 20 世纪 50—60 年代基本建成七大江河重点防洪地区防汛站网以来，就开始以电报和电话方式进行水情、雨情、工情等信息的收集，用手工作业方式进行洪水预报和调度计算。80—90 年代，各地陆续改用无线电、微波、超短波和卫星通信以及计算机技术等进行防汛信息采集、传输和存储、加工处理，以及实时预报和优化调度等。近几年来，在防汛抗旱指挥系统的带动下，各省（自治区、直辖市）相继建设了大批水利信息化系统，水利信息化得到了巨大发展。目前，我国主要大中型水库和重要水域、供水水源地等先后建立了信息采集、传输、预警预报和调度、信息管理等系统，为我国的防汛和水资源调度、日常管理等工作提供了及时、可靠的技术支持，收到了显著的社会效益和经济效益。在水资源管理、水质监测、工程调度等方面也建立了局部实时监控调度系统，如江苏江都抽水站分机组的实时监控和自动控制系统、甘肃景泰川扬黄灌区灌溉用水管理自动监控决策系统等。这些系统的成功应用为水资源的科学管理发挥了重要作用。

2001 年，根据水资源管理工作的需要，水利部开始实施了水资源实时监控试点建设，在水利部黄河水利委员会、海河水利委员会、太湖流域管理局、江苏省水利厅和辽宁省水利厅 5 个单位进行了水资源实时监控与调度管理系统试点建设，取得了一定的成果。为推进节水型社会建设，提高水务管理能力，保证城市供水安全，统一调度城市与农村、地表与地下、区内与区外水资源，水利部组织实施了城市水资源实时监控与管理系统试点建设。项目先在全国选择 14 个城市作为第一批试点城市，并在 2004 年度安排了补助资金。2004 年 11 月，项目正式启动。2005 年又补充 4 个城市作为新试点。城市水资源实时监控与管理系统建设内容包括信息采集与传输、决策会商、信息服务与远程控制等。系统以供、用、排水监测设施为基础、计算机网络系统为平台，实现信息发布、城市供水预警与应急反应、辅助决策支持等功能。通过系统建设，逐步形成水资源数量与质量、供水与用水、排水与水环境相结合，以水源地、重要用水户、主要入河排污口、城市河湖为重点的监测体系。

总体来看，我国在水资源调度与管理系统建设应用方面与发达国家相比还存在较大差距，与我国新的治水思路和水利现代化建设的需要还存在较大距离。国外已建成的系统就单向技术水平而言并不十分先进，但很实用。国内的总体水平相当落后，建设发展不平衡，但就单向技术而言并不是都很落后，有的甚至还很先进。另外，由于我国已建成的系统功能比较单一，计算机系统的强大运算功能和解决复杂问题的支持功能没有充分地发挥出来。如防汛指挥系统目前主要为防汛服务，没有针对我国实际面临的水多、水少、水脏和水浑等问题，统筹兼顾，充分利用已建系统的公共资源部分（如信息采集、通信和计算机网络系统等），考虑和解决洪涝灾害、干旱缺水和水环境恶化、水土流失严重等四大问题。因此，目前迫切需要在充分利用已有投资的基础上，进一步扩展已建系统的功能，如国家、流域或省级、地市级防洪指挥系统，要从目前单纯的防汛调度，扩展为防洪与兴利统一调度、水质与水量统一调度、地表与地下水联合运用管理等，整体考虑和解决水多、水少、水脏和水浑等问题，为水资源的统一管理与可持续利用提供有力的技术保障和决策支持。

1.4　研究总体目标

研究的总体目标为揭示河湖水系连通概念、内涵及特征，构建基于系统动力学和集对分析等方法的河湖水系连通评价模型，对河湖水系连通现状进行分析评价。针对不同气象条件、河湖水系布局、水利工程布局及社会经济发展需求，提出指导河湖水系连通工程的规划原则，研究基于全岛、区域、市县三级水系的海南岛河湖水系连通总体布局。建立复杂水资源系统模型，以海口市作为典型区域进行示范研究，合理优化海口市河湖水系布局，开发河湖水系连通与联合调配水资源管理系统。

1.5　主要研究内容

本书主要包括如下相互关联、互为支撑的 5 个方面的研究内容：

（1）河湖水系连通内涵及特征。河湖水系是由自然演进过程中形成的江河、湖泊、湿地等水体以及人工修建形成的水库、闸坝、堤防、渠系与蓄滞洪区等水利工程共同组成的一个复杂的"自然-人工"复合水系，针对河湖水系连通研究不够充分，其内涵不够明晰等问题，在总结相关研究成果的基础上，结合河湖水系连通的战略目标、构成要素等，对河湖水系连通概念、内涵及特征进行深入探讨。

（2）海南岛河湖水系系统辨识与评价。综合考虑流域水系格局、人水格局、资源环境状况和水系连通状况等方面，选择能够描述水系连通状况以及河湖健康（结构、性质、功能）情况的一系列可以量测的指示因子，建立一套合理的指标体系，构建基于系统动力学等方法的河湖水系连通评价模型，对河湖水系连通现状进行分析评价。

（3）海南岛河湖水系连通工程总体布局分析。在保障防洪安全的前提下，科学界定流域水资源及水环境承载能力，定义指导河湖水系连通工程规划的普适性指标阈值。针对不同气象条件、河湖水系布局、水利工程布局及社会经济发展需求，探讨流域水资源时空分布及其对社会经济和生态环境影响程度的分析方法，梳理指导河湖水系连通工程规划步骤，规范规划原则。根据海南岛河湖水系连通工程指导原则，研究基于全岛、区域、市县三级水系的连通总体布局，规划建设关键水系连通工程和重要枢纽工程，形成自上而下的水资源统一调配和合理利用格局。

（4）河湖水系连通体系水资源优化调度技术研究。围绕河湖水系连通水资源优化调度的工程需求，实现河湖水系综合效益的持续发挥，研究复杂水资源系统的多目标调度问题，建立相应的多目标优化调度模型，在分析不同调度模型多重复杂约束耦合特性的基础上，设计处理不同类型约束的启发式策略，采用适用于求解复杂非线性优化问题的算法对所建立的模型进行求解。

（5）海口市河湖水系连通与联合调配技术示范。着重以海口市为例进行示范研究，开展海口市河湖水系连通及水资源调配研究。充分调查海口市河湖水系连通现状及历史演变规律，分析海口市河湖水系连通存在的主要问题，在尊重河湖水系天然分布特点，尽量减少人工干预和大规模调整的原则下，根据海口市河湖水系分布特征及城市总体规划要求，合理优化海口市河湖水系布局。开发海口市河湖水系连通与联合调配水资源管理系统，该系统借助 GIS 强大的空间表达功能，以建立海口市河湖水资源调度模型为核心，以基础信息为支撑、信息采集为基础、管理应用为先导、网络通信为保障，构建面向实时水资源预报、调度可视化的水资源调度管理系统。

1.6　小结

本章主要介绍了项目的研究背景、研究意义，着重论述了河湖水系连通的国内外研究进展情况，主要包括河湖水系连通、需水量、水资源配置和水资源调度与管理系统等内容，在此基础上明确了研究目标和主要研究内容。

第2章 河湖水系连通内涵与评价指标体系

2.1 河湖水系连通的概念和内涵

2.1.1 河湖水系连通的概念

河湖水系连通是新形势下国家江河湖泊治理的重大战略措施。从表2.1来看，目前我国对于河湖水系连通的理论研究并不完善，依旧处于起步阶段，没有统一的河湖水系连通的定义，仍需研究人员积极探索。通过对比、分析、总结各专家观点，河湖水系连通的定义主要围绕构成要素、连通方式和目的这三个方面，本书将其定义为：自然演变或人工修建的江河、湖泊及湿地等水系借助人工措施和自然水循环更新能力等手段，通过一定的调度准则进行连通成为水网系统，为水资源可持续利用与生态环境的健康、实现人水和谐和经济社会的可持续发展提供支撑。

表 2.1 河湖水系连通定义比较

年份	文 章	作 者	定 义
2003	全国河流水系网络化与渤海淡化工程的思考	马蔼乃等	全国水系网络化为在已建、在建、未建水库的基础上，水库与水库之间以地上或地下的方式连接起来，形成水库之间的连通管道，从而使得全国的大江大河、小江小河构成网络化水系
2005	维护健康长江，促进人水和谐研究报告	张欧阳等	水系连通是指河道干支流、湖泊及其他湿地等水系的连通情况，反应水流的连续性和水系的连通状况
2008	The river continuum concept	Vannote R. L. 等	在河流连续体概念中，河流被看作是一个连续的整体系统，强调河流生态系统的结构、功能与流域特性的统一性

年份	文 章	作 者	定 义
2011	科学认识河湖水系连通问题	徐宗学等	通过自然营力或工程措施建立河湖水系之间的水力联系，统称为河湖水系连通
2011	河湖水系连通的特征分析	窦明等	以实现水资源可持续利用、人水和谐为目标，以提高水资源统筹调配能力、改善水生态环境状况和防御水旱灾害能力为重点，借助各种人工措施和自然水循环更新能力等手段，构建蓄泄兼筹、丰枯调剂、引排自如、多源互补、生态健康的河湖水系连通网络体系
	河湖水系连通研究：概念框架	李宗礼等	
2013	Surface water connectivity dynamics of a large scale extreme flood	Mark A. Trigg 等	这种地表水连接是复杂的并且对于湿地多方面的功能具有重要影响，包括生态、泥沙运动和洪灾
2014	Hydrologic connectivity between geographically isolated wetlands and surface water systems: a review of select modeling methods	Heather E. Golden 等	水文连通性用于描述直接产生于地理上孤立的湿地水与地表水系统中的水，通过地下水径流、地表径流或浅地下流等多种运输方式连接成一个系统
2014	河湖水系连通实践经验与发展趋势	李原园等	河湖水系连通是以江河、湖泊、水库等为基础，通过适当的疏导、沟通、引排、调度等措施，建立或改善江河湖库水体之间的水力联系，以优化调整河湖水系格局以提高水资源可持续利用水平和可持续发展支撑保障能力
2014	Intelligent control and emergency treatment system of water quality and quantity for the interconnected river system network based on the internet of things	蒋云钟等	河湖水系连通工程的构成要素包括自然水系、人工水系和调度准则三部分。其中调度准则说明了河湖水系连通工程不仅仅是基础设施建设，而且更要重视管理，只有对自然水系和人工水系实行安全、高效和合理的调控，实现水资源优化配置，才能充分发挥河湖水系连通工程的社会、经济和生态效益，才不违背河湖水系连通战略实施的初衷

2.1.2 河湖水系连通的内涵

关于河湖水系连通内涵，张欧阳等对其做出解释：水系连通是指河道干流、湖泊及其他湿地等水系的连通情况，反应水流的连续性和水系的连通状况。在有流动水流的基础上，人类所需要做的就是修建人工河渠、水库、闸坝等连接通道，调整水系中江河湖泊之间的连通关系，有效地保证水系连通性，增加水系应对环境变化的适应能力。

本书根据河湖水系连通的概念，结合各学者的观点及我国当前基本国情和水利发展状况，认为河湖水系连通的内涵有以下4点：

(1) 结合流域自然地理优势，实现水系网络化。河湖水系作为一个复合水网系统，应充分结合流域内自然地理优势，借助人工措施和自然水循环更新能力等手段打破流域地理分割，规划设计出能够获得最大效益的连通计划，以实现国家江河湖泊水系的网络化。

(2) 充分体现水系连通的功能。水系连通的功能主要表现在提高水资源统筹调配能力、改善河湖健康状况、增强抵御水旱灾害能力等。河湖水系连通能够进一步提高水资源利用率、统筹调配能力和自净能力，充分发挥其自我修复能力，增强水环境承载能力，改善河湖健康状况，通过为洪水提供畅通出路，为干旱地区调配水源，增强抵御水旱灾害的能力。

(3) 借助人工措施和自然水循环更新能力等手段，构建水系网络体系。水系连通可综合利用人工措施（水库、闸坝、堤防等）和自然水循环更新能力（水体自净能力、水环境承载能力、自我修复能力等）等手段，全面构建蓄泄兼筹、丰枯调剂、引排自如、多源互补、生态健康的河湖水系连通网络体系。

(4) 统筹规划、降低水系连通的负面效应。水系连通对保持河湖环境健康具有重要影响，不仅能够抵御水旱灾害、改善河湖的健康状况，而且逐渐提高水资源利用率和统筹调配能力。然而，随着河湖水系连通工程的实践运行，水系连通带来的具有滞后性的生态负面影响也相继显现，并逐渐引起人们的关注和重视。因此在开展水系连通工作时要平衡其利弊，尽可能朝着有利于环境健康方向发展。

2.1.3 河湖水系连通的构成要素

河湖水系连通是跨越区域的、多功能、多途径、多形式、多目标、多要素的综合性水网结构工程，是"自然-人工"水系。其构成要素如下：

(1) 拥有良好水资源条件的自然水系。拥有良好水资源条件的自然水系是河湖水系连通的基础。首先，河湖水系连通需要通过自然演进形成的江河、湖泊、湿地等构成的自然水系。其次，良好的水资源条件是自然水系的物质基础。水质、水量、水系结构等都会直接影响水系连通。

(2) 水利工程。水利工程是实现河湖水系连通的保障，包括水库、闸坝、堤防、渠系等工程。水利工程不仅对区域内的社会经济产生深远影响，而且对区域内的生态环境、气候变化等都将产生不同程度的影响。在进行水系连通设计时必须对这种影响进行充分估量，平衡其利弊，努力发挥水利工程的积极作用。

（3）调度准则。调度准则是构建、维护、管理河湖水系连通的手段。水利工程的运行、水资源的调度等必须要求更为全面、宏观、精确的调度准则。

2.2 河湖水系连通的评价指标体系

2.2.1 河湖水系连通评价标准

河湖水系连通评价指标的选择是准确分析和构建不同空间尺度的河湖水系连通的关键。因此，河湖水系连通评价指标的确定要充分体现客观性、可靠性等基本的原则；同时，也要考虑区域内的生态环境、经济社会发展现状和居民需求等要素。只有把河湖水系连通的主观需求和客观指标有机结合起来，构建一个统一的综合评价指标体系，才能准确判断河湖水系连通的可行性。

目前，国内关于河湖水系连通的评价没有统一的标准，本书总结了国内知名学者提出的评价指标，发现不同的学者观点均有不同，共包括结构连通性、水力连通性、地貌特性、连通方式、连通时效、物质能量传递功能、河流地貌塑造功能、生态维系功能、水环境净化功能、水资源调配功能、水能与水运资源利用功能、洪灾防御功能和景观维护功能 13 个方面（见表 2.2）。由表 2.2 可知，主要集中在结构连通性和水力连通性、生态维系功能、水环境净化功能、水资源调配功能、洪灾防御功能等 6 个方面。

表 2.2　　　　　　　　国内知名学者对河湖水系连通的评价

主要内容	2006 年 刘晓燕	2007 年 吴道喜	2008 年 蔡守华	2010 年 张晶	2013 年 靳梦	2013 年 徐光来	2013 年 马爽爽	2014 年 邓晓军	2014 年 孟祥永
结构连通性	×	√	×	√	×	√	√	×	√
水力连通性	√	√	×	√	×	√	√	×	√
地貌特性	×	√	×	×	×	×	×	×	×
连通方式	×	√	×	×	×	×	×	×	×
连通时效	√	√	×	√	×	×	×	×	×
物质能量传递功能	√	√	×	√	√	×	×	×	×
河流地貌塑造功能	√	×	√	√	√	×	×	×	×
生态维系功能	√	√	×	√	√	×	×	√	×
水环境净化功能	√	√	√	√	√	×	×	×	×

主要内容	2006 年	2007 年	2008 年	2010 年	2013 年	2013 年	2013 年	2014 年	2014 年
	刘晓燕	吴道喜	蔡守华	张晶	靳梦	徐光来	马爽爽	邓晓军	孟祥永
水资源调配功能	√	√	×	√	√	×	×	√	×
水能与水运资源利用功能	×	√	×	√	√	×	×	√	×
洪灾防御功能	√	√	√	×	√	×	×	√	×
景观维护功能	×	×	√	√	×	×	×	√	×

　　本书在构建评价标准时，依据如下：①参考国内具有一定代表性的城市现状值或规划值来确定要评价区域的评价标准，例如《海口市水资源综合规划报告》等；②查阅大量相关的文献，总结学者们的研究。在构建评价指标体系时，首先，应严格遵守科学性、层次性、代表性、实用性、可比性等原则。其次，应加强参与式评估的方法研究，客观反映人民的意愿；深入研究主观与客观相结合的评价方法；结合各流域的生态环境现状，统筹规划，因地制宜，建立科学的河湖水系连通的评判标准，探索具有区域特色的河湖水系连通理论方法；亟待加强系统、深入的研究，建立一套科学的河湖水系连通的评价理论体系。

2.2.2　河湖水系连通评价标准案例

　　河湖水系连通评价指标体系的构建不仅需要理论基础，而且需要实践支撑。由于国内对于河湖水系连通的评价指标体系研究较少，本书选取具有代表性的 5 个案例，对比黄河、淮河下游（江苏省淮安市淮安区）、太湖流域南部（杭嘉湖平原区）、伊洛河（郑州市）和漓江（桂江上游）这 5 个流域的案例（见表 2.3），分析发现它们较注重以下 6 个要素，即结构连通性、水力连通性、生态维系功能、水环境净化功能、水资源调配功能和洪灾防御功能等要素，与上述各学者的理论研究一致。

表 2.3　　　　　　　　河湖水系连通评价指标案例分析

准则层	指标层	黄河	淮河下游	太湖流域南部	伊洛河	漓江
结构连通性	河频率	×	√	√	×	×
	水面率	×	√	√	×	√
	水系连通度	×	√	√	×	×
水力连通性	河网密度	×	√	√	×	×
	水流动势	√	√	×	×	√
	河道输水能力	√	√	×	×	√

准则层	指标层	黄河	淮河下游	太湖流域南部	伊洛河	漓江
地貌特性	纵向连续性	√	×	×	×	√
	侧向连通性	√	×	×	×	√
	河道稳定性	×	×	×	×	√
	平均海拔之差	×	×	×	×	×
连通方式	直接连通	×	×	×	×	×
	间接连通	×	×	×	×	×
连通时效	常态性连通	√	×	×	×	×
	非常态性连通	√	×	×	×	×
物质能量传递功能	年平均径流保证率	√	×	×	√	×
	输沙效率	√	×	×	√	×
河流地貌塑造功能	湿地面积变化率	√	×	×	×	×
	河道侵蚀模数	×	×	×	×	×
生态维系功能	生物多样性指数	√	×	×	√	√
	河道内生态需水量保证率	√	×	×	×	×
水环境净化功能	河流水质达标率	√	×	×	×	×
	水体纳污能力	√	×	×	√	√
水资源调配功能	地表水城镇供水百分比	√	×	×	√	√
	地表水农业灌溉供水百分比	√	×	×	×	×
水能与水运资源利用功能	水力发电效率	√	×	×	√	√
	河道通航能力	×	×	×	√	√
洪灾防御功能	水库调节能力指数	√	×	×	√	×
	防洪安全工程达标率	√	×	×	√	√
景观维护功能	亲水舒适度	×	×	×	√	√
	城市水景观辐射率	×	×	×	×	√

2.2.3 河湖水系连通评价指标

河湖水系连通是一个复杂的水网系统，由多种要素构成的。为了定量地描述河湖水系连通的可行性，本书在上述理论探讨和案例分析的基础上，构建了一套指标体系来量化河湖水系连通状况，选取了结构连通性、水力连通性、生态维系功能、水环境净化功能、水资源调配功能和洪灾防御功能等 6 项核心指标。

水系连通性是评价河湖水系连通是否可行的指标，包括结构连通性、水力连通性和地貌特性。结构连通性指标评价区域内的河频数、水面率和水系连通度，水力连通性指标评价区域内河流长度、水体的流动能力、河道输水能力地貌特性指标是对河流纵向连续性、侧向连通性、河道稳定性等的综合评价。结构连通性是提高水资源统筹调配能力、改善水生态环境状况的基础，而水力连通性则体现水系水旱灾害防御能力，对城市水系连通的实践有较强指导意义。连通形式是评价构建河湖水系连通的方法，有连通方式和连通时效两个方面，包括该区域内现阶段所有的调水工程、闸坝、水坝的情况以及水资源配置网络都需明确。水系是否常年保持连通，是否有季节性通水、年度性通水、应急性通水等不同情况都会对整个水网系统带来影响。

河流连通的自然功能是河流生命活力的重要标志，最终影响人类经济社会的可持续发展。自然功能包括物质能量传递功能、河流地貌塑造功能、生态维系功能和水环境净化功能。生态维系功能评价指标主要评价生物多样性和河道内生态需水保证率，水环境净化功能指标评价河流水质达标率和水体纳污能力。河湖水系的连通增强了河流水系的物质能量传递功能，使入河污染物的浓度和毒性不断降低，而源源不断的水流和丰富多样的河床则为河流生态系统中的各种生物创造了良好的生存环境。

河流连通的社会功能是河流对人类社会经济系统支撑能力的体现。社会功能包括水资源调配功能、水能与水运资源利用功能、洪灾防御功能和景观维护功能。水资源调配功能评价指标反映城镇供水量、农业灌溉用水量占地表水的比例。洪灾防御功能评价指标则反映水库的调节能力和防洪安全工程的达标率。首先，河湖水系连通提高了水资源的配置能力，更好地发挥其调配、航运功能；其次，修建各种类型的水利工程也提高了水系的洪灾防御功能；再次，河湖水系连通的景观维护功能给人类的精神生活方面带来了积极的影响。由此可见，河湖水系连通的自然功能和社会功能是评价河湖水系连通的效果及服务对象的重要指标。

本书所构建的河湖水系连通评价指标体系见表2.4。

表2.4 河湖水系连通评价指标体系

目标层	准则层	指标层	指标说明	性质
水系连通性	结构连通性	河频率	单位区域面积上的河流数	必选
		水面率	区域内水面面积比例	必选
		水系连通度	基于图论和景观生态学指标	必选
	水力连通性	河网密度	单位区域面积上的河流长度，它表达了系统排水的有效性	必选
		水流动势	表征水体流动能力	可选
		河道输水能力	单位区域面积上河道的最大输水量即河道输水能力	可选

续表

目标层	准则层	指标层	指标说明	性质
水系连通性	地貌特性	纵向连续性	在河流系统内生态元素在空间结构上的纵向联系	必选
		侧向连通性	反映沿河工程建设对河流横向连通的干扰状况	可选
		河道稳定性	以既不淤积也不冲刷的方式输送其流域产生的泥沙及水流的能力	可选
		平均海拔之差	连通区域之间的平均海拔之差	可选
连通形式	连通方式	直接连通	调水工程、闸坝、水库	可选
		间接连通	水资源配置网络	可选
	连通时效	常态性连通	水系常年保持连通	可选
		非常态性连通	有季节性通水、年度性通水、应急性通水等不同情况	可选
自然功能	物质能量传递功能	年平均径流保证率	一年中超过平均径流量的天数/一年的总天数	可选
		输沙效率	河流的实测含沙量/河流的挟沙能力	可选
	河流地貌塑造功能	湿地面积变化率	(评价年湿地面积－基准年湿地面积)/基准年湿地面积	必选
		河道侵蚀模数	单位时段内的河道侵蚀厚度	可选
	生态维系功能	生物多样性指数	定量指标,其值通过相关的公式计算即可得到	必选
		河道内生态需水量保证率	一年中河道内生态需水量得到满足的天数/一年的总天数	可选
	水环境净化功能	河流水质达标率	III类以上水质的河长/区域内河流的总长	必选
		水体纳污能力	在保障水质满足功能区要求的条件下,水体所能容纳的污染物的最大数量	可选
社会功能	水资源调配功能	地表水城镇供水百分比	城镇供水量中地表水所占的比例	可选
		地表水农业灌溉供水百分比	灌溉用水中地表水所占的比例	必选

续表

目标层	准则层	指标层	指标说明	性质
社会功能	水能与水运资源利用功能	水力发电效率	水电站多年平均发电量	可选
		河道通航能力	一年中能够通航的天数/一年的总天数	可选
	洪灾防御功能	水库调节能力指数	水库的总库容/多年平均径流量	必选
		防洪安全工程达标率	已经达到防洪安全的工程个数/总的工程数	可选
	景观维护功能	亲水舒适度	由专家依据相应的准则打分获得	可选
		城市水景观辐射率	市区内正常步行 15min 到达的泉水、河流、湖泊、湿地、喷泉、园林、小区等水景观的区域占总面积比例	可选

2.3　小结

本章针对河湖水系连通研究不够充分、其内涵不够明晰等问题，在总结相关研究成果的基础上，结合河湖水系连通的战略目标、构成要素等，着重对河湖水系连通的概念、内涵及特征进行深入探讨，取得的主要成果如下：

（1）水是区域社会经济协调健康发展的战略性基础资源，也是区域生态环境系统可持续良性循环的控制性要素。伴随着区域经济的增长和社会的发展，水资源匮乏、水生态环境恶化、水灾害加剧等一系列严峻的水问题已构成社会经济发展的巨大障碍，是人类生存、生产及发展面临的最严重挑战之一。河湖水系连通作为河流健康的一个指标，已成为水资源科学在国家江河治理新形势下研究的重大课题。

（2）通过对传统的河湖水系连通概念演化的提炼和分析，将河湖水系连通的概念界定为一种客观存在的，其内涵包括四个方面：一是结合流域自然地理优势实现水系网络化；二是充分体现水系连通的功能；三是借助人工措施和自然水循环更新能力等手段，构建水系网络体系；四是统筹规划、降低水系连通的负面效应。

（3）描述了河湖水系连通的结构和功能，构建了由水系连通性、连通形式、自然功能与社会功能相互作用的区域河湖水系连通系统的框架体系。

（4）根据河湖水系连通评价的原则，针对具体区域特点构建了河湖水系连通评价指标体系，包括水系连通性、连通形式、自然功能、社会功能等准则层及相对应的若干指标层。

第 3 章 海南岛河湖水系连通系统动力学评价

3.1 系统动力学基本理论

系统动力学（System Dynamics，也称动态仿真）是由美国麻省理工学院的福瑞斯特（Jay W. Forrester）教授于 1956 年创立的。它是一门分析研究复杂系统问题的科学，是一种以反馈控制理论为基础，以仿真技术为手段，定性与定量相结合，研究系统内部信息反馈机制的学科。系统动力学模型本质上是具有时滞的一阶微分方程组，其特点强调结构的描述，处理具有非线性和时变现象的系统问题，并能对其进行长期性、动态性、战略性的定量仿真分析与研究。

系统动力学的理论基础是控制论、信息论与系统论，系统动力学认为系统是普遍存在的，是不可分割的整体，由许多独特的功能组件或个体组合而成，在一个相关联的环境中运作，发挥整体功能，达到共同目标。分析系统中诸变量的有机关联性是系统分析的关键。系统动力学就是用系统的观点通过建立系统中诸元素的有机关联性，分析系统内部的反馈信息，动态仿真模拟系统的结构、功能和行为，通过时间序列图的展现得到真实动态系统的参考模态（Reference Mode），继而从参考模态的行为趋势观察或验证之前造成现状的系统机制及其潜藏的结构性问题，进而通过改变其结构或制定新的政策来改善系统的行为，使管理者得出排除不愿意发生的行为趋势和变因，进行有效决策。

由于河湖水系连通涉及社会、生态、资源等多方面，是一个影响因子众多的复杂反馈系统，用系统动力学对其进行仿真模拟和定量分析，可明确反映水系连通性、自然功能和社会功能间的关系，便于分析主要驱动因子的演变规律。

3.1.1 系统动力学特点

系统动力学方法特点如下：

（1）系统动力学是一门探索如何认识和解决系统问题的学科，是一门研究系统内部信息反馈机制的学科。系统动力学强调系统、整体、联系、发展和运动的观点，系统动力学认为系统的行为模式与特性主要取决于其内部的结构和反馈机制，系统在内外动力和制约因素的作用下按一定规律发展演化。

（2）系统动力学的研究对象主要是开放系统，便于运用各种数据、资料、人们的经验与知识，也便于汲取和融合其他系统科学与其他科学理论的精髓。系统动力学的建模过程是一个学习、调查研究的过程，模型的主要功能在于向人们提供一种进行学习与政策分析的工具。

（3）系统动力学模型是规范的模型，便于人们清晰地进行思想沟通，对存在的问题进行剖析，提出政策实验的假设，来处理复杂的问题，而不带有人类言辞上的含糊、情绪上的偏颇或直观上的差错。

（4）系统动力学研究系统问题的方法是定性与定量相结合，系统整体思考与分析、推理与综合相结合的方法。系统动力学模型模拟是一种结构-功能模拟，它最适用于研究复杂系统的结构、功能和行为之间动态变化关系。

（5）系统动力学擅长处理多维、非线性、高阶、时变的复杂问题。社会、经济、军事等系统一般来说是非常复杂的，描述它们的方程往往是多维、非线性、高阶、时变的，对于这样复杂的数学模型，通常是采取降阶、线性近似等方法进行求解。这些方法由于忽略了许多重要信息，得到的结果往往不可靠。而系统动力学是建立在数字模拟技术基础上的，对这类复杂系统的处理则比较有效。

（6）在数据缺乏的条件下，系统动力学方法仍可进行研究。系统动力学模型的结构是以反馈环为基础的，动态系统的理论与实践表明，多重反馈环的存在使得系统行为模式对大多数参数不敏感。这样尽管数据缺乏对参数估计不利，但只要估计的参数在其宽容度内，系统行为仍显示出相同的模式。在这种情况下，系统动力学方法仍能用于研究系统行为的动态变化。

3.1.2　系统动力学建模原则

（1）系统能完整地用状态变量加以描述。系统动力学以状态空间法描述系统的结构及其时域行为，系统状态是一个最小的变量组，称为状态变量。状态是物质的表达，代表系统中的累积和储存的量，它们能完整地、准确地描述系统，描述由同一类物质组成的系统状态变量组，具有同一量纲。

（2）模型中每一反馈回路至少应包含一个状态变量，否则将出现产生同时辅助方程及不同速率直接连接的回路，这是不允许的。

（3）物质守恒原则。状态的变化代表物质的变化与运动，当状态 A 流向 B，若 B 增大了，则 A 必定相应减少。

（4）系统中任一状态的变化仅受其输出速率的控制与影响，任一状态变量不能直接影响另一状态变量。

3.1.3　系统动力学建模步骤

3.1.3.1　确定系统仿真目标

确定仿真目的、确定系统所要解决的问题和划定系统边界，系统动力学对社会系统进行仿真实验的主要目的是认识和预测系统的结构和未来的行为，以便为进一步确定系统结构和设计最佳运行参数以及制定合理的政策等提供依据。问题是指系统内部各部分之间存在的矛盾、相互制约与作用、产生的结果与影响，建模的目的在于研究这些问题，并寻求解决它们的途径。划定系统边界包括分析系统与环境的关系，分析主要矛盾与选择适当的变量，确定内生变量、外生变量、输入量和政策变量。

3.1.3.2　分析系统结构和因果关系

分析系统有关因素，解决各因素之间的内在关系，画出因果关系图；隔离划分系统的层次与子结构，重点在于分析系统整体与局部的反馈关系、反馈回路及它们的耦合；估计系统的主导回路及其性质与动态转移的可能性，通过观察反馈环的相互制约关系，制定控制系统的政策。通过系统结构分析和因果关系分析，明确系统内部各要素间的因果关系，并用因果关系的反馈回路来描述。由于决策是在一个或几个反馈回路中进行的，正是由于有各种反馈回路的耦合使系统的行为更为复杂化。

3.1.3.3　建立系统动力学模型

系统动力学模型主要包括系统流图和结构方程式两个部分，建立系统动力学模型就是在系统的结构分析与因果关系图的基础上，绘制系统流图，建立数学方程、描述定性和半定性的定量关系，最后构造方程和程序，并对模型进行初步的检验和评估。系统流图是整个系统的核心部分，它是系统动力学的基本变量和表示符号的有机组合，使系统内部的作用机制更加清晰明确，同时，通过系统流图中关系的进一步量化，实现政策仿真的目的，流图是根据各影响因素之间的关系利用专用符号设计的。结构方程式是各因素间数量关系的体现，包括流位方程式、流率方程式和辅助变量方程式等。建立结构方程式就是依据所要研究系统的主要问题，找出它们之间的相互影响，并考虑状态变量、流率变量、辅助变量以及一些外生变量之间的关系，建立定量方程式。

3.1.3.4　选择输入参数

只说明系统中各变量间的逻辑关系和关系构造，并不能显示其定量关系，对模型进行仿真模拟，应对模型中的所有常数、表函数及状态变量方程的初始值赋值。模型的参数选择是人们普遍关心和存疑或误解最多的问题，模型行为的模式与结果主要取决于模型结构而不是参数值的大小，所以没有必要用统计的方法来进行系统动力学模型的参数估计，具体说应视系统的类型与建模目的而定。参数估计方法有经调查获得的第一手资料，从模型中部分变量关系中确定参数值，分析已掌握的有关系统的知识估计参数值，根据模型的参考行为特性估计参数。

3.1.3.5　进行计算机仿真模拟运算

将各种参数的原始数据及政策变量值带入结构方程式进行仿真运算，得出各变量的值以及相关变化表，绘制结果曲线图表，并调整数据，反复模拟实验。

3.1.3.6　分析仿真结果和修正系统模型

实验是否达到预期目的，或者为了检验系统结构是否有缺陷，必须对仿真结果进行分析。根据仿真结果对系统模型进行修正，修正内容包括修正系统的结构或修正系统的运行参数、策略，或重新确定系统边界等，以便使模拟能更真实地反映实际的系统行为。

3.2 河湖水系连通系统动力学仿真模型

3.2.1 建立模型的目的

由于河湖水系连通系统是一个涉及水系统和社会、经济等其他系统的复杂大系统，系统与外部环境之间乃至系统内部都存在着相互作用和相互制约的关系。虽然在河湖水系连通评价后可以提出解决河湖水系连通问题的战略对策，但很难回答采取该策略后会有什么样的后果。如果是通过实践来检验，一方面需要花费较长时间和付出较大代价；另一方面区域内各要素是动态变化的，先前科学合理的河湖水系连通战略对策往往会随着其他要素变化而转化，所以从保障河湖水系连通的角度出发，在做出决策之前，需将河湖水系连通作为一个有机的系统进行系统动态仿真分析，以便了解会有什么样的后果，及时对不理想的策略进行调整。因此，建立河湖水系连通系统动力学模型的目的就在于针对区域河湖水系连通系统的现状问题，系统地分析水系统—社会、经济等其他系统的结构和功能，系统内部以及系统与环境之间的相互联系和相互制约的关系，利用计算机模拟技术建立河湖水系连通系统动力学模型，然后利用该模型模拟采取一些策略后的河湖水系连通状态，寻求保障河湖水系连通的可行模式，从而避免因现实实践检验而付出不可挽回的代价。

3.2.2 河湖水系连通系统的反馈回路分析

系统动力学认为系统与系统之间、系统内部各因素之间存在着因果关系，并且这种因果关系构成闭合的反馈回路。

3.2.2.1 系统的反馈及因果关系

"反馈"是一个因素经过一连串的因果链作用，最后再反转回来影响他本身的过程，反馈可分为正反馈（Positive Feedbaek）与负反馈（Negative Feedbaek）两种。所谓正反馈，就是指一个因素的值之增减，在经过反馈后会使其下一个周期的值呈相同方向的变动；当一个因素的值增减，在经过反馈后会使其下一个周期的值呈相反方向的变动时，称为负反馈。

正如累积知识通常是从对事物特性加以描述和分类开始的一样，对系统反馈回路的分析研究，第一步工作就是要界定各项事物的性质及其相互之间的因果关系，进而阐明各相关事物如何互动，以及各种互动可能产生的结果，两件事物的关系有正向及负向两种关系。

3.2.2.2 河湖水系连通系统的反馈回路

系统动力学模型系统中动态行为产生的原因是系统的关键，Forrester 认为：就概念而言，一个反馈系统是一个封闭系统，在系统边界内部，必须包含对正被研究的行为模式来说是必须的任何相互作用关系。也就是说，模型边界所包围组成部分可以很少，但必须要能解释边界内发生的系统行为，闭合边界从本质上说是没有任何流可以穿过的。然而，实际系统大部分是开放系统，其与环境之间存在着频繁的变量集及因果关系。

河湖水系连通系统由水系连通性、自然功能和社会功能子系统复合而成，各子系统的要素紧密关联、相互制约，使系统呈现出不同的特征，从而构成其多重循环反馈关系，进而影响社会、经济的发展。

图 3.1 给出了河湖水系连通系统的基本结构，揭示了系统内部的制约关系。

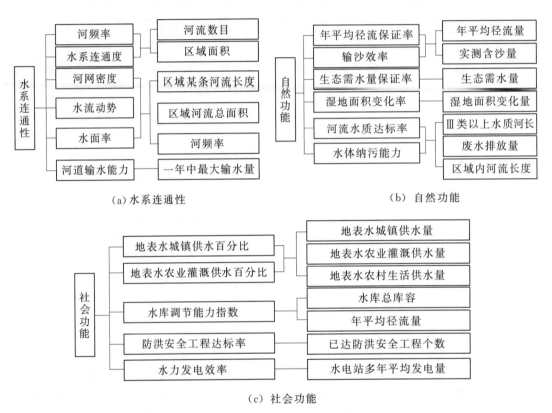

（a）水系连通性　　　　　　　　　　（b）自然功能

（c）社会功能

图 3.1　河湖水系连通系统基本结构图

根据对河湖水系连通系统内部相关变量制约因素分析，得出具有多重反馈的因果回路图（见图 3.2），主要反馈回路如下：

（1）水系连通度→＋区域内河流数目→＋河频率→＋河网密度→＋区域内河流长度→－水流动势→＋年平均径流量→＋水库的总库容→－水库调节能力指数→＋水系连通度。

（2）水系连通度→＋区域内河流数目→＋河频率→＋河网密度→＋区域内河流长度→＋Ⅲ类以上水质河长→＋河流水质达标率→＋地表水供水保证率→＋水库调节能力指数→＋水系连通度。

（3）水系连通度→＋区域内河流数目→＋河频率→＋河网密度→＋区域内河流长度→＋水体纳污能力→＋废水排放总量→＋废水回用量→＋地表水供水总量→＋地表水农业灌溉供水百分比→＋地表水供水总量→＋水系连通度。

（4）水系连通度→＋区域内河流数目→＋河频率→＋河网密度→＋区域内河流长度→＋水体纳污能力→＋地表水供水保证率→＋水库调节能力指数→＋水系连通度。

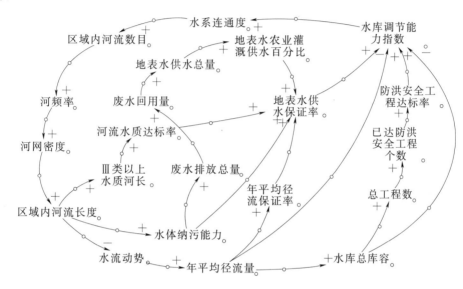

图 3.2　河湖水系连通系统因果回路图

（5）水系连通度→＋区域内河流数目→＋河频率→＋河网密度→＋区域内河流长度→－水流动势→＋年平均径流量→＋年平均径流保证率→＋地表水供水保证率→＋水库调节能力指数→＋水系连通度。

（6）水系连通度→＋区域内河流数目→＋河频率→＋河网密度→＋区域内河流长度→－水流动势→＋年平均径流量→－水库调节能力指数→＋水系连通度。

（7）水系连通度→＋区域内河流数目→＋河频率→＋河网密度→＋区域内河流长度→－水流动势→＋年平均径流量→＋水库总库容→＋总工程数→＋已达防洪安全工程个数→＋防洪安全工程达标率→＋水库调节能力指数→＋水系连通度。

其中"＋"为正反馈（使系统增强或减弱的反馈），"－"为负反馈（使系统趋于稳定的反馈）；回路（2）、（3）、（4）极性为正，回路（1）、（5）、（6）、（7）极性为负。

3.2.3　河湖水系连通系统动力学模型的流图

河湖水系连通系统动力学模型是以水系连通性-自然功能-社会功能系统为基础建立的，通过变量间的因果关系和作用构成一个网状反馈结构，比较全面地反映出所研究地区河湖水系连通的动态变化趋势。由于它不是实际系统本身，而是抓住实际系统行为的主要关系和系统运行的主要规律对实际系统行为的描述，因此在构模过程中，力图抓住主要矛盾，使模型既简明又符合实际。

3.2.3.1 确定流位和流率

（1）流位（累积量，表征系统的状态）。根据建模的目的和边界，本模型包括区域河流面积、区域陆地面积、湿地面积、地表水城镇供水量、地表水农业灌溉供水量等 5 个流位。

（2）流率（速率量，表征存量变化的速率）。由各流位的含义及对建模中有关问题的考虑，可直接确定对应流率：区域河流面积变化率、湿地面积变化率、区域陆地面积变化率、地表水城镇供水量增加率、地表水农业灌溉供水量增加率。

3.2.3.2 建立系统流图

一般来说，确定了模型的流位就确定了该模型中的子模型以及对应的子系统，因而建立的河湖水系连通评价指标体系动力学模型由水系连通性、自然功能、社会功能等子系统构成，如图 3.3～图 3.6 所示。

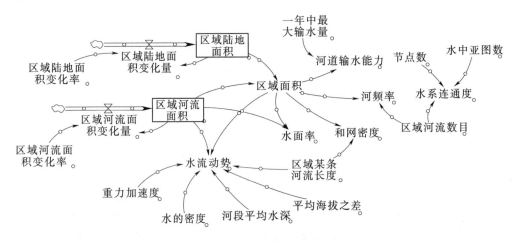

图 3.3　水系连通性子系统流图

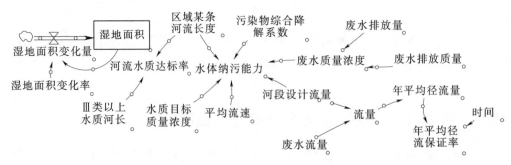

图 3.4　自然功能子系统流图

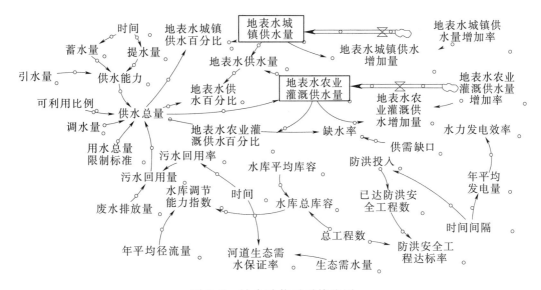

图 3.5　社会功能子系统流图

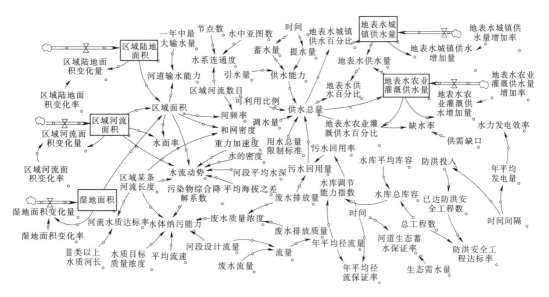

图 3.6　河湖水系连通评价指标体系流图

3.3　模型的有效性检验

　　现实的河湖水系连通评价指标体系是十分复杂的，河湖水系连通系统动力学模型只是现实系统的模拟，建立的模型能否有效代表现实的河湖水系连通评价指标体系直接影响模型仿真模拟结果，所以在模型运行前，应对模型的有效性进行检验。模型有效性和一致性一般分为合适性检验和一致性检验两部分、合适性检验的重点在模型内部；一致性检验的重点在模型外部，主要检验模型与实际系统的一致性。

3.3.1　模型合适性检验

参数灵敏度分析是模型合适性检验的重要内容，因缺乏资料，对模型中许多参数需进行大胆而合理的估计，由此可能导致模型的不确定性；另外合理方案假设加入模型时，模型行为可能发生变化，因此需要考虑模型对结构和参数的灵敏性。此外，通过对系统动力学模型进行灵敏性分析，可以找出对河湖水系连通系统影响较大的灵敏参数，将各参数组合成不同的方案，可以进行不同的水安全方案的仿真运算及模拟试验。模型合适性检验还包括检验模型边界是否合理，模型变量之间的关系是否有现实意义，参数取值是否有实际意义，方程量纲是否一致等。

3.3.2　模型一致性检验

模型一致性检验一般是选定过去某一时段，以历史资料和实际系统为标准，将仿真模拟得到的结果与实际结果相比照，考察两者是否吻合和一致，以验证模型是否能有效代表实际的系统。

3.4　基于系统动力学模型的南渡江水系连通系统特征

3.4.1　研究区基本概况

南渡江是海南岛最大的河流，发源于海南省白沙黎族自治县南开乡南部的南峰山，干流斜贯海南岛中北部，流经白沙、琼中、儋州、澄迈、屯昌、定安、海口等市县，最后在海口市美兰区的三联社区流入琼州海峡。干流上游建有松涛水库，是海南省最大的水库，也是最大的水利枢纽工程。河流入澄迈之前，穿行在山丘之中，比降大，河岸陡，河谷狭窄，多为石底河床，水力充足。从澄迈金江镇后，南渡江主要在玄武岩台地和浅海沉积台地中流过，地势开阔，河床坡度较缓，河谷较宽。潭口以下进入三角洲，河道有数支分汊。南渡江水源丰富，流量大。流域气候有明显的干湿两季，又多暴雨，故河流流量和水位常出现暴涨暴落，每当暴雨后，山洪暴发，河水猛涨，立即可达最大洪峰。一年中河流水位出现两次高峰，夏秋台风暴雨之时，潮水倒灌，时有洪潮灾害。

南渡江干流全长 333.8km，流域面积 7033.2km^2，总落差 703m，干流坡降 0.716‰。建有松涛水库、龙塘大型滚水坝等工程。下游龙塘站年平均流量 212m^3/s，年径流量 66.8 亿 m^3，多年平均含沙量 0.076kg/m^3，多年平均年输沙量 48.2 万 t，多年平均侵蚀模数 66.9t/km^2。上、中游山高坡陡，河床险滩较多，下游河面宽阔，沙洲多。从澄迈金江至海口段河床开阔，比降小，可通行小船。全流域现有耕地面积 10 万 hm^2，水能理论蕴藏量 21.98 万 kW。上游建有松涛水库，正常库容 26 亿 m^3，设计灌溉儋州、临高、澄迈、海口 4 个市县 14.47 万 hm^2 农耕地。流域内 100km^2 以上一级支流有 15 条，其中河长超过 50km 的有大塘河和新吴溪。

3.4.2 南渡江河湖水系连通系统动力学模型

3.4.2.1 模型边界及初试状态

河湖水系连通系统仅是复杂社会经济系统中的一个子系统,除了系统内的相互关联,还与其他外部系统发生联系,所以模型的边界是模糊的,不易确定。针对研究问题的需要,根据系统的结构和系统边界划分的原则,由远而近地先对总体系统,然后再对系统组成一一进行系统边界的确定。其原则是,将直接参与或对河湖水系连通系统有较大影响的因素划分在边界之内,而将间接参与或虽然直接参与但影响相对较小的因素划分在边界之外。

河频率、水面率、河网密度、水流动势、输沙效率、河流水质达标率、水体纳污能力、水力发电效率等对整个系统有较大的影响,故划在边界之内。政策的制定不仅取决于系统内部的经济状况,还取决于产业协调发展的状况,以及决策者的能力、知识、心理、习惯等超理性因素,其本身就是一个复杂的高级智能决策系统,而只侧重于研究政策的影响效果。

确定模型的初始状态实际上是测度、计算和采集水系连通性、自然功能和社会功能三个系列指标的数据,水系连通性方面主要有河频率、水面率、水流动势等其他参数,自然功能方面主要有输沙效率、河流水质达标率、水体纳污能力等,社会功能方面主要有水库调节能力指数、水力发电效率、地表水城镇供水百分比等。这一系列数据的采集要在事前设计的指标体系内进行,由于涉及水文、气象、地质、水工、环保以及社会经济等诸多部门与学科,数据采集与计算必须科学、合理、准确,以保证系统运行的可靠性。

3.4.2.2 模型的参数与方程

(1)常量参数。2000 年海南省河湖水系连通系统动力学模型常量值见表 3.1。

表 3.1　　　　2000 年海南省河湖水系连通系统动力学模型常量值

序号	常　　量	南渡江	昌化江	万泉河
1	区域内河流长度/km	311	230	83.5
2	区域内河流总面积/km²	7000	5000	3000
3	区域内水资源总量/万 m³	690700	429000	538500
4	区域内水资源开发率/%	21.4	8.8	4.3
5	工业供水量/万 m³	6547	1244	639
6	城镇供水量/万 m³	6934	1366	1567
7	农业灌溉供水量/万 m³	58204	32549	20481
8	区域内总工程数/个	722	178	230
9	区域内水库总库容/万 m³	397600	215900	102000
10	年平均径流量/万 m³	701000	42800	555000

续表

序号	常　量	南渡江	昌化江	万泉河
11	水体纳污能力（COD_{Cr}）/万 m^3	25366	10129	11671
12	实际年发电量/（万 kW·h）	22089	66635	33252
13	理论年发电量/（万 kW·h）	174830	269690	174460
14	输沙量/万 t	45.7	83.8	52.1
15	河段设计流量/（m^3/s）	222	136	176
16	Ⅲ类以下水质河长/km	311	230	83.5
17	转换系数	0.045	0.045	0.045

（2）N 方程。

1）时间间隔＝5。

2）初始时间＝2000。

3）结束时间＝2050。

（3）其他方程。

1）区域面积年变化量＝区域面积×区域面积年变化率（单位：km^2）。

2）水流动势＝［重力加速度×水的密度×（河段平均水深×平均海拔之差×区域内河流的总面积）/区域内某条河流的长度］/区域面积（单位：J）。

3）河网密度＝区域内某条河流的长度/区域面积（单位：km/km^2）。

4）河频率＝区域河流数目/区域面积（单位：条/km^2）。

5）地表水资源变化量＝地表水资源变化率×地表水资源量（单位：万 m^3）。

6）地表水城镇供水百分比＝城镇供水量/地表水资源量（%）。

7）地表水农业灌溉供水百分比＝农业灌溉供水量/地表水资源量（%）。

8）水库的总库容＝总工程数×水库平均的库容（单位：万 m^3）。

9）水库的调节能力指数＝水库的总库容/年平均径流量。

10）年平均径流量＝年平均废水流量＋河段设计流量（单位：万 m^3）。

11）水力发电效率＝总工程数×某水电站年平均发电量（%）。

12）输沙效率＝输沙量/年平均径流量（%）。

13）水体纳污能力＝水质目标质量浓度×河段设计流量×EXP［污染物综合降解系数×区域内河流的长度/2×平均流速）－废水浓度×河段设计流量×EXP［－（污染物综合降解系数×区域内河流的长度）/2×平均流速］（单位：万 m^3）。

14）水质达标率＝Ⅲ类以上水质河长/区域内河流的长度（%）。

15）区域内河流总面积＝区域面积×水面率（单位：km^2）。

3.4.3　南渡江河湖水系连通系统动力学模型仿真

3.4.3.1　模型检验

（1）灵敏度分析。灵敏度分析是通过调节模型中的参数来分析参数变化对模型变量输出结果产生的影响，采用灵敏度模型对系统灵敏度进行分析。因河湖水系连通系统中涉及较多参数和变量，只选取系统内较为关键的 5 个参数和 5 个变量根据其 2000—2010 年数据进行分析。每次变化其中一个参数（增加 10%），分析其对 5 个变量的影响，灵敏度分析结果见表 3.2。可知只有污水回用率参数对系统的灵敏度超过 10%，其余参数对系统灵敏度均低于 5%，表明系统对参数的灵敏度较低，稳定性较强。综合历史检验结果，该模型可用于南渡江实际系统模拟。

表 3.2　　　　　　　　　　　　　灵 敏 度 分 析 结 果

变　量	参　数				
	地表水农业灌溉供水量增加率	污水回用率	区域河流面积变化率	地表水城镇供水量增加率	湿地面积变化率
地表水农业灌溉供水量	0.0237	0.0000	0.0000	0.0057	0.0000
污水回用量	0.0000	1.0000	0.0000	0.0000	0.0000
水面率	0.0000	0.0000	0.2472	0.0000	0.0000
地表水城镇供水量	0.0005	0.0000	0.0000	0.2364	0.0000
湿地面积变化量	0.0000	0.0000	0.0000	0.0000	0.2485
灵敏度	0.0048	0.2000	0.0494	0.0484	0.0497

（2）历史检验。选取部分对建模影响有较大权重的变量进行历史检验，验证时间为 2000—2010 年，检验时间为 10 年，模型仿真结果误差统计见表 3.3。

表 3.3　　　　　　　　　　　　　模型仿真结果误差统计

年份	南渡江河流长度			年平均径流量			区域地表水资源量		
	仿真值/km	历史值/km	误差/%	仿真值/亿 m³	历史值/亿 m³	误差/%	仿真值/亿 m³	历史值/亿 m³	误差/%
2000	334	334	0.00	69.56	69.07	−0.71	197.68	197.68	0.00
2001	334	333.8	−0.06	65.21	66.78	2.35	182.56	184.44	1.02
2002	334	334	0.00	51.68	50.77	−1.79	124.58	122.61	−1.61
2003	333.9	333.8	−0.03	49.14	47.38	−3.71	110.41	108.64	−1.63
2004	333.9	333.8	−0.03	36.89	34.19	−7.90	98.77	95.41	−3.52
2005	333.9	333.8	−0.03	52.19	49.42	−5.61	120.65	118.79	−1.57
2006	333.8	333.8	0.00	38.77	37.65	−2.97	82.19	79.40	−3.52
2007	333.8	333.8	0.00	45.01	45.86	1.85	90.23	88.12	−2.40
2008	333.8	333.8	0.00	85.35	88.76	3.84	124.68	124.69	0.01
2009	333.8	333.8	0.00	88.54	89.22	0.76	115.31	116.04	0.63
2010	333.8	333.8	0.00	90.12	89.31	−0.91	110.78	116.43	4.85

续表

年份	城镇生活污水排放量			Ⅲ类以上水质河长			工业废水排放量		
	仿真值/亿 t	历史值/亿 t	误差/%	仿真值/km	历史值/km	误差/%	仿真值/亿 t	历史值/亿 t	误差/%
2000	1.132	1.132	0.00	320.00	320.0	0.00	1.62	1.62	0.00
2001	1.139	1.151	1.04	318.00	318.0	0.00	1.55	1.52	−2.24
2002	1.148	1.144	−0.35	325.00	333.8	2.64	1.48	1.53	3.59
2003	0.723	0.715	−1.12	328.00	334.0	1.80	1.80	1.92	6.31
2004	0.785	0.793	1.01	330.00	333.8	1.14	1.58	1.47	−7.91
2005	1.059	1.073	1.30	330.00	333.8	1.14	1.46	1.50	2.34
2006	1.096	1.079	−1.58	333.00	333.8	0.24	1.65	1.52	−8.89
2007	1.104	1.066	−3.56	333.00	333.8	0.24	1.54	1.58	2.41
2008	1.123	1.072	−4.76	333.00	333.8	0.24	1.48	1.59	6.85
2009	1.137	1.086	−4.70	334.00	333.8	−0.06	1.65	1.53	−8.19
2010	1.159	1.092	−6.14	334.00	333.8	−0.06	1.43	1.50	4.54

由表 3.3 可知，仿真值与历史值之间的误差均在绝对值 10% 之内，误差绝对值最小为 0，误差绝对值最大为 8.89%，模型的仿真值与历史值基本满足一致性，模型构建基本合理，可以用来预测未来的发展趋势。

3.4.3.2　河湖水系连通系统特征分析

徐宗学等分析了河湖水系连通主要制约因素有水资源调配能力、水体纳污能力和径流调控与洪水蓄泄能力。李原园等指出供水保证率、水质达标率和防洪能力是河湖水系连通发展的重要制约因素。本书通过分析制约因素，确定影响河湖水系连通系统动力学模型主要驱动因子，并进行参数调节，分析不同驱动因子变化对系统趋势影响的程度，从而明确影响水系连通系统特征的主要驱动因子。本模型主要制约因素有水系连通度、水体纳污能力、地表水供水百分比和水库调节能力（见图3.7）。水系连通度的主要驱动因子有河频率和区域河流面积变化率，水体纳污能力主要驱动因子有污染物降解系数、水质目标质量浓度、污水回用率和年平均径流保证率，地表水供水百分比主要驱动因子有地表水农业灌溉供水量增加率、污水回用率、地表水城镇供水量增加率和用水总量限制标准，水库调节能力指数主要驱动因子有地表水农业灌溉供水量增加率、年平均径流保证率、用水总量限制标准和缺水率。其中，水质目标质量浓度和用水总量限制标准均按照海南省实行最严格水资源管理制度实行，本书不再分析这 2 个驱动因子。

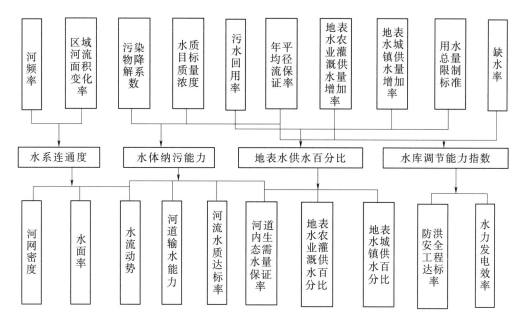

图 3.7　河湖水系连通系统影响机制关系图

为寻求对 4 个制约因素影响较大的因子，分别将各影响因子较常规参数值提高 10% 和降低 10%，与常规值相比较，分析影响因子变化对制约因素的影响，结果见表 3.4～表 3.7。从表可以看出，水系连通度的主要驱动因子为河频率，影响幅度最高达 10.01%；水体纳污能力的主要驱动因子为年平均径流保证率和污染物降解系数，影响幅度高达 2.39%；地表水供水百分比的主要驱动因子为地表水农业灌溉供水量增加率和污水回用率，影响幅度达 1.96%；水库调节能力指数的主要驱动因子为年平均径流保证率和缺水率，影响幅度最高为 1.95%。

表 3.4　　　　　　　　　不同因子影响下水系连通度的变化

影响因子	年份	常规		参数值提高 10%			参数值降低 10%		
		参数值	制约因素值/%	参数值	制约因素值/%	制约因素变化量/%	参数值	制约因素值/%	制约因素变化量/%
河频率	2000	0.0028	0.4444	0.0031	0.4889	10.0135	0.0025	0.4000	−9.9910
	2010	0.0028	0.4444	0.0031	0.4889	10.0135	0.0025	0.4000	−9.9910
	2020	0.0028	0.4762	0.0031	0.5238	9.9958	0.0025	0.4286	−9.9958
	2030	0.0028	0.5128	0.0031	0.5641	10.0039	0.0025	0.4615	−10.0039
区域河流面积变化率	2000	0.0000	0.4444	0.0000	0.4448	0.0900	0.0000	0.4440	−0.0900
	2010	−0.0012	0.4444	−0.0013	0.4448	0.0900	−0.0010	0.4440	−0.0900
	2020	0.0008	0.4762	0.0009	0.4767	0.1050	0.0007	0.4758	−0.0840
	2030	0.0000	0.5128	0.0000	0.5135	0.1365	0.0000	0.5124	−0.0780

表 3.5 不同影响因子下水体纳污能力的变化

影响因子	年份	常规		参数值提高 10%			参数值降低 10%		
		参数值	制约因素值/%	参数值	制约因素值/%	制约因素变化量/%	参数值	制约因素值/%	制约因素变化量/%
污染物降解系数	2000	0.1800	25366	0.1980	25973	2.3930	0.1620	24787	−2.2826
	2010	0.1800	25118	0.1980	25564	1.7756	0.1620	24615	−2.0025
	2020	0.1800	24957	0.1980	25045	0.3526	0.1620	24566	−1.5667
	2030	0.1800	24708	0.1980	24888	0.7285	0.1620	24398	−1.2547
污水回用率	2000	0.1000	25366	0.1100	25366	0.0000	0.0900	25366	0.0000
	2010	0.2000	25118	0.2200	25118	0.0000	0.1800	25118	0.0000
	2020	0.3000	24957	0.3300	24957	0.0000	0.2700	24957	0.0000
	2030	0.5000	24708	0.5500	24708	0.0000	0.4500	24708	0.0000
年平均径流保证率	2000	19.1781	25366	21.0959	25568	0.7901	17.2603	25137	−0.9110
	2010	15.0685	25118	16.5754	25242	0.4937	13.5617	25016	−0.4061
	2020	14.8565	24957	16.3422	25056	0.3967	13.3709	24918	−0.1563
	2030	12.5396	24708	13.7936	24728	0.0809	11.2856	24675	−0.1336

表 3.6 不同影响因子下地表水供水百分比变化

影响因子	年份	常规		参数值提高 10%			参数值降低 10%		
		参数值	制约因素值/%	参数值	制约因素值/%	制约因素变化量/%	参数值	制约因素值/%	制约因素变化量/%
地表水农业灌溉供水量增加率	2000	0.0000	84.06	0.0000	84.06	0.0000	0.0000	84.06	0.0000
	2010	0.3195	93.70	0.3514	94.83	1.2060	1.2060	92.65	−1.1206
	2020	0.1693	93.94	0.1862	94.70	1.6074	1.6074	92.55	−1.4797
	2030	0.1503	93.72	0.1654	94.44	1.8353	1.8353	91.88	−1.9633
地表水城镇供水量增加率	2000	0.0000	84.06	0.0000	84.06	0.0000	0.0000	84.06	0.0000
	2010	0.3717	93.70	0.4088	94.30	0.6403	0.3345	93.20	−0.5336
	2020	0.0749	93.94	0.0823	94.10	0.1703	0.0674	93.07	−0.9261
	2030	0.0808	93.72	0.0889	93.89	0.1814	0.0727	92.85	−0.9283
污水回用率	2000	0.1000	84.06	0.1100	84.06	0.0000	0.0900	84.06	0.0000
	2010	0.2000	93.70	0.2200	93.54	−0.1708	0.1800	93.70	0.0000
	2020	0.3000	93.94	0.3300	93.65	−0.3087	0.2700	93.89	−0.0532
	2030	0.5000	93.72	0.5500	93.31	−0.4375	0.4500	93.62	−0.1067

表 3.7　　　　　　　　　　　　　不同影响因子下水库调节能力变化

影响因子	年份	常规		参数值提高 10%			参数值降低 10%		
		参数值	制约因素值/%	参数值	制约因素值/%	制约因素变化量/%	参数值	制约因素值/%	制约因素变化量/%
地表水农业灌溉供水量增加率	2000	0.0000	0.5755	0.0000	0.5755	0.0000	0.0000	0.5755	0.0000
	2010	0.3195	0.5796	0.3514	0.5826	0.5176	0.2875	0.5746	−0.8627
	2020	0.1693	0.5749	0.1862	0.5798	0.8523	0.1523	0.5710	−0.6784
	2030	0.1503	0.6121	0.1654	0.6165	0.7188	0.1353	0.6071	−0.8169
年平均径流保证率	2000	19.1781	0.5755	21.0959	0.5845	1.5639	17.2603	0.5643	−1.9461
	2010	15.0685	0.5796	16.5754	0.5908	1.9324	13.5617	0.5689	−1.8461
	2020	14.8565	0.5749	16.3422	0.5856	1.8612	13.3709	0.5645	−1.8090
	2030	12.5396	0.6121	13.7936	0.6228	1.7481	11.2856	0.6056	−1.0619
缺水率	2000	0.1015	0.5755	0.1117	0.5801	0.7993	0.0914	0.5713	−0.7298
	2010	0.2520	0.5796	0.2772	0.5849	0.9144	0.2268	0.5739	−0.9834
	2020	0.3929	0.5749	0.4322	0.5816	1.1654	0.3536	0.5685	−1.1132
	2030	0.3200	0.6121	0.3520	0.6198	1.2580	0.2880	0.6076	−0.7352

3.4.3.3　河湖水系连通系统演变规律分析

模型设定在其他各相关因子保持常规发展值不变的基础上，将 6 个主要驱动因子均朝向有利方向发展，即河频率、污染物降解系数、污水回用率、地表水农业灌溉供水量增加率、年平均径流保证率较常规值均提高 5%、10%、15% 和 20%，缺水率降低 5%、10%、15% 和 20%。此外，另设综合调控（各驱动因子均做相同变化幅度）作为对比。以此得到不同幅度驱动因子下水系连通度、水体纳污能力、地表水供水百分比和水库调节能力的变化规律，见图 3.8～图 3.11。

从图 3.8 可知，河频率对水系连通度影响最大，其余 5 大驱动因子的改变对水系连通度的影响并不明显。在变化幅度从 5% 到 20% 的过程中，综合调控影响下的水系连通度略有提高。河频率表示单位区域面积上的河流数目，河流数目直接影响水系连通度。应保护好天然河流水系，避免出现河流消失的情况。

从图 3.9 可知，水体纳污能力随 6 大驱动因子改变均有明显下降趋势，且趋势大致相同。污染物降解系数对水体纳污能力影响最大，其次是年平均径流保证率，与综合调控情况下的水体纳污能力变化基本相同，其余 4 个驱动因子和常规一致。2010年，当污染物降解系数为 5%、10%、15% 和 20% 时，水体纳污能力为 25341t/a、25464t/a、25758t/a 和 26085t/a；当年平均径流保证率为 5%、10%、15% 和 20% 时，水体纳污能力为 25180t/a、25242t/a、25304t/a 和 25366t/a。可见，污染物降解

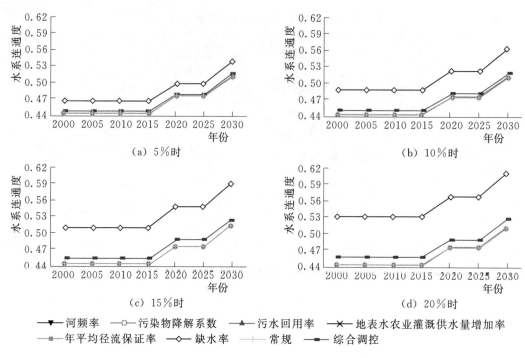

图 3.8 驱动因子不同变幅作用下水系连通度的变化

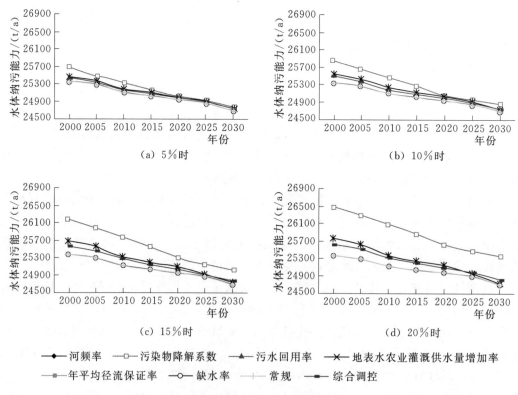

图 3.9 驱动因子不同变幅作用下水体纳污能力的变化

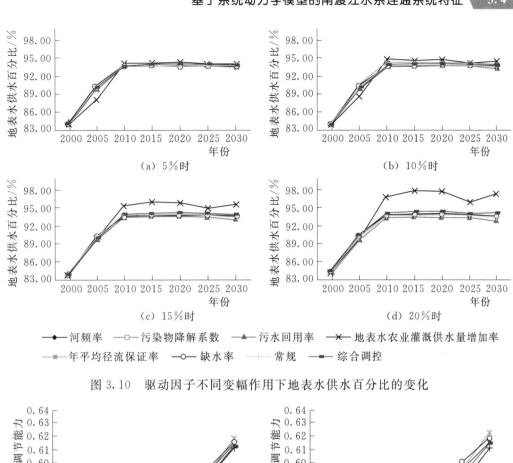

图 3.10　驱动因子不同变幅作用下地表水供水百分比的变化

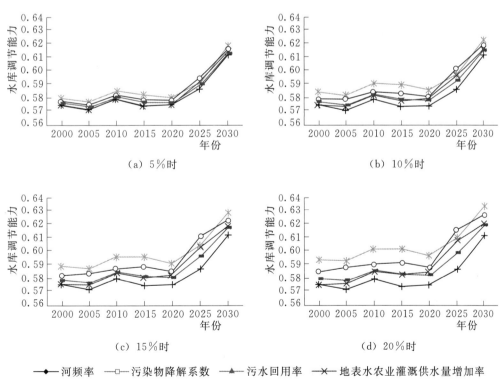

图 3.11　驱动因子不同变幅作用下水库调节能力的变化

系数和年平均径流量保证率随着变化幅度的提高，水体纳污能力则增大。污染物降解系数的大小反应污染物的自身运动变化，也体现了水环境对污染物的影响程度。这与张秀菊提出的随降解系数和流量增加，纳污能力相对增加，纳污能力对降解系数的敏感程度比较一致。近年来，南渡江由于经济社会快速发展，废污水排放量增大但治污力度仍不足，使得河流水生环境有所恶化。应通过水系连通工程加大流速与流量，维系河流健全的水循环，提高污染物降解能力和降解系数从而改善南渡江水体纳污能力。

从图 3.10 可知，地表水农业灌溉供水量增加率和污水回用率对地表水供水百分比影响较大，其他驱动因子与常规值一致。2010 年，南渡江地表水供水百分比增长较快，可能面临缺水问题。当地表水农业灌溉供水量增加率为 5%、10%、15% 和 20% 时，地表水供水百分比达到 94.27%、94.83%、95.34% 和 96.98%。由于农业是海南省国民经济的重要支柱产业，在政府大力扶持下发展迅速，因而用水需求不断增加。随着污水回用率变化幅度从 5% 到 20%，地表水供水百分比为 93.62%、93.54%、93.46% 和 93.38%，缓解了供水压力。与朱杰提出的污水回用是解决城市缺水的有效途径的观点一致。近年南渡江流域城镇用水挤占农村用水，部分地区仍存在供需不足问题。因此，亟须利用河湖水系连通工程提高水资源调配能力，并采取节水措施、提高水资源利用率和污水回用率，缓解未来南渡江供水压力。

从图 3.11 可知，水库调节能力随驱动因子改变均有明显上升趋势。年平均径流保证率和缺水率对水库调节能力影响较大，其次是地表水农业灌溉供水量增加率。综合调控基础上，水库调节能力有所提高。对比表明，2000—2015 年随年平均径流保证率的增大和缺水率的降低，水库调节能力指数略有增大；2020—2030 年水库调节能力指数上升较明显，红岭水库等工程的建成连通了万泉河和南渡江，提高了年平均径流保证率，有效调蓄雨洪资源。水库调节能力对于洪旱防御、水资源调配有重要影响。南渡江多年来存在洪旱灾害、难于调蓄等问题。通过河湖水系连通，增加河湖调蓄能力，将会减轻洪旱灾害的威胁。

3.5　基于联系数的南渡江河湖水系连通等级评价研究

3.5.1　研究方法

常规单一的水系连通评价方法存在不同程度的缺陷，本书针对在理论分析、频度统计、专家咨询和调研的基础上建立区域水安全的评价指标体系，利用改进的基于标准差的模糊层次分析法及集对分析法建立基于联系数的流域河湖水系连通评价模型（CN - AM），步骤如下。

（1）为确定单评价指标的模糊评价矩阵，消除各评价指标的量纲效应，使建模具有通用性，需对样本数据集 $x(i, j)$ 进行标准化处理。

对越大越优型指标的标准化处理，公式可取为

$$r(i,j) = x(i,j)/[x_{\min}(i) + x_{\max}(i)] \tag{3.1}$$

对越小越优型指标的标准化处理，公式可取为

$$r(i,j) = [x_{\min}(i) + x_{\max}(i) - x(i,j)]/[x_{\min}(i) + x_{\max}(i)] \tag{3.2}$$

对越中越优型的指标的标准化处理，公式可取为

$$r(i,j) = x(i,j)/[x_{\min}(i) + x_{\max}(i)], x_{\min}(i) \leqslant x(i,j) \leqslant x_{\max}(i)$$

$$[x_{\min}(i) + x_{\max}(i) - x(i,j)]/[x_{\min}(i) + x_{\max}(i)], x_{\mathrm{mid}}(i) \leqslant x(i,j) \leqslant x_{\max}(i)$$

$$\tag{3.3}$$

式中：$x_{\min}(i)$、$x_{\mathrm{mid}}(i)$、$x_{\max}(i)$ 分别为方案集中第 i 个指标的最小值、中间最适值和最大值；$r(i,j)$ 为标准化后的评价指标值，也就是第 j 个方案第 i 个评价指标从属于优的相对隶属度值，$i=1-n$，$j=1-m$，以这些 $r(i,j)$ 值为元素可组成单评价指标的模糊评价矩阵 $R=[r(i,j)]_{n\times m}$。

（2）根据模糊评价矩阵 $R=[r(i,j)]_{n\times m}$ 构造用于确定各评价指标权重的判断矩阵 $B=(b_{ij})_{n\times m}$。从综合评价的角度看，若评价指标 i_1 的样本系列 $\{r(i_1,j)|j=1-m\}$ 的变化程度比评价指标 i_2 的样本系列 $\{r(i_2,j)|j=1-m\}$ 的变化程度大，则评价指标 i_1 传递的综合评价信息比评价指标 i_2 传递的综合评价信息多。基于此，可用各评价指标的样本标准差 $s(i)$ 反映各评价指标对综合评价的影响程度，并用于构造判断矩阵 B。

（3）利用 MATLAB 对判断矩阵 B 进行一致性检验、修正及权重 $w_i(i=1-n)$ 的计算，要求满足 $w_i > 0$，利用 MATLAB 工具对上述判断矩阵进行特征值计算，求得最大特征值 $\lambda_{\max}$，再由式

$$CI = (\lambda_{\max} - n)/(n-1) \tag{3.4}$$

计算该判断矩阵的一致性指标 CI。对于不同阶数 n 的判断矩阵，其一致性指标值 CI 也不同。为了度量判断矩阵是否具有满意的一致性，这里引入判断矩阵的平均随机一致性指标系数值 RI（见表3.8）。用随机模拟方法分别对 $3-n$ 阶各构造 500 个随机判断矩阵，计算这些随机矩阵的一致性指标系数值，然后平均即得 RI 值。经大量实例计算，当判断矩阵的随机一致性比率 $CR=CI/RI<0.10$ 时，可认为该判断矩阵具有满意的一致性，据此计算的各评价指标的权重值 w_i 是可以接受的，否则需调整判断矩阵，直到具有满意的一致性为止。

表 3.8　　　　　　　　　　判断矩阵平均随机一致性指标系数值

阶数 n	3	4	5	6	7	8	9
$RI(n)$	0.578	0.487	0.451	0.377	0.321	0.308	0.277

（4）根据评价指标体系的物理含义及其对区域资源、环境和社会的可持续性的作用等方面，建立区域河湖水系连通评价等级标准 $\{S_{gjk} | g=1, 2, \cdots, G; j=1, 2, \cdots, m; k=1, 2, \cdots, N_i\}$，对应的评价指标样本数据集 $\{X_{gjk} | g=1, 2, \cdots, G; j=1, 2, \cdots, m; k=1, 2, \cdots, N_i\}$，其中，$n$、$m$、$N_i$ 和 G 分别为评价样本数

目、水系连通评价系统的子系统数目、子系统 j 的评价指标数目和评价等级标准的等级数目。本书约定区域河湖水系连通评价标准等级中，1 级为"极差"，G 级为"优"，依次类推。

（5）用 SPA 构造样本子系统 j 指标 k 的样本值 X_{ijk} 与河湖水系连通评价标准之间的单指标联系数 u_{ijk}，其中 $i=1,2,\cdots,n$；$j=1,2,\cdots,m$；$k=1,2,\cdots,N_i$。SPA 的基本思想是在给定问题背景情况下对所论的两个集合 $\{X_{ijk} \mid k=1,2,\cdots,N_i\}$ 和 $\{S_{gjk} \mid g=1,2,\cdots,G;k=1,2,\cdots,N_i\}$ 的接近属性进行同、异、反三方面的定量比较分析，用式（3.5）计算 G 元联系数：

$$u_{ijk}=v_{ijk1}+v_{ijk2}I_1+v_{ijk3}I_2+\cdots+v_{ijk(G-1)}I_{G-2}+v_{ijkG}J$$
$$(i=1,2,\cdots,n;j=1,2,\cdots,m;k=1,2,\cdots,N_i) \tag{3.5}$$

式中：v_{ijkG} 为样本值 X_{ijk} 与河湖水系连通评价标准等级 G 之间的单指标联系数的联系数分量，其中，v_{ijk1} 和 v_{ijkG} 分别为同一度分量和对立度分量，其余分量称为差异度分量；J 为指标样本值与 2 级到（$G-1$）级评价标准的差异度系数，为对立度系数，这些系数可按"均分原则"在 $[-1,1]$ 中取值。

3.5.2　结果分析

根据指标选择的系统性、独立性、可比性、客观性和实用性原则，考虑到南渡江流域的具体情况和资料收集的可行性，在参考其他流域水系连通评价指标体系案例基础上建立水系连通性子系统、自然功能子系统和社会功能子系统 3 个子系统，从"河湖水系连通评价指标体系"30 个指标中，筛选出 20 个主要指标应用于南渡江水系连通等级评价。其中，水系连通性子系统有河频率、水面率、水系连通度、河网密度等 8 个指标，自然功能子系统有年平均径流保证率、河道内生态需水量保证率、河流水质达标率、水体纳污能力等 6 个指标，社会功能子系统有地表水农业灌溉供水百分比、水库调节能力指数、防洪安全工程达标率、水力发电效率等 6 个指标。根据已有的研究成果，结合研究区实际情况，参考《海南省各市区江河水库水功能区水质达标率控制目标》《海南省各市县用水总量控制目标》《海南省各市县用水效率控制目标》等资料，得出研究区河湖水系连通评价指标等级标准见表 3.9。

表 3.9　　　　　南渡江区域河湖水系连通评价指标等级标准

指　标		等　级				
		1（极差）	2（差）	3（中）	4（良）	5（优）
$C_{1.1}$	河频率/(条·km²)	0.2	0.4	0.6	0.8	1
$C_{1.2}$	水面率	0.1	0.2	0.35	0.6	0.8
$C_{1.3}$	水系连通度	0.2	0.4	0.6	0.8	1
$C_{1.4}$	河网密度/(km/km²)	0.2	0.3	0.5	0.75	1
$C_{1.5}$	水流动势/J	1	3	5	7	9

指　　标		等　　级				
		1（极差）	2（差）	3（中）	4（良）	5（优）
$C_{1.6}$	河道输水能力/[m³/(km²·s)]	0.5	0.75	1	1.5	2
$C_{1.7}$	侧向连通性/%	40	50	65	80	95
$C_{1.8}$	平均海拔之差/km	0.3	0.5	1	1.3	1.5
$C_{2.1}$	年平均径流保证率/%	20	40	60	80	100
$C_{2.2}$	输沙效率/%	0.3	0.5	1	1.5	2
$C_{2.3}$	湿地面积变化率/%	−20	−10	0	5	10
$C_{2.4}$	河道内生态需水量保证率/%	20	40	60	80	100
$C_{2.5}$	河流水质达标率/%	70	80	90	95	100
$C_{2.6}$	水体纳污能力（COD_{Cr}）/万 m³	10000	15000	20000	25000	30000
$C_{3.1}$	地表水城镇供水百分比/%	60	70	80	90	100
$C_{3.2}$	地表水农业灌溉供水百分比/%	70	80	85	90	100
$C_{3.3}$	水库调节能力指数	0.2	0.4	0.6	0.8	1
$C_{3.4}$	防洪安全工程达标率/%	20	40	60	80	100
$C_{3.5}$	水力发电效率/%	20	40	60	80	100
$C_{3.6}$	城市水景观辐射率/%	10	15	30	45	60

本书邀请 6 位专家对上述指标体系就各子系统两两指标间的评价重要性做比较，结合模糊层次分析法得出各水系连通指标的系统动力学模拟值，见表 3.10；再对系统动力学模拟值进行修正检验和修正，得出各水安全指标的权重，见表 3.11。同时，计算所得的矩阵的一致性指标系数值都小于 0.1，则修正后的判断矩阵 B 具有满意的一致性。同理，用上述方法计算得出各子系统的权重值均为 0.33。

表 3.10　　　　　南渡江河湖水系连通指标的系统动力学模拟值

指标	2000 年		2005 年		2010 年		2012 年 预测值	2014 年 预测值	2016 年 预测值	2018 年 预测值	2020 年 预测值
	现有值	预测值	现有值	预测值	现有值	预测值					
$C_{1.1}$	0.003	0.003	0.003	0.003	0.003	0.003	0.003	0.003	0.003	0.003	0.003
$C_{1.2}$	0.170	0.170	0.170	0.170	0.170	0.169	0.169	0.169	0.169	0.169	0.169
$C_{1.3}$	0.444	0.444	0.444	0.444	0.444	0.444	0.444	0.444	0.476	0.476	0.476
$C_{1.4}$	0.047	0.047	0.047	0.047	0.047	0.047	0.047	0.047	0.047	0.047	0.047
$C_{1.5}$	5.750	5.750	5.750	5.750	5.750	5.740	5.780	5.730	5.710	5.720	5.720
$C_{1.6}$	0.025	0.025	0.025	0.025	0.025	0.025	0.024	0.024	0.025	0.025	0.025
$C_{1.7}$	19.655	19.647	19.640	19.641	19.635	19.635	19.635	19.635	18.544	18.544	18.544

指标	2000 年		2005 年		2010 年		2012 年 预测值	2014 年 预测值	2016 年 预测值	2018 年 预测值	2020 年 预测值
	现有值	预测值	现有值	预测值	现有值	预测值					
$C_{1,8}$	1.1	1.1	1.1	1.1	1.1	1.1	1.1	1.1	1.1	1.1	1.1
$C_{2,1}$	19.200	19.178	31.789	31.239	15.365	15.069	17.784	18.547	21.672	19.769	24.196
$C_{2,2}$	1.100	1.104	1.070	1.085	1.080	1.079	1.069	1.073	1.076	1.068	1.069
$C_{2,3}$	0.000	0.000	−4.890	−4.637	−3.012	−3.198	−3.075	−2.578	−2.135	−1.567	−0.673
$C_{2,4}$	95.790	95.890	48.200	48.219	65.500	65.480	69.674	68.169	75.018	80.936	91.467
$C_{2,5}$	95.81	95.81	100	98.80	100	100	100	100	100	100	100
$C_{2,6}$	25366	25366	25272	25273	25114	25118	25095	25064	25026	24983	24957
$C_{3,1}$	100	100	100	100	100	100	100	100	100	100	100
$C_{3,2}$	91.43	91.43	92.02	92.02	92.31	92.31	92.42	92.56	92.78	92.94	93.00
$C_{3,3}$	0.576	0.576	0.589	0.590	0.580	0.580	0.580	0.578	0.576	0.576	0.575
$C_{3,4}$	20	20	20	20	20	20	20	20	25	25	25
$C_{3,5}$	2.598	2.598	13.020	13.060	23.267	23.330	28.950	35.880	40.750	51.470	56.910
$C_{3,6}$	45.680	45.890	48.650	48.760	51.268	51.276	52.457	53.152	53.759	54.480	55.780

表 3.11　　　　　　　　　模糊层次分析法对各指标权重的计算结果

子系统 j	评价指标序号 k							
	1	2	3	4	5	6	7	8
水系连通性	0.154	0.054	0.343	0.131	0.131	0.105	0.051	0.035
自然功能	0.156	0.117	0.115	0.136	0.141	0.336	—	—
社会功能	0.203	0.247	0.246	0.134	0.114	0.056	—	—

将上述数据代入所编程序中，得出不同时期河湖水系连通系统评价结果，具体详见表 3.12～表 3.15。

表 3.12　　　　　　　　　水系连通性子系统 CN　AM 模型评价结果

年份	水系连通性子系统的联系数分量					联系数	G	评价 等级值	G'
	1 级	2 级	3 级	4 级	5 级				
2000	0.3016	0.2467	0.2929	0.1320	0.0303	−0.3286	2	2.6984	3
2005	0.3017	0.2466	0.2929	0.1320	0.0303	−0.3287	2	2.6983	3
2010	0.3012	0.2471	0.2932	0.1320	0.0300	−0.3288	2	2.6988	3
2012	0.3014	0.2469	0.2919	0.1320	0.0313	−0.3275	2	2.6986	3
2014	0.2551	0.2932	0.2935	0.1320	0.0297	−0.3060	2	2.7449	3

年份	水系连通性子系统的联系数分量					联系数	G	评价等级值	G'
	1级	2级	3级	4级	5级				
2016	0.3023	0.2108	0.2942	0.1672	0.0290	−0.2950	2	2.6977	3
2018	0.3022	0.2109	0.2939	0.1672	0.0293	−0.2947	2	2.6978	3
2020	0.3024	0.2107	0.2938	0.1672	0.0293	−0.2948	2	2.6976	3
2020年调控后	0.0614	0.2781	0.4646	0.1672	0.0293	−0.0875	3	2.9386	3

注　G 表示联系数值对应的安全等级；G' 表示样本 i 子系统 j 的安全等级值。

表 3.13　　　　　　自然功能子系统 CN-AM 模型计算结果

年份	自然功能子系统的联系数分量					联系数	G	评价等级值	G'
	1级	2级	3级	4级	5级				
2000	0.0794	0.0762	0.1041	0.3650	0.3753	0.4403	4	3.7403	4
2005	0.0341	0.1445	0.2178	0.3077	0.2960	0.3435	4	3.6037	4
2010	0.0887	0.0853	0.1562	0.3314	0.3384	0.3727	4	3.6697	4
2012	0.0824	0.0910	0.1432	0.3325	0.3510	0.3894	4	3.6835	4
2014	0.0807	0.0897	0.1478	0.3359	0.3458	0.3881	4	3.6817	4
2016	0.0713	0.0901	0.1308	0.3391	0.3687	0.4219	4	3.7078	4
2018	0.0783	0.0864	0.1089	0.3412	0.3853	0.4344	4	3.7264	4
2020	0.0615	0.0817	0.1259	0.3207	0.4102	0.4683	4	3.7309	4
2020年调控后	0.0000	0.0581	0.1546	0.3776	0.4102	0.5700	4	3.7873	4

注　G 表示联系数值对应的安全等级；G' 表示样本 i 子系统 j 的安全等级值。

表 3.14　　　　　　社会功能子系统 CN-AM 模型评价结果

年份	社会功能子系统的联系数分量					联系数	G	评价等级值	G'
	1级	2级	3级	4级	5级				
2000	0.1646	0.0950	0.1228	0.2489	0.3647	0.2771	4	3.6177	4
2005	0.0669	0.1184	0.1228	0.2517	0.3705	0.3703	4	3.6920	4
2010	0.1145	0.1365	0.1323	0.2382	0.3779	0.3143	4	3.6167	4
2012	0.0984	0.1365	0.1483	0.2355	0.3807	0.3317	4	3.6167	4
2014	0.0786	0.1375	0.1681	0.2322	0.3830	0.3517	4	3.6158	4
2016	0.0501	0.1365	0.1966	0.2303	0.3859	0.3827	4	3.6168	4

续表

年份	社会功能子系统的联系数分量					联系数	G	评价等级值	G'
	1 级	2 级	3 级	4 级	5 级				
2018	0.0501	0.1062	0.1966	0.2578	0.3886	0.4143	4	3.6470	4
2020	0.0501	0.0911	0.1966	0.2769	0.3846	0.4274	4	3.6622	4
2020 年调控后	0.0000	0.0495	0.2144	0.3506	0.3846	0.5352	4	3.7361	4

注 G 表示联系数值对应的安全等级；G' 表示样本 i 子系统 j 的安全等级值。

表 3.15 南渡江河湖水系连通系统 CN－AM 模型评价结果

年份	河湖水系连通系统的联系数分量					联系数	G	评价等级值	G''
	1 级	2 级	3 级	4 级	5 级				
2000	0.1819	0.1393	0.1733	0.2486	0.2568	0.1296	3	3.5056	4
2005	0.1342	0.1698	0.2111	0.2305	0.2323	0.1284	3	3.4848	3
2010	0.1682	0.1563	0.1939	0.2339	0.2488	0.1194	3	3.4817	3
2012	0.1607	0.1581	0.1945	0.2333	0.2543	0.1312	3	3.4867	3
2014	0.1382	0.1735	0.2031	0.2334	0.2528	0.1446	3	3.4852	3
2016	0.1412	0.1458	0.2072	0.2455	0.2612	0.1698	3	3.5058	4
2018	0.1435	0.1345	0.1998	0.2554	0.2677	0.1847	3	3.5222	4
2020	0.1380	0.1278	0.2054	0.2550	0.2747	0.2003	4	3.5287	4
2020 年调控后	0.0130	0.0756	0.2873	0.3506	0.2747	0.3992	4	3.6241	4

注 G 表示联系数值对应的安全等级；G' 表示样本 I 的安全等级值。

从表 3.12～表 3.15 可以看出：

（1）基于均分原则方法得到的评价结果与基于属性数学的置信度准则方法得到的评价结果总体上一致，两者在评判等级方面存在的差异仅相差 1 级，在联系数方法根据"均分原则"进行等分的子区间的端点值附近，并与属性数学的置信度准则方法的评价结果相接近，就是在属性数学的置信度为 0.5 附近，并与均分原则方法的评价结果相接近，这说明这两种基于联系数的河湖水系连通评价方法的计算结果具有一致性和互补性，联合应用可提高评价结果的可靠性。

（2）水系连通性子系统 CN－AM 模型评价等级为 2.6976～2.7449 级，属于水系连通性差和中之间，说明未来南渡江水系连通性形势不容乐观，其限制指标主要为河频率和水系连通度。若把这些指标调控到中等区间内，则 2020 年水系连通性等级值达到 2.9386。

（3）自然功能子系统的评价等级为 3.6037～3.7403，说明未来 5 年南渡江自然功能子系统将处于中和良之间。其限制指标主要为年平均径流保证率、水体纳污能力、河流水质达标率，把这些指标调控到良区间内，则 2020 年自然功能性子系统等级值达到 3.7873。

（4）社会功能子系统的评价等级为 3.6158～3.6920，说明未来 5 年南渡江社会功能子系统处于中和良之间。其限制指标主要为地表水农业供水百分比、水库调节能力指数和地表水城镇供水百分比，若把这些指标调控到良区间内，则 2020 年社会功能子系统等级值为 3.7361。

（5）南渡江河湖水系连通系统的总体连通状况为 3.4817～3.5287 级，处于中和良之间。若把上述调控指标调到良区间内，则 2020 年南渡江河湖水系连通系统总体等级值为 3.6241。

3.6　南渡江水系连通仿真与评价

3.6.1　模型方案设计

根据海南岛水资源的实际情况，同时考虑便于分析、评价各种不同水系连通方案对区域河湖水系连通的影响，对所建立的海南岛河湖水系连通系统动力学模型共设计了 5 个不同的水系连通方案来进行仿真预测，以便比较不同方案的优越性，为决策者提供参考意见，具体的方案见表 3.16。

表 3.16　　　　　　　　　　南渡江区域水系连通方案

方　　案	内　　容
方案一：常规发展模式	根据研究发展现状，按常规发展模式，自动反馈仿真模拟
方案二：生态优先模式	根据研究发展现状，将水系连通度、年平均径流保证率、水体纳污能力提高为常规模式的 1.5 倍
方案三：资源调配模式	根据研究发展现状，将水系连通度、地表水农业灌溉供水量增加率、河道内生态需水量保证率提高为常规模式的 1.5 倍
方案四：防洪调节模式	根据研究发展现状，加大水利投资，将水系连通度、水库调节能力指数、防洪安全工程达标率提高为常规模式的 1.5 倍
方案五：综合发展模式	在常规发展模式的基础上，综合技术革新，加大水利投资措施、保护水资源，相应改变各调控参数

3.6.2　模型模拟仿真

南渡江水系连通系统动力学模型的模拟仿真起始年是 2000 年，终止年是 2020 年。模型仿真所用数据以《海南省统计年鉴》《海南水利统计年鉴》《海南省环境统计年鉴》《海南省水资源公报》等为参考。根据所建立的河湖水系连通评价指标，运行南渡江区域水系连通系统动力学模型，得出不同管理方案的水系连通指标值，见表 3.17～表 3.21。

表 3.17　南渡江区域水系连通指标系统动力学模拟值（常规发展模式）

指　　标		2000 年	2005 年	2010 年	2012 年	2014 年	2016 年	2018 年	2020 年
$C_{1,1}$	河频率/(条/km²)	0.0028	0.0028	0.0028	0.0028	0.0028	0.0028	0.0028	0.0028
$C_{1,2}$	水面率	0.1695	0.1695	0.1695	0.1694	0.1694	0.1694	0.1694	0.1693
$C_{1,3}$	水系连通度	0.4444	0.4444	0.4444	0.4444	0.4444	0.4762	0.4762	0.4762
$C_{1,4}$	河网密度/(km/km²)	0.0466	0.0465	0.0465	0.0465	0.0465	0.0465	0.0465	0.0465
$C_{1,5}$	水流动势/J	5.75	5.75	5.75	5.78	5.73	5.71	5.72	5.72
$C_{1,6}$	河道输水能力/[m³/(km²·s)]	0.025	0.025	0.025	0.024	0.0242	0.0248	0.0252	0.0245
$C_{1,7}$	侧向连通性/%	19.6465	19.63	19.633	19.6353	19.6353	18.5444	18.5444	18.5444
$C_{1,8}$	平均海拔之差/km	1.1	1.1	1.1	1.1	1.1	1.1	1.1	1.1
$C_{2,1}$	年平均径流保证率/%	19.2	31.789	15.365	17.784	18.547	21.672	19.769	24.106
$C_{2,2}$	输沙效率/%	1.1	1.07	1.08	1.0688	1.0726	1.0758	1.0675	1.0694
$C_{2,3}$	湿地面积变化率/%	0	−4.892	−3.012	−3.075	−2.578	−2.135	−1.567	−0.673
$C_{2,4}$	河道内生态需水量保证率/%	95.79	48.2	65.5	69.67	68.17	75.02	80.94	91.47
$C_{2,5}$	河流水质达标率/%	95.81	100	100	100	100	100	100	100
$C_{2,6}$	水体纳污能力（COD$_{Cr}$）/万 m³	25366	25272	25114	25095	25064	25026	24983	24957
$C_{3,1}$	地表水城镇供水百分比/%	100	100	100	100	100	100	100	100
$C_{3,2}$	地表水农业灌溉供水百分比/%	91.43	92.02	92.31	92.42	92.56	92.78	92.94	93.09
$C_{3,3}$	水库调节能力指数	0.5755	0.5885	0.5795	0.5796	0.5781	0.5762	0.5756	0.5749
$C_{3,4}$	防洪安全工程达标率/%	20	20	20	20	20	25	25	25
$C_{3,5}$	水力发电效率/%	2.598	13.02	23.267	28.95	35.88	40.75	51.47	56.91
$C_{3,6}$	城市水景观辐射率/%	45.68	48.65	51.268	52.457	53.152	53.759	54.48	55.78

表 3.18　南渡江区域水系连通指标系统动力学模拟值（生态优先模式）

指　　标		2000 年	2005 年	2010 年	2012 年	2014 年	2016 年	2018 年	2020 年
$C_{1,1}$	河频率/(条/km²)	0.0028	0.0028	0.0028	0.0028	0.0028	0.0028	0.0028	0.0028
$C_{1,2}$	水面率	0.1695	0.1695	0.1694	0.1694	0.1694	0.1694	0.1694	0.1693
$C_{1,3}$	水系连通度	0.6666	0.6666	0.6666	0.6666	0.6666	0.7143	0.7143	0.7143
$C_{1,4}$	河网密度/(km/km²)	0.0465	0.0465	0.0465	0.0465	0.0465	0.0465	0.0465	0.0465
$C_{1,5}$	水流动势/J	5.75	5.75	5.74	5.78	5.73	5.71	5.72	5.72
$C_{1,6}$	河道输水能力/[m³/(km²·s)]	0.0250	0.0250	0.0248	0.0240	0.0242	0.0248	0.0252	0.0245
$C_{1,7}$	侧向连通性/%	19.6471	19.6412	19.6353	19.6353	19.6353	18.5444	18.5444	18.5444
$C_{1,8}$	平均海拔之差/km	1.1	1.1	1.1	1.1	1.1	1.1	1.1	1.1
$C_{2,1}$	年平均径流保证率/%	28.77	46.86	22.60	26.68	27.82	32.51	29.65	36.29

指　标		2000 年	2005 年	2010 年	2012 年	2014 年	2016 年	2018 年	2020 年
$C_{2,2}$	输沙效率/%	1.1035	1.085	1.0788	1.0688	1.0726	1.0758	1.0675	1.0694
$C_{2,3}$	湿地面积变化率/%	0	−4.637	−3.198	−3.075	−2.578	−2.135	−1.567	−0.673
$C_{2,4}$	河道内生态需水量保证率/%	95.89	48.22	65.48	69.67	68.17	75.02	80.94	91.47
$C_{2,5}$	河流水质达标率/%	95.81	98.8	100	100	100	100	100	100
$C_{2,6}$	水体纳污能力（COD_{Cr}）/万 m^3	38049	37909.5	37677	37642.5	37596	37593	37474.5	37435.5
$C_{3,1}$	地表水城镇供水百分比/%	100	100	100	100	100	100	100	100
$C_{3,2}$	地表水农业灌溉供水百分比/%	91.43	92.02	92.31	92.42	92.56	92.78	92.94	93.09
$C_{3,3}$	水库调节能力指数	0.5755	0.5895	0.5796	0.5796	0.5781	0.5762	0.5756	0.5749
$C_{3,4}$	防洪安全工程达标率/%	20	20	20	20	20	25	25	25
$C_{3,5}$	水力发电效率/%	2.5984	13.06	23.33	28.95	35.88	40.75	51.47	56.91
$C_{3,6}$	城市水景观辐射率/%	45.89	48.76	51.276	52.457	53.152	53.759	54.48	55.78

表 3.19　南渡江区域水系连通指标系统动力学模拟值（资源配置模式）

指　标		2000 年	2005 年	2010 年	2012 年	2014 年	2016 年	2018 年	2020 年
$C_{1,1}$	河频率/（条/km^2）	0.0028	0.0028	0.0028	0.0028	0.0028	0.0028	0.0028	0.0028
$C_{1,2}$	水面率	0.1695	0.1695	0.1694	0.1694	0.1694	0.1694	0.1694	0.1693
$C_{1,3}$	水系连通度	0.6666	0.6666	0.6666	0.6666	0.6666	0.7143	0.7143	0.7143
$C_{1,4}$	河网密度/（km/km^2）	0.0465	0.0465	0.0465	0.0465	0.0465	0.0465	0.0465	0.0465
$C_{1,5}$	水流动势/J	5.75	5.75	5.74	5.78	5.73	5.71	5.72	5.72
$C_{1,6}$	河道输水能力/[m^3/（km^2·s）]	0.025	0.025	0.0248	0.024	0.0242	0.0248	0.0252	0.0245
$C_{1,7}$	侧向连通性/%	19.6471	19.6412	19.6353	19.6353	19.6353	18.5444	18.5444	18.5444
$C_{1,8}$	平均海拔之差/km	1.1	1.1	1.1	1.1	1.1	1.1	1.1	1.1
$C_{2,1}$	年平均径流保证率/%	19.18	31.24	15.07	17.78	18.55	21.67	19.77	24.20
$C_{2,2}$	输沙效率/%	1.1035	1.085	1.0788	1.0688	1.0726	1.0758	1.0675	1.0694
$C_{2,3}$	湿地面积变化率/%	0	−4.637	−3.198	−3.075	−2.578	−2.135	−1.567	−0.673
$C_{2,4}$	河道内生态需水量保证率/%	100	72.33	98.22	100	100	100	100	100
$C_{2,5}$	河流水质达标率/%	95.81	98.8	100	100	100	100	100	100
$C_{2,6}$	水体纳污能力（COD_{Cr}）/万 m^3	25366	25273	25118	25095	25064	25026	24983	24957
$C_{3,1}$	地表水城镇供水百分比/%	100	100	100	100	100	100	100	100
$C_{3,2}$	地表水农业灌溉供水百分比/%	91.43	100	100	100	100	100	100	100
$C_{3,3}$	水库调节能力指数	0.5755	0.5895	0.5796	0.5796	0.5781	0.5762	0.5756	0.5749
$C_{3,4}$	防洪安全工程达标率/%	20	20	20	20	20	25	25	25
$C_{3,5}$	水力发电效率/%	2.60	13.06	23.33	28.95	35.88	40.75	51.47	56.91
$C_{3,6}$	城市水景观辐射率/%	45.89	48.76	51.28	52.46	53.15	53.76	54.48	55.78

表 3.20　南渡江区域水系连通指标系统动力学模拟值（防洪调节模式）

指　标		2000 年	2005 年	2010 年	2012 年	2014 年	2016 年	2018 年	2020 年
$C_{1,1}$	河频率/(条/km²)	0.0028	0.0028	0.0028	0.0028	0.0028	0.0028	0.0028	0.0028
$C_{1,2}$	水面率	0.1695	0.1695	0.1694	0.1694	0.1694	0.1694	0.1694	0.1693
$C_{1,3}$	水系连通度	0.6666	0.6666	0.6666	0.6666	0.6666	0.7143	0.7143	0.7143
$C_{1,4}$	河网密度/(km/km²)	0.0465	0.0465	0.0465	0.0465	0.0465	0.0465	0.0465	0.0465
$C_{1,5}$	水流动势/J	5.75	5.75	5.74	5.78	5.73	5.71	5.72	5.72
$C_{1,6}$	河道输水能力/[m³/(km²·s)]	0.025	0.025	0.0248	0.024	0.0242	0.0248	0.0252	0.0245
$C_{1,7}$	侧向连通性/%	19.6471	19.6412	19.6353	19.6353	19.6353	18.5444	18.5444	18.5444
$C_{1,8}$	平均海拔之差/km	1.1	1.1	1.1	1.1	1.1	1.1	1.1	1.1
$C_{2,1}$	年平均径流保证率/%	19.18	31.24	15.07	17.78	18.55	21.67	19.77	24.20
$C_{2,2}$	输沙效率/%	1.1035	1.085	1.0788	1.0688	1.0726	1.0758	1.0675	1.0694
$C_{2,3}$	湿地面积变化率/%	0	-4.637	-3.198	-3.075	-2.578	-2.135	-1.567	-0.673
$C_{2,4}$	河道内生态需水量保证率/%	95.89	48.22	65.48	69.67	68.17	75.02	80.94	91.47
$C_{2,5}$	河流水质达标率/%	95.81	98.8	100	100	100	100	100	100
$C_{2,6}$	水体纳污能力（COD_{Cr}）/万 m³	25366	25273	25118	25095	25064	25026	24983	24957
$C_{3,1}$	地表水城镇供水百分比/%	100	100	100	100	100	100	100	100
$C_{3,2}$	地表水农业灌溉供水百分比/%	91.43	92.02	92.31	92.42	92.56	92.78	92.94	93.09
$C_{3,3}$	水库调节能力指数	0.8633	0.8843	0.8694	0.8694	0.8672	0.8643	0.8634	0.8625
$C_{3,4}$	防洪安全工程达标率/%	30	30	30	30	30	37.5	37.5	37.5
$C_{3,5}$	水力发电效率/%	2.60	13.06	23.33	28.95	35.88	40.75	51.47	56.91
$C_{3,6}$	城市水景观辐射率/%	45.89	48.76	51.28	52.46	53.15	53.76	54.48	55.78

表 3.21　南渡江区域水系连通指标系统动力学模拟值（综合发展模式）

指　标		2000 年	2005 年	2010 年	2012 年	2014 年	2016 年	2018 年	2020 年
$C_{1,1}$	河频率/(条/km²)	0.0028	0.0028	0.0028	0.0028	0.0028	0.0028	0.0028	0.0028
$C_{1,2}$	水面率	0.1695	0.1695	0.1694	0.1694	0.1694	0.1694	0.1694	0.1693
$C_{1,3}$	水系连通度	0.6666	0.6666	0.6666	0.6666	0.6666	0.7143	0.7143	0.7143
$C_{1,4}$	河网密度/(km/km²)	0.0465	0.0465	0.0465	0.0465	0.0465	0.0465	0.0465	0.0465
$C_{1,5}$	水流动势/J	5.75	5.75	5.74	5.78	5.73	5.71	5.72	5.72
$C_{1,6}$	河道输水能力/[m³/(km²·s)]	0.0250	0.0250	0.0248	0.0240	0.0242	0.0248	0.0252	0.0245

续表

指　标		2000 年	2005 年	2010 年	2012 年	2014 年	2016 年	2018 年	2020 年
$C_{1.7}$	侧向连通性/%	19.6471	19.6412	19.6353	19.6353	19.6353	18.5444	18.5444	18.5444
$C_{1.8}$	平均海拔之差/km	1.1	1.1	1.1	1.1	1.1	1.1	1.1	1.1
$C_{2.1}$	年平均径流保证率/%	19.18	31.24	15.07	17.78	18.55	21.67	19.77	24.20
$C_{2.2}$	输沙效率/%	1.1035	1.085	1.0788	1.0688	1.0726	1.0758	1.0675	1.0694
$C_{2.3}$	湿地面积变化率/%	0	−4.637	−3.198	−3.075	−2.578	−2.135	−1.567	−0.673
$C_{2.4}$	河道内生态需水量保证率/%	95.89	48.22	65.48	69.67	68.17	75.02	80.94	91.47
$C_{2.5}$	河流水质达标率/%	95.81	98.8	100	100	100	100	100	100
$C_{2.6}$	水体纳污能力（COD_{Cr}）/万 m³	25366	25273	25118	25095	25064	25026	24983	24957
$C_{3.1}$	地表水城镇供水百分比/%	100	100	100	100	100	100	100	100
$C_{3.2}$	地表水农业灌溉供水百分比/%	91.43	92.02	92.31	92.42	92.56	92.78	92.94	93.09
$C_{3.3}$	水库调节能力指数	0.8633	0.8843	0.8694	0.8694	0.8672	0.8643	0.8634	0.8625
$C_{3.4}$	防洪安全工程达标率/%	30.0	30.0	30.0	30.0	30.0	37.5	37.5	37.5
$C_{3.5}$	水力发电效率/%	2.60	13.06	23.33	28.95	35.88	40.75	51.47	56.91
$C_{3.6}$	城市水景观辐射率/%	45.89	48.76	51.28	52.46	53.15	53.76	54.48	55.78

3.6.3　CN－AM 等级评价结果与分析

将表 3.17～表 3.21 数据代入所编程序中，得出不同时期不同方案情景下的南渡江水系连通系统及各子系统 CN－AM 模型评价结果，详见表 3.22～表 3.25。

表 3.22　　　　南渡江水系连通系统及各子系统 CN－AM 模型
评价结果（常规发展模式）

年　份	水系连通性子系统的联系数分量					联系数	G	评价等级值	G'
	1 级	2 级	3 级	4 级	5 级				
2000	0.3016	0.2467	0.2929	0.1320	0.0303	−0.3286	2	2.6984	3
2005	0.3017	0.2466	0.2929	0.1320	0.0303	−0.3287	2	2.6983	3
2010	0.3012	0.2471	0.2932	0.1320	0.0300	−0.3288	2	2.6988	3
2012	0.3014	0.2469	0.2919	0.1320	0.0313	−0.3275	2	2.6986	3
2014	0.2551	0.2932	0.2935	0.1320	0.0297	−0.3060	2	2.7449	3
2016	0.3023	0.2108	0.2942	0.1672	0.0290	−0.2950	2	2.6977	3
2018	0.3022	0.2109	0.2939	0.1672	0.0293	−0.2947	2	2.6978	3
2020	0.3024	0.2107	0.2938	0.1672	0.0293	−0.2948	2	2.6976	3

续表

年 份	自然功能子系统的联系数分量					联系数	G	评价等级值	G'
	1级	2级	3级	4级	5级				
2000	0.0794	0.0762	0.1041	0.3650	0.3753	0.4403	4	3.7403	4
2005	0.0341	0.1445	0.2178	0.3077	0.2960	0.3435	4	3.6037	4
2010	0.0887	0.0853	0.1562	0.3314	0.3384	0.3727	4	3.6697	4
2012	0.0824	0.0910	0.1432	0.3325	0.3510	0.3894	4	3.6835	4
2014	0.0807	0.0897	0.1478	0.3359	0.3458	0.3881	4	3.6817	4
2016	0.0713	0.0901	0.1308	0.3391	0.3687	0.4219	4	3.7078	4
2018	0.0783	0.0864	0.1089	0.3412	0.3853	0.4344	4	3.7264	4
2020	0.0615	0.0817	0.1259	0.3207	0.4102	0.4683	4	3.7309	4

年 份	社会功能子系统的联系数分量					联系数	G	评价等级值	G'
	1级	2级	3级	4级	5级				
2000	0.1646	0.0950	0.1228	0.2489	0.3647	0.2771	4	3.6177	4
2005	0.0669	0.1184	0.1228	0.2517	0.3705	0.3703	4	3.6920	4
2010	0.1145	0.1365	0.1323	0.2382	0.3779	0.3143	4	3.6167	4
2012	0.0984	0.1365	0.1483	0.2355	0.3807	0.3317	4	3.6167	4
2014	0.0786	0.1375	0.1681	0.2322	0.3830	0.3517	4	3.6158	4
2016	0.0501	0.1365	0.1966	0.2303	0.3859	0.3827	4	3.6168	4
2018	0.0501	0.1062	0.1966	0.2578	0.3886	0.4143	4	3.6470	4
2020	0.0501	0.0911	0.1966	0.2769	0.3846	0.4274	4	3.6622	4

年 份	南渡江河湖水系连通系统的联系数分量					联系数	G	评价等级值	G''
	1级	2级	3级	4级	5级				
2000	0.1819	0.1393	0.1733	0.2486	0.2568	0.1296	3	3.5056	4
2005	0.1342	0.1698	0.2111	0.2305	0.2323	0.1284	3	3.4848	3
2010	0.1682	0.1563	0.1939	0.2339	0.2488	0.1194	3	3.4817	3
2012	0.1607	0.1581	0.1945	0.2333	0.2543	0.1312	3	3.4867	3
2014	0.1382	0.1735	0.2031	0.2334	0.2528	0.1446	3	3.4852	3
2016	0.1412	0.1458	0.2072	0.2455	0.2612	0.1698	3	3.5058	4
2018	0.1435	0.1345	0.1998	0.2554	0.2677	0.1847	3	3.5222	4
2020	0.1380	0.1278	0.2054	0.2550	0.2747	0.2003	4	3.5287	4

注 G 表示联系数值对应的安全等级；G' 表示样本 i 子系统 j 的安全等级值；G'' 表示样本 I 的安全等级值。

表 3.23   南渡江水系连通系统及各子系统 CN - AM 模型
评价结果（生态优先模式）

年 份	水系连通性子系统的联系数分量					联系数	G	评价等级值	G'
	1 级	2 级	3 级	4 级	5 级				
2000	0.3016	0.0743	0.2043	0.3485	0.0747	−0.0898	3	3.4198	3
2005	0.3017	0.0742	0.2043	0.3485	0.0747	−0.0898	3	3.4198	3
2010	0.3012	0.0747	0.2046	0.3485	0.0744	−0.0900	3	3.4195	3
2012	0.3014	0.0745	0.2033	0.3485	0.0757	−0.0887	3	3.4208	3
2014	0.2551	0.1208	0.2049	0.3485	0.0741	−0.0672	3	3.4192	3
2016	0.3023	0.0736	0.1677	0.3049	0.1549	−0.0317	3	3.4564	3
2018	0.3022	0.0737	0.1674	0.3049	0.1553	−0.0314	3	3.4567	3
2020	0.3024	0.0735	0.1674	0.3049	0.1553	−0.0315	3	3.4567	3
年 份	自然功能子系统的联系数分量					联系数	G	评价等级值	G'
	1 级	2 级	3 级	4 级	5 级				
2000	0.0437	0.0778	0.1382	0.2035	0.5368	0.5559	4	3.7403	4
2005	0.0000	0.1178	0.2518	0.1712	0.4591	0.4859	4	3.6304	4
2010	0.0677	0.0963	0.1663	0.1655	0.5042	0.4712	4	3.6697	4
2012	0.0518	0.0955	0.1691	0.1663	0.5172	0.5007	4	3.6835	4
2014	0.0474	0.0927	0.1782	0.1691	0.5126	0.5034	4	3.6817	4
2016	0.0291	0.0901	0.1673	0.1717	0.5361	0.5478	4	3.7135	4
2018	0.0403	0.0868	0.1459	0.1733	0.5537	0.5567	4	3.7270	4
2020	0.0144	0.0817	0.1715	0.1529	0.5795	0.6007	5	3.7324	4
年 份	社会功能子系统的联系数分量					联系数	G	评价等级值	G'
	1 级	2 级	3 级	4 级	5 级				
2000	0.1646	0.0950	0.1228	0.2489	0.3647	0.2771	4	3.6177	4
2005	0.0669	0.1184	0.1228	0.2517	0.3705	0.3703	4	3.6920	4
2010	0.1145	0.1365	0.1323	0.2382	0.3779	0.3143	4	3.6167	4
2012	0.0984	0.1365	0.1483	0.2355	0.3807	0.3317	4	3.6167	4
2014	0.0786	0.1375	0.1681	0.2322	0.3830	0.3517	4	3.6158	4
2016	0.0501	0.1365	0.1966	0.2303	0.3859	0.3827	4	3.6168	4
2018	0.0501	0.1062	0.1966	0.2578	0.3886	0.4143	4	3.6470	4
2020	0.0501	0.0911	0.1966	0.2769	0.3846	0.4274	4	3.6622	4

年 份	南渡江河湖水系连通系统的联系数分量					联系数	G	评价等级值	G''
	1级	2级	3级	4级	5级				
2000	0.1699	0.0824	0.1551	0.2670	0.3254	0.2477	4	3.5926	4
2005	0.1228	0.1035	0.1930	0.2571	0.3014	0.2554	4	3.5807	4
2010	0.1611	0.1025	0.1677	0.2508	0.3188	0.2318	4	3.5687	4
2012	0.1505	0.1022	0.1736	0.2501	0.3245	0.2479	4	3.5737	4
2014	0.1270	0.1170	0.1838	0.2499	0.3232	0.2627	4	3.5722	4
2016	0.1272	0.1001	0.1772	0.2356	0.3590	0.2996	4	3.5955	4
2018	0.1309	0.0889	0.1700	0.2453	0.3659	0.3132	4	3.6102	4
2020	0.1223	0.0821	0.1785	0.2449	0.3731	0.3322	4	3.6171	4

注 G 表示联系数值对应的安全等级；G' 表示样本 i 子系统 j 的安全等级值；G'' 表示样本 I 的安全等级值。

表 3.24 **南渡江水系连通系统及各子系统 CN-AM 模型评价结果（资源配置模式）**

年 份	水系连通性子系统的联系数分量					联系数	G	评价等级值	G'
	1级	2级	3级	4级	5级				
2000	0.3016	0.0743	0.2191	0.3044	0.1041	−0.0824	3	3.4050	3
2005	0.3017	0.0742	0.2191	0.3044	0.1041	−0.0825	3	3.4050	3
2010	0.3012	0.0747	0.2194	0.3044	0.1038	−0.0826	3	3.4047	3
2012	0.3014	0.0745	0.2181	0.3044	0.1051	−0.0813	3	3.4060	3
2014	0.2551	0.1208	0.2197	0.3044	0.1035	−0.0598	3	3.4044	3
2016	0.3023	0.0736	0.1676	0.3044	0.1556	−0.0312	3	3.4565	3
2018	0.3022	0.0737	0.1672	0.3044	0.1560	−0.0309	3	3.4569	3
2020	0.3024	0.0735	0.1672	0.3044	0.1560	−0.0310	3	3.4569	3
年 份	自然功能子系统的联系数分量					联系数	G	评价等级值	G'
	1级	2级	3级	4级	5级				
2000	0.0794	0.0762	0.1041	0.3419	0.3984	0.4518	4	3.7403	4
2005	0.0341	0.1045	0.1760	0.3476	0.3377	0.4252	4	3.6854	4
2010	0.0887	0.0853	0.1070	0.2747	0.4442	0.4502	4	3.7189	4
2012	0.0824	0.0910	0.1082	0.2647	0.4537	0.4582	4	3.7185	4
2014	0.0807	0.0897	0.1077	0.2682	0.4536	0.4621	4	3.7218	4
2016	0.0713	0.0901	0.1139	0.2713	0.4534	0.4727	4	3.7247	4
2018	0.0783	0.0864	0.1089	0.2751	0.4514	0.4675	4	3.7264	4
2020	0.0615	0.0817	0.1259	0.2802	0.4507	0.4885	4	3.7309	4

年 份	社会功能子系统的联系数分量					联系数	G	评价等级值	G'
	1 级	2 级	3 级	4 级	5 级				
2000	0.1646	0.0950	0.1228	0.2378	0.3758	0.2826	4	3.6177	4
2005	0.0669	0.1184	0.1228	0.1422	0.4800	0.4250	4	3.6920	4
2010	0.1145	0.1365	0.1323	0.1310	0.4852	0.3679	4	3.6167	4
2012	0.0984	0.1365	0.1483	0.1291	0.4870	0.3849	4	3.6167	4
2014	0.0786	0.1375	0.1681	0.1270	0.4882	0.4044	4	3.6158	4
2016	0.0501	0.1365	0.1966	0.1269	0.4893	0.4344	4	3.6168	4
2018	0.0501	0.1062	0.1966	0.1557	0.4907	0.4653	4	3.6470	4
2020	0.0501	0.0911	0.1966	0.1761	0.4854	0.4778	4	3.6622	4

年 份	南渡江河湖水系连通系统的联系数分量					联系数	G	评价等级值	G''
	1 级	2 级	3 级	4 级	5 级				
2000	0.1819	0.0818	0.1487	0.2947	0.2928	0.2173	3	3.5876	4
2005	0.1342	0.0991	0.1726	0.2647	0.3073	0.2559	3	3.5941	4
2010	0.1682	0.0988	0.1529	0.2367	0.3444	0.2452	3	3.5801	4
2012	0.1607	0.1007	0.1582	0.2327	0.3486	0.2539	3	3.5804	4
2014	0.1382	0.1160	0.1652	0.2332	0.3485	0.2689	3	3.5807	4
2016	0.1412	0.1001	0.1594	0.2342	0.3661	0.2919	3	3.5993	4
2018	0.1435	0.0888	0.1576	0.2451	0.3660	0.3006	3	3.6101	4
2020	0.1380	0.0821	0.1632	0.2536	0.3640	0.3118	3	3.6167	4

注　G 表示联系数值对应的安全等级；G' 表示样本 i 子系统 j 的安全等级值；G'' 表示样本 I 的安全等级值。

表 3.25　　**南渡江水系连通系统及各子系统 CN‑AM 模型评价结果（防洪调节模式）**

年 份	水系连通性子系统的联系数分量					联系数	G	评价等级值	G'
	1 级	2 级	3 级	4 级	5 级				
2000	0.3016	0.0743	0.2191	0.3044	0.1041	−0.0824	3	3.4050	3
2005	0.3017	0.0742	0.2191	0.3044	0.1041	−0.0825	3	3.4050	3
2010	0.3012	0.0747	0.2194	0.3044	0.1038	−0.0826	3	3.4047	3
2012	0.3014	0.0745	0.2181	0.3044	0.1051	−0.0813	3	3.4060	3
2014	0.2551	0.1208	0.1458	0.3044	0.1774	0.0141	3	3.4783	3
2016	0.3023	0.0736	0.1675	0.3044	0.1557	−0.0312	3	3.4566	3
2018	0.3022	0.0737	0.1672	0.3044	0.1560	−0.0308	3	3.4569	3
2020	0.3024	0.0735	0.1672	0.3044	0.1560	−0.0309	3	3.4569	3

续表

年　份	自然功能子系统的联系数分量					联系数	G	评价等级值	G'
	1 级	2 级	3 级	4 级	5 级				
2000	0.0794	0.0762	0.1041	0.3650	0.3753	0.4403	4	3.7403	4
2005	0.0341	0.1445	0.2178	0.3077	0.2960	0.3435	4	3.6037	4
2010	0.0887	0.0853	0.1562	0.3314	0.3384	0.3727	4	3.6697	4
2012	0.0824	0.0910	0.1432	0.3325	0.3510	0.3894	4	3.6835	4
2014	0.0807	0.0897	0.1478	0.3359	0.3458	0.3881	4	3.6817	4
2016	0.0713	0.0901	0.1308	0.3391	0.3687	0.4219	4	3.7078	4
2018	0.0783	0.0864	0.1089	0.3412	0.3853	0.4344	4	3.7264	4
2020	0.0615	0.0817	0.1259	0.3207	0.4102	0.4683	4	3.7309	4

年　份	社会功能子系统的联系数分量					联系数	G	评价等级值	G'
	1 级	2 级	3 级	4 级	5 级				
2000	0.1312	0.0800	0.0334	0.2409	0.5105	0.4598	4	3.7554	4
2005	0.0334	0.1120	0.0334	0.2254	0.5260	0.5493	4	3.8212	4
2010	0.0811	0.1240	0.0429	0.2250	0.5264	0.4959	4	3.7520	4
2012	0.0650	0.1240	0.0590	0.2222	0.5292	0.5133	4	3.7520	4
2014	0.0452	0.1240	0.0788	0.2209	0.5305	0.5338	4	3.7520	4
2016	0.0084	0.1219	0.1156	0.2214	0.5322	0.5736	4	3.7541	4
2018	0.0084	0.0912	0.1156	0.2496	0.5345	0.6054	5	3.7848	4
2020	0.0084	0.0757	0.1156	0.2696	0.5301	0.6187	5	3.8003	4

年　份	南渡江河湖水系连通系统的联系数分量					联系数	G	评价等级值	G''
	1 级	2 级	3 级	4 级	5 级				
2000	0.1707	0.0768	0.1189	0.3034	0.3300	0.2726	3	3.6336	4
2005	0.1231	0.1102	0.1568	0.2792	0.3087	0.2701	3	3.6100	4
2010	0.1570	0.0947	0.1395	0.2869	0.3229	0.2620	3	3.6088	4
2012	0.1496	0.0965	0.1401	0.2864	0.3284	0.2738	3	3.6138	4
2014	0.1270	0.1115	0.1241	0.2871	0.3512	0.3120	3	3.6373	4
2016	0.1273	0.0952	0.1380	0.2883	0.3522	0.3214	3	3.6395	4
2018	0.1296	0.0838	0.1306	0.2984	0.3586	0.3363	3	3.6560	4
2020	0.1241	0.0770	0.1362	0.2982	0.3654	0.3520	3	3.6627	4

注　G 表示联系数值对应的安全等级；G' 表示样本 i 子系统 j 的安全等级值；G'' 表示样本 I 的安全等级值。

表 3.26 　　　　　**南渡江水系连通系统及各子系统 CN - AM 模型**
评价结果（综合发展模式）

年　份	水系连通性子系统的联系数分量					联系数	G	评价等级值	G'
	1 级	2 级	3 级	4 级	5 级				
2000	0.3016	0.0743	0.2191	0.3044	0.1041	−0.0824	3	3.4050	3
2005	0.3017	0.0742	0.2191	0.3044	0.1041	−0.0825	3	3.4050	3
2010	0.3012	0.0747	0.2194	0.3044	0.1038	−0.0826	3	3.4047	3
2012	0.3014	0.0745	0.2181	0.3044	0.1051	−0.0813	3	3.4060	3
2014	0.3014	0.0745	0.2181	0.3044	0.1051	−0.0813	3	3.4060	3
2016	0.3023	0.0736	0.1675	0.3044	0.1557	−0.0312	3	3.4566	3
2018	0.3022	0.0737	0.1672	0.3044	0.1560	−0.0309	3	3.4569	3
2020	0.3024	0.0735	0.1672	0.3044	0.1560	−0.0310	3	3.4569	3
年　份	自然功能子系统的联系数分量					联系数	G	评价等级值	G'
	1 级	2 级	3 级	4 级	5 级				
2000	0.0794	0.0762	0.1041	0.3650	0.3753	0.4403	4	3.7403	4
2005	0.0341	0.1445	0.2178	0.3077	0.2960	0.3435	4	3.6037	4
2010	0.0887	0.0853	0.1562	0.3314	0.3384	0.3727	4	3.6697	4
2012	0.0824	0.0910	0.1432	0.3325	0.3510	0.3894	4	3.6835	4
2014	0.0807	0.0897	0.1478	0.3359	0.3458	0.3881	4	3.6817	4
2016	0.0713	0.0901	0.1308	0.3391	0.3687	0.4219	4	3.7078	4
2018	0.0783	0.0864	0.1089	0.3412	0.3853	0.4344	4	3.7264	4
2020	0.0615	0.0817	0.1259	0.3207	0.4102	0.4683	4	3.7309	4
年　份	社会功能子系统的联系数分量					联系数	G	评价等级值	G'
	1 级	2 级	3 级	4 级	5 级				
2000	0.1646	0.1468	0.0669	0.2409	0.5105	0.3930	4	3.6217	4
2005	0.0669	0.1788	0.0669	0.2254	0.5260	0.4824	4	3.6875	4
2010	0.1145	0.1909	0.0764	0.2250	0.5264	0.4290	4	3.6183	4
2012	0.0984	0.1909	0.0924	0.2222	0.5292	0.4464	4	3.6183	4
2014	0.0786	0.1909	0.2102	0.2705	0.5305	0.4917	4	3.5203	4
2016	0.0000	0.0550	0.0655	0.2882	0.5907	0.7073	5	3.8795	4
2018	0.0000	0.0244	0.0655	0.3165	0.5930	0.7391	5	3.9101	4
2020	0.0000	0.0088	0.0655	0.3364	0.5886	0.7524	5	3.9257	4

续表

年 份	南渡江河湖水系连通系统的联系数分量					联系数	G	评价等级值	G''
	1 级	2 级	3 级	4 级	5 级				
2000	0.1819	0.0991	0.1300	0.3034	0.3300	0.25034	4	3.5890	4
2005	0.1342	0.1325	0.1679	0.2792	0.3087	0.24784	4	3.5654	4
2010	0.1682	0.1169	0.1507	0.2869	0.3229	0.2397	4	3.5642	4
2012	0.1607	0.1188	0.1512	0.2864	0.3284	0.2515	4	3.5693	4
2014	0.1536	0.1184	0.1920	0.3036	0.3271	0.2662	4	3.5360	4
2016	0.1245	0.0729	0.1213	0.3106	0.3717	0.3660	4	3.6813	4
2018	0.1268	0.0615	0.1139	0.3207	0.3781	0.3809	4	3.6978	4
2020	0.1213	0.0547	0.1195	0.3205	0.3849	0.3966	4	3.7045	4

注 G 表示联系数值对应的安全等级；G' 表示式 (19) 即样本 i 子系统 j 的安全等级值；G'' 表示式 (20)，即样本 I 的安全等级值。

从 2000—2020 年不同方案的模拟仿真运行和 CN-AM 模型运行结果可知，方案五的河湖水系连通联系数评价总体趋势最优，方案四次之，其次为方案二，而方案三、方案一较差（见表 3.27）。

表 3.27 南渡江河湖水系连通各方案模拟结果比较

年 份	方案一		方案二		方案三		方案四		方案五	
	联系数	等级	联系数	等级	联系数	等级	联系数	等级	联系数	等级
2000	0.1296	4	0.2477	4	0.2173	4	0.2726	4	0.2503	4
2005	0.1284	3	0.2554	4	0.2559	4	0.2701	4	0.2478	4
2010	0.1194	3	0.2318	4	0.2452	4	0.2620	4	0.2397	4
2012	0.1312	3	0.2479	4	0.2539	4	0.2738	4	0.2515	4
2014	0.1446	3	0.2627	4	0.2689	4	0.3120	4	0.2662	4
2016	0.1698	4	0.2996	4	0.2919	4	0.3214	4	0.3660	4
2018	0.1847	4	0.3132	4	0.3006	4	0.3363	4	0.3809	4
2020	0.2003	4	0.3322	4	0.3118	4	0.3520	4	0.3966	4

常规发展模式方案一中，水系连通性子系统、自然功能子系统、社会功能子系统的联系数值总体上均有上升趋势，其中，水系连通性子系统较差范围内波动在差和中之间，自然功能和社会功能子系统在水系连通中和良之间波动（见图 3.12）。

自然功能子系统的联系数值在仿真时间段内呈下降趋势，尤其是在 2003—2007 年下降较明显，由联系数值 0.4403 降到 0.3435。对照钱耀军《生态城市可持续发展综合评价研究——以海口市为例》一文，可知由于人口密度增加、工业发展迅速"三废"排放量逐年增加、土壤环境的污染日趋严重等问题导致自然功能退化，呈缓慢下降趋势。以南渡江区域处于中等的水资源环境现状，并不能促进生态环境与社会

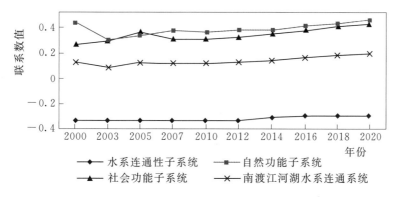

图 3.12　常规发展模式下南渡江河湖水系连通
系统和各子系统评价联系数值

经济的可持续发展。从研究区域整体来说，自然功能与水系连通性、社会功能子系统仍处于一个不协调的状态，即使在预测期间整体上的水系连通评价等级有所提高，长此以往，南渡江流域水系连通状态也将不容乐观，所以对南渡江流域水系连通系统进行合理的中、长期预测与规划是南渡江流域水系连通得以保障的需要，也是南渡江流域可持续发展的需要。

生态优先模式方案二中，根据研究发展现状，将水系连通度、年平均径流保证率、水体纳污能力提高为常规模式的 1.5 倍。由表 3.17 和表 3.22 中可知，在 2000—2020 年仿真模拟时段内，南渡江流域水系连通度和年平均径流保证率较差，其中年平均径流量波动较大，水体纳污能力呈逐年下降趋势。由表 3.18 和表 3.23 生态优先模式可知，水系连通性子系统和自然功能子系统联系数值高于常规发展模式，南渡江流域河湖水系连通系统联系数值也有所提高。因此，通过科学治理水环境、优化水系参数，达到改善水系连通性差、水资源短缺和水环境恶化的问题。

资源配置模式方案三中，该方案根据研究发展现状，将水系连通度、地表水农业灌溉供水量增加率、河道内生态需水量保证率提高为常规模式的 1.5 倍。由表 3.19 和表 3.24 资源配置模式方案可知，水系连通性、自然功能和社会功能子系统联系数值较常规发展模式均有提高。因而，通过水利建设提高水系连通度、地表水农业灌溉供水量及河道内生态需水量保证率，满足社会及生态用水需求，促进南渡江流域自然-社会系统呈可持续发展状态。

防洪调节模式方案四中，根据研究发展现状，加大水利投资，将水系连通度、水库调节能力指数、防洪安全工程达标率提高为常规模式的 1.5 倍。从表 3.20 和表 3.25 可知，水库调节能力指数、防洪安全工程达标率均比常规发展模式要好，水系连通性和社会功能子系统的联系数值均有提高。故大兴水利建设、加强防洪工程建设对社会功能子系统评价等级有很大提高，可一定程度的改善洪涝灾害。

综合发展模式方案五中，在常规发展模式的基础上，综合生态优先、资源发展和防洪调节模式，加大水利投资措施、保护水资源，相应改变各调控参数，运行河湖水系连通模型，结果表明水系连通性、自然功能和社会功能子系统联系数值均有较大提高，整个南渡江流域水系连通等级也在不断提高（表3.26）。因此实施生态优化政策，保护水资源，加大水利投资措施，加大对水环境的治理力度能够促进水环境改善和用水效益的提高，有利于南渡江流域水系连通的可持续发展。

对南渡江水系连通的模拟仿真和CN-AM模型评价结果的分析可以得出以下结论：

（1）从对研究区5个水系连通方案设计的模拟仿真结果可以看出，水系连通与社会、资源、环境的互动影响关系非常密切，不同的水系连通发展模式对区域的环境和社会经济的发展具有不同程度的影响。

（2）依据全面、协调和可持续的科学发展观构建资源节约型、环境友好型社会要求，在经济社会发展过程中始终将保护水资源作为一重要因素，并针对区域的具体特点，研究采取科学合理的水系连通发展对策并有效实施，对于确保南渡江流域可持续发展是非常必要的。

（3）从具体的水系连通状况看，近期南渡江的最大水系连通问题是社会系统与水资源、水生态环境和水灾害如何协调发展的问题，这对研究区的水系连通系统造成极不利的影响，必须确保水系连通政策调控的科学性、合理性，促使社会经济系统与水资源、水生态环境和水灾害协调发展。

（4）从评价结果看，提高用水效益、降低污水排放量和提高污水回用率等指标，加大水利投资对该地区的水系连通影响是敏感的，是应该优先重点考虑的具体水系连通发展对策。

3.7　小结

本章在系统科学、可持续发展思想和战略思维方法的指导下，综合运用系统动力学、统计分析、环境学等理论和方法，采用分析、仿真模拟、评价和归纳总结相结合的手段，对河湖水系连通进行了系统概化和仿真评价分析研究，取得了以下研究成果：

（1）应用战略思维、系统分析和可持续发展的思路，以河湖水系连通系统为基础，分析了系统动态行为产生的原因，定量刻画了河湖水系连通与社会、经济和环境之间的因果关系，即河湖水系连通的反馈回路，并利用系统动力学理论和方法建立包括水系连通性、自然功能、社会功能三个子系统的河湖水系连通系统动力学仿真模型。

（2）以南渡江河湖水系连通系统为例进行了实证研究，根据研究区域特点和具体情况进行河湖水系连通系统动力学模型仿真模拟，得出未来5年河湖水系连通系统及各子系统的发展趋势，并在仿真和评价基础上提出了保障南渡江河湖水系连通发展对策。

（3）建立了南渡江河湖水系连通系统动力学仿真模型，通过特征分析找到影响系统的主要驱动因子，并以主要驱动因子为调节变量分析河湖水系连通系统演变特征，将为河湖水系连通存在问题和有效实施提供理论依据。

（4）建立基于联系数的南渡江河湖水系连通等级评价模型，即用改进的基于标准差的模糊层次分析法确定河湖水系连通评价体系中各指标和各子系统的权重，用集对分析法构造各评价样本与评价标准等级之间联系数分量方法，从而保障河湖水系连通评价的可靠性，并在南渡江流域开展水系连通评价实证研究。

第4章 海南岛河湖水系连通工程布局

4.1 河湖水系连通背景

海南省位于我国大陆最南端，是我国最大的经济特区和唯一的热带岛屿省份。全岛地形中高周低，以五指山、鹦哥岭为核心，形成以南渡江、昌化江、万泉河三大河流及百余条独流入海河流为主的放射状海岛水系。海南省地表水和地下水资源丰富，水质优良，生物多样性丰富，生态环境总体良好。但海南省水资源时空分布不均，一些地区水资源承载能力和调配能力不足，部分江河和地区洪涝水宣泄不畅，水环境恶化，因此，积极推进河湖水系连通对进一步改善区域内水生态环境，同时提高水资源调控水平，增强抗御水旱灾害能力，为海南省经济社会可持续发展提供水生态环境保障具有重要意义。具体表现在以下3个方面。

4.1.1 国家对推进江河湖库水系连通工程建设的要求

河湖水系是水资源的载体，是生态环境的重要组成部分，也是经济社会发展的基础。河湖水系连通是以江河、湖泊、水库等为基础，采取合理疏导、沟通、引排、调度等工程和非工程措施，建立或改善江河湖库水体之间的水力联系。江河湖库水系连通是优化水资源配置战略格局、提高水利保障能力、促进水生态文明建设的有效举措。为深入贯彻《中共中央关于制定国民经济和社会发展第十三个五年规划的建议》《水利部关于加强推进水生态文明建设工作的意见》（水资源〔2013〕1号）关于江河湖库水系连通的有关精神和《水利部关于推进江河湖库水系连通工作的指导意见》（水规计〔2013〕393号）的有关要求，财政部和水利部启动了2017—2020年江河湖库水系连通实施方案编制工作（以下简称"实施方案"），进一步规范和加快推进连通工程建设。

4.1.2 海南省生态文明建设的需求

2009年国务院出台《关于推进海南国际旅游岛建设发展的若干意见》，海南国际旅游岛建设上升为国家战略，未来五年是全面建成小康社会的决胜阶段，也是海南国际旅游岛建设的关键时期。生态环境是海南发展的最大优势和生命线，海南省要建设全国生态文明建设示范区，需要以构建全省生态安全格局为前提，保护海南绿水青山、碧海蓝天。但随着经济社会发展和人类干扰活动的影响，局部地区生态环境存在一定问题，主要表现为：一是部分城镇内河水质污染问题突出，河岸带生态环境较差；二是海南岛丰枯期明显，枯水期天然径流量小，部分独流入海支流生态水量得不到保障，存在季节性断流问题，河道水体纳污能力下降，水质变差；三是海南岛部分沿海的红树林受到人为干扰和破坏，部分湿地被盲目开垦，存在湿地萎缩及天然林生态系统生物多样性减少问题；四是各区域之间供水网络相互独立，难以互相调剂，抗击供水和防洪、排涝等突发事故能力差。开展河湖水系连通工程建设对于水生态文明建设意义重大。

4.1.3　实施海南省河湖水系连通工程建设需要做好顶层设计

按照"多规合一"要求，海南省总体规划中提出建设"生态绿心＋生态廊道＋生态岸段＋生态海域"的生态空间结构，并把水网建设作为总体规划的重要内容。为进一步落实海南省"多规合一"要求，开展海南水网建设规划工作，通过谋划和建设关键水系连通工程，优化全岛水系连通格局，统筹防洪与抗旱，改善水生态与水环境。

4.2　河湖水系连通现状

4.2.1　海南省水系状况

海南岛比较大的河流大都发源于中部山区，组成辐射状水系。各大河流均具有流量丰富、夏涨冬枯等水文特征，年均径流量约为 557 亿 m³。全岛独流入海的河流共 154 条，其中集水面积超过 100km² 的有 39 条，集水面积 500km² 以上的河流有 13 条，南渡江、昌化江、万泉河为海南岛三大河流，集水面积均超过 3000km²，三大河流域面积占全岛面积的 47%。全省河川径流量为 388 亿 m³，约为全国总径流量的 1.1%。

4.2.2　水资源开发利用状况

海南省多年平均水资源总量 311.45 亿 m³，其中地表水资源量 308.03 亿 m³，地下水资源量 80.26 亿 m³，地下水资源与地表水资源不重复量 3.42 亿 m³。

2014 年，全省总供水量 45.02 亿 m³。其中地表水源供水量 41.90 亿 m³，占总供水量的 93.1%；地下水源供水量 3.02 亿 m³，占总供水量的 6.7%；其他水源（污水处理回用）0.10 亿 m³，占总供水量的 0.2%。海口市和儋州市供水量较大，均超过 5 亿 m³，共占全省供水量的 26.2%；五指山市、保亭县、白沙县和琼中县的供水量较少，均不足 1 亿 m³，共占全省供水量的 6.4%。

2014 年，全省总用水量 45.02 亿 m³，比上年增加 1.86 亿 m³。全省总用水量中，农业用水量 33.40 亿 m³，占总用水量的 74.2%；工业用水量 3.85 亿 m³，占总用水量的 8.6%；生活用水量 7.53 亿 m³，占总用水量的 16.7%；生态环境用水量 0.24 亿 m³，占总用水量的 0.5%。

全省共建成蓄水工程 2945 座（其中，大中型 86 座），总库容达 112.12 亿 m³，兴利库容 71.74 亿 m³；引水工程 3459 座，引水流量 162m³/s；水轮泵站 69 处、137 台；水闸 321 座；固定机电排灌站 1269 处、1494 台。蓄、引、提工程设计供水能力 53.1 亿 m³，现状实际供水能力约 45 亿 m³，初步形成了蓄、引、提相结合的城乡供水保障体系，有效保障了现状基本生活生产用水需求。

全省有效灌溉面积达到 477 万亩，灌溉率 37.7%。其中松涛、大广坝大型灌区 2 处，中型灌区 10 处，农田灌溉基础设施不断完善，有效改善了农业生产条件。依托各类蓄水工程和灌溉渠系，初步形成了环岛 8 个灌溉水网，即北部、西部、东北部、三亚、万宁、乐东、陵水和九曲江水网。其中，北部水网以南渡江为主干，松涛水库及其东、西丁渠串通上百座长藤结瓜水库，供水范围覆盖儋州、临高、澄迈北部及海口西北部；西部水网以昌化江为主干，由大广坝水利枢纽、戈枕水库、陀兴水库及其高低干及蓄引提工程构成，供水范围覆盖东方市和昌江县。

4.2.3　水生态环境状况

海南省地表水和地下水资源丰富，水质优良，生物多样性丰富，生态环境总体良好。海南省地表水水质长期保持优良状态，2014 年海南省环境监测数据表明，全年总评价河长 1985km。海南省地下水水质总体良好。2014 年全省监测评价水功能区 66 个，年度达标水功能区 42 个，达标率为 63.6%，未达标的水功能区主要超标项目为氨氮和总磷。全省共 24 个全国重要水功能区，达标率为 87.5%；其中列入全国考核的 15 个全国重要水功能区水质达标率为 100.0%。对全省 22 座水库进行水质评价，水质为 Ⅱ 类的水库 9 座，占评价水库总数的 40.9%；水质为 Ⅲ 类的水库 12 座，占 54.6%；水质为 Ⅳ 类的水库 1 座（珠碧江水库），占 4.5%，主要超标项目为总磷。春江水库、珠碧江水库在 4—9 月营养状态评价呈轻度富营养化状态。

4.2.4　水利特点

全岛 80% 以上降水量集中在 5—10 月汛期，78% 的水资源量集中在流域面积大于 500km² 的 13 条河流，难以利用且加大了洪涝风险，汛期易洪涝，非汛期易干旱，中小河流出现断流，湖库易富营养化。解决海南岛战略性水资源配置及季节性、局部性缺水和洪涝灾害，既需要建设拦蓄工程蓄洪补枯，又需要建设跨流域调水工程引水补源。而中高周低的天然地形，为合理连通主要江河水系、实现丰枯互济提供了得天独厚的条件。

海南省为独立的海岛水系，水资源开发利用腾挪空间比较宽裕。海南岛地形中部隆起，渐向四周倾斜，其主要河流呈辐射状分流入海，均为独流入海河流，不存在省际跨界水事协调等问题，水资源开发利用边界条件少，不存在太多制约因素，有利于省内统一协调管理。海南省为省管市县的行政体制，有利于在省级层面实施水资源统一管理。

4.3　河湖水系连通的必要性

（1）水资源丰沛但时空分布不均，与生产力布局不匹配，需通过水系连通加以合理调控与优化配置。

海南岛受中部山地抬升的阻挡作用和热带气旋的影响，海南岛东部、中部山区雨量大，并由中部向四周沿海逐渐递减，蒸发量则呈逆向递增。汛期（5—10月）降雨量占全年降水量的80%以上，全年降水量的一半集中在8—10月暴雨期，而丰水年与枯水年可相差数倍之多。主要河流由中部山地丘陵区向四周呈放射状奔流入海，坡陡流急，非汛期（11月至次年4月）径流量普遍小于年径流量的10%，中小河流易出现断流，需要建设相应的控制性水利工程方能有效利用和保障枯季生态流量。

海南岛在长期的生产实践中，顺应天然地形逐步形成了由中部向四周垂向圈层分带的经济生产布局，即以山地丘陵为中心的热带林业带，以低丘台地为中心的橡胶热作带，以阶地和平原为中心的热带作物粮食带。全岛约80%的人口分布在沿海各市县，沿海城镇规模较大，密度较高，热带作物与粮食等农业生产发达，服务业、旅游业非常活跃，但水资源相对不足。西部沿海工业园区用水集中，但降水量仅1000～1200mm，局部性、季节性缺水问题较为突出。因而，水系连通是优化海南岛水资源配置、满足生产力布局的需要。

（2）水利基础设施不完善，工程性缺水日益显现，需通过水系连通加以完善和提高调控能力。

海南岛现状水利工程兴利库容65.4亿 m^3，约占水资源总量的21%，低于国际公认的40%开发利用红线。现有农田有效灌溉面积约365.7万亩，实灌面积和旱涝保收面积仅占有效灌溉面积的78%和62%。西部、西南部长期缺水，而东部在暴雨季节又经常遭遇不同程度的水灾。旱季国民经济生产用水挤占下游生态用水现象时有发生，现有工程体系已无法抵御连续干旱年及特枯干旱年的持续性缺水。

1）海南岛东北部。以海口市为中心的工农业用水已经趋紧，下游生态环境流量不足，而定安县城、临高县城、海口市"三龙"地区（龙桥镇、龙泉镇、龙塘镇）以及文昌市北部的珠溪河两岸等又时常遭受水灾，解决未来城镇、商务和专题旅游发展需水、日益重要的生态环境用水以及城镇防洪排涝问题已成为当务之急。

2）海南岛西北部。随着海南西北部工业走廊的发展，洋浦地区、昌江工业园区等大型工业项目上马，现有水利工程已无法满足区域经济发展用水的大幅度增长。松涛灌区是海南岛第一大灌区，设计灌溉面积205万亩，现状实际灌溉面积123万亩，仅占设计灌溉面积的60%。因水源不足，松涛西干工程仅建设了25km，尚有31km和3条分干一直未实施，20多万亩土地至今未能开发。随着洋浦用水量的不断增加，今后灌溉用水的保证程度将进一步下降。松涛水库在以往 42 年运行中，仅 4 年达到了正常蓄水位，有 28 年空置兴利库容 2 亿 m³ 以上。要从根本上改观松涛灌区的缺水局面，需从流域外调水 2 亿～3 亿 m³ 补充松涛水库，并有利于发挥松涛水库的工程效益。

3）海南岛南部。以三亚市为中心的季节性、区域性水少现象时有发生，蜿蜒市中心的三亚河，枯水季节环境水量严重不足，极大地影响和制约着三亚世界级热带海滨度假旅游城市的发展。

4）海南岛东南部。陵水新村港、英州港的水环境问题已经显现，随着陵水黎安海南国际旅游岛先行试验区建设，10 年内将诞生一座中等规模的滨海新城，规划游客接待量超千万人次，相应的旅游和生态环境用水量将大幅度增加。

5）海南岛西南部。乐东龙栖湾、龙沐湾以及九所新区建设，长茅、石门水库已满足不了日益增长的用水需求，需尽早筹划从昌化江支流调水补源。

因而，水系连通是提高海南岛水资源承载能力，保障防洪、供水、生态环境安全的需要。

（3）国际旅游岛建设，要求一流的供水质量和生态环境质量，需通过水系连通加以保障和有效提高。

旅游业是环境依附性产业，比任何其他行业都更依赖自然生态环境和人文环境的质量。然而，国际旅游岛建设面临庞大的流动人口、高标准的生活用水需求和高质量的水环境水生态要求。

海南省 2015 年常住人口约 900 多万人，而旅游人口高达 3000 万人天次，预计到 2020 年将接近 7700 万人天次，保障供水安全必须按照高峰人口配套建设水利基础设施，亦需要更多的水环境流量保障生态环境安全。与以上高等级供水保证程度、高标准水环境水生态质量相比，海南岛现状水安全保障能力薄弱，亦缺乏相应的监控手段和制度保障。因而，水系连通是更好地保护和改善海南岛水环境水生态质量、支撑国际旅游岛建设的需要。

综上所述，水系连通是关系到海南全面建成小康社会、经济社会发展的长远大计，是海南国际旅游岛建设对水资源与水生态环境安全保障的战略需要，是解决海南岛长期以来水量分布不均、工程性缺水的根本性措施，是海南经济、政治、文化、社会、生态文明"五位一体"建设的重要保障，是完善水利基础设施结构及优化布局的重大举措，是贯彻落实中国共产党十九大报告和海南省委、省政府重大决策、践行可持续发展的治水新思路的需要，更是推动水利跨越式发展、大力推进生态文明建设、实现水利现代化的有机载体和重要标志。

4.4　河湖水系连通的可行性

海南岛水系连通具有七个方面的有利条件。一是海岛独立水系，边界清晰，不存在省际跨界水系，有利于统一协调岛内各水系和各行政区之间的关系。二是降水量充沛，78%的水资源量集中在流域面积大于$500km^2$的13条河流上，现状地表水开发利用率不到20%，有相对集中、充足的水量可通过水系连通调控余缺。三是地形中间高周围低，便于江河之间连通和调配，采用分水堰坝、隧洞、渠道等措施即可实现自流引（调）水。工程建设规模小、投资少、占用土地少、对生态环境影响小。四是已建成大中型水库82座，各类蓄水工程共2440项，初步形成了覆盖全岛的8个灌溉水网，即西北部、西南部、东北部、三亚、万宁、乐东、陵水和九曲江水网，具有较好的工程基础。五是海南省在我国率先实施省直管县的体制，同时又是全国少数几个在省级层面实行水务一体化管理的省份，在水务管理体制改革中积累了一定的经验。六是海南省委、省政府对水网体系建设的重视和支持，在2011年《关于加快水利基础设施建设的意见》（琼发〔2011〕8号）和2012年中国共产党海南省第六次代表大会报告中，将形成全岛均衡、协调的水利网络作为海南国际旅游岛基础设施建设的五大网络之一。七是中国共产党第十八次全国代表大会报告、2011年中央一号文件、国际旅游岛发展战略以及中央扩大内需政策为海南岛水系连通提供了良好的外部环境和难得的发展机遇。

4.5　河湖水系连通建设的思路

4.5.1　指导思想

以《海南国际旅游岛建设发展规划纲要（2010—2020）》为蓝图，以科学发展观和新时期治水思路为指导，以发展经济、保障民生、保护生态、美化环境为总体目标，以保障防洪安全、供水安全、生态安全为主要任务，采用先进理念和科学态度，建设"布局合理、规模适度、功能全面、效益显著、调度灵活、安全可靠"的海南岛江河湖库水系连通网络，并与海南省经济、国土资源、农业、林业、生态环境保护、旅游、城乡一体化、交通以及水利等相关专业规划衔接、配套，以全面提升海南岛水资源、水生态、水环境质量，为海南国际旅游岛建设提供支撑和保障。

在水系连通工作中，以人与河流协调发展为主线，以大江大河为主干，以大型水库和重点连通工程为节点，以大中小型水库联合调配运用为重点，实现流域及区域互补，水量与水质兼顾，逐步构建"引得进、蓄得住、排得出、可调控"的海南岛水系连通网络，提升海南岛水资源整体调控水平。

4.5.2　发展思路

4.5.2.1　总体思路

以全岛一盘棋的视野，把海南岛作为一个"生态区域"进行统筹规划，通过建设关键水系连通工程，优化全岛水系连通格局，形成上引下蓄、分洪入库、长藤结瓜的环岛扇形水网，提高海南岛整体防洪、排涝、抗旱能力，从根本上解决工程性及区域性缺水状况，保障水环境、水生态质量，实现水资源统一调配和资源利用效益的最大化。

4.5.2.2 建设目标

水系连通的主要目的是调控水文过程时空分布的不均匀性，补偿水资源与人口分布和经济布局的不匹配性，改善自然水循环与社会水循环的协调性，增加生态廊道的连通性。总目标：从根本上解决海南岛重点地区的工程性缺水，有效减缓主要江河的洪涝灾害，确保生活、生产、生态供水安全。

4.5.2.3 具体目标

在防洪和洪水资源化方面，通过蓄、泄、调、排等手段，提高雨洪资源利用水平，降低五大江河的洪水风险，提高海口、临城、加积、万宁等城镇和海南岛东北部的防洪除涝能力。

在抵御干旱方面，通过水系连通，以丰补缺、减轻海南岛西北部、西南部的干旱风险，提高供水保证率，保障洋浦、黎安、西部工业走廊等地区的供水安全。

在生态保护方面，通过增加河湖的连通性，改善南渡江下游、三亚河等枯季河道内生态用水条件，为生物栖息地提供多样性条件。

在环境保护方面，通过水量水质联合调度，改善城镇和沿海经济区的水环境质量，提高水体自净能力和纳污能力，为营造良好的人居环境和休闲娱乐环境提供保障。

在水资源配置方面，通过水系之间的科学调度，统筹防洪与抗旱，解决工程性缺水问题，使水资源配置格局更好地与生产力布局和国际旅游岛规划格局相适应，促进经济社会可持续发展。

在水景观水文化建设方面，进一步结合休闲生态农业和城镇防洪排涝系统工程建设，营造优美舒适的亲水空间和生态旅游廊道，优化生态环境，为国际旅游岛建设增色添彩。

4.5.2.4 建设原则

（1）结合海南国际旅游岛建设布局与速度，科学规划、合理安排发展步骤。按照水系连通准则，优化空间布局，预留发展空间。以"整体规划、分步实施、先易后难、突出重点、科学决策、适度超前"为原则，规划关键水系连通工程，有序推进水网体系建设。

（2）生态景观、产业集聚、休闲旅游等多项功能。合理利用天然地形、自然河道，通过分水堰坝、隧洞、渠（沟）道等水利工程，以大中型水库为结点，选择关键部位因地制宜地连通，统筹关键连通工程的功能定位，兼顾系统内相关各方的利益。

（3）各级政府作为水系连通建设的责任主体，发挥组织、发动、宣传和引导作用，调动全社会力量，形成政府主导的全社会协同治水兴水合力。充分发挥公共财政的基础保障和引导作用，广辟资金渠道，对水系连通建设投资予以充分保障。广泛征询社会各界的意见，协调与相关部门的关系，调动社会力量，上下联动、博采众长形成合力。

4.5.2.5　水系连通准则

（1）社会准则。维护社会公平及利益相关者合法权益，水系连通工程建设应充分征求全社会意见，坚持民生优先、综合管理，使水资源配置格局更加公平合理，用水效率进一步提高。

（2）生态准则。坚持生态保护，水系连通后对原生态系统的扰动控制在可承受范围内，河流生态服务功能总价值有所上升。科学评价连通工程可能对生态造成的负面影响，并采取有效的减免与修复措施。

（3）环境准则。提高水环境容量和质量，水系连通后，通过合理调度使水环境质量与水生态状况有所改善，整体水功能区达标率有所提高。

（4）经济准则。遵循市场机制，水系连通以自流为主、提水为辅，调水规模以适度为主，水系连通的边际效益应大于边际成本，调入水量的边际效益应大于当地节水或挖潜利用的边际成本，促使水系连通效益最大化。

4.6　河湖水系连通总体布局

4.6.1　基本布局情况

按照全岛、区域、市县三级水系连通总体布局，建设关键水系连通工程和重要枢纽工程，形成自上而下的水资源统一调配和合理利用格局。在全岛，连通三大江河及主要区域水系，实现水资源丰枯互补，完善水务发展总体布局。在区域上，合理调配跨界河流水量，满足区域经济社会发展和生态环境保护对水资源的需求。在市县辖区内，完善供水、排水及防洪排涝系统，建设生态文明城镇。

（1）一级连通。三大江河相济，丰枯互补，实现战略布局通过建设关键水系连通工程和重要控制性工程，连通南渡江、昌化江、万泉河三大江河水系及其相关区域，有效控制和调蓄雨洪资源，向缺水地区调水，达到消纳洪水、增加供水、提高调配能力的目的，有效缓解海南岛西北部干旱缺水、东北部洪涝成灾及缺水等突出问题，架构全岛水利协调发展战略格局。

（2）二级连通。跨界河流相融，合理调配，促进协调发展对涉及两个及两个以上市县或流域面积大于 $500 km^2$ 的河流，根据相关市县的水资源需求和河流水系条件，建设重点水系连通工程，进行区域间水量丰枯调蓄与互济，保障城镇及沿海经济新区发展需水和生态环境用水、中小河流基本生态流量，保护和改善水体质量，提高河湖湿地自我修复能力，实现跨界河流相融互济，相邻市县协调发展。

（3）三级连通。界内河湖相通，供排协调，打造生态城市以市县行政区为基本单元，因地制宜、突出重点，完善区域水网，通过新建或改扩建水源工程、防洪排涝工程、河湖连通工程、河（沟）道疏浚工程、城市景观生态工程等，提高市县水系的良性循环和供排能力，提升城市影响力与竞争力。在此基础上，进一步开展海口、三亚等市县的水系连通规划,打造生态花园城市。

4.6.2 河湖水系重点连通工程

根据海南岛独特的地形地貌和水系特点,围绕海南省总体规划和主体功能区划格局,按照"一心四片"提出河湖水系连通总体布局。

(1)中部生态绿心。中部生态绿心包括白沙县、琼中县、五指山三个贫困县(市),是海南省主要河流源头区,分布有五指山、黎母岭、鹦哥岭等山脉,也是水源涵养,生态保护的核心空间。在保护涵养好水源的基础上,作为区域间水系连通的水源区,适度实施河湖水系连通工程,解决琼中、白沙等中部市县的供水和水生态问题。

(2)琼北地区。琼北地区包括海口、澄迈、文昌、临高、安定、屯昌、儋州部分地区 7 市县,该区域为"海澄文"一体化综合经济圈的重点区域,人口密集,经济发达,但区域间水资源缺少有效调配,沿海海口等城市内河水质差,文澜江、珠碧江等琼西北河流水质常年超标。可在实施琼西北等骨干连通工程基础上,实施区域内小型连通工程,重点解决海口、屯昌等市县城市的水生态问题。

(3)琼东地区。琼东地区包括琼海、万宁、陵水 3 市县,该区有博鳌亚洲论坛永久会址,是国际经济合作和文化交流的重要平台、国家公共外交基地和国际医疗旅游先行区,也是三沙市的后勤保障基地、航天卫星发射基地。耕地资源丰富,但水资源短缺,由于受地形及水文地质条件限制,区域内没有修建控制性工程的条件,导致水资源调配能力有限。考虑到琼海、万宁境内农业灌溉和城乡生活供水的需求,规划以牛路岭水库为主要水源,连通区内其他中小型水源工程,充分发挥牛路岭水库的调蓄作用,调蓄当地水源解决境内城乡生活、工业发展和灌区灌溉用水需求,保障饮水安全。

(4)琼南地区。琼南地区主要包括三亚、乐东、保亭等地,该区为"大三亚"旅游经济圈,是国家热带海滨风景旅游城市,国际门户机场,自贸区和南繁育种基地。具有丰富的海滨旅游资源,由于水资源区域分布不均、丰枯变化大,随着"大三亚"旅游经济圈的建设,沿海地区生活用水增长迅速,枯水季缺水问题尤为突出。通过实施区域间的水系连通工程,增加三亚、乐东市等沿海地区生活水量,提高用水高峰期供水保证率,同时向城区河段增加生态流量,改善内河水质,带动当地的经济发展和提升土地附加值。

(5)琼西地区。琼西地区包括儋州、东方、昌江及白沙县部分区域。该区是海南岛西部粮食、油料等农产品生产基地,也是海南岛核电基地。为全岛降雨量最少的地区,但沿海土地资源丰富,适合农业生产,目前的主要问题是大广坝灌区部分渠系工程布局不合理,灌区配套建设滞后,核电厂供水工程安全隐患大,昌江县城及多数乡镇严重缺水,内河生态流量得不到有效保障,区域间尚未形成有效连通,水源间还未实现丰枯互济,在实施昌化江水资源配置骨干水网工程的基础上,实施区域内水系连通工程，解决区域内水资源配置问题。

4.7　河湖水系连通工程典型项目

4.7.1　三亚市东岸湿地公园—三亚东河连通工程

三亚市位于海南岛的最南端，是海南省南部的中心城市和交通通信枢纽，是我国东南沿海对外开放黄金海岸线上最南端的对外贸易重要口岸，是建设中的国际热带海滨风景旅游新城。三亚东邻陵水县，西接乐东县，北毗保亭县，南临南海。陆地总面积1919km²，海域总面积6000km²，人口68.5万人，是一个黎族、苗族、回族、汉族多民族聚居的地区。本书位于海南省三亚市中心城区月川新城最核心的区域，规划建设范围从东岸湿地公园南侧景观桥至三亚东河，连通总长度716.4m。连通段属三亚东河支流抱破溪河段，全流域集水面积为11.36km²，东岸湿地公园处50年一遇设计洪峰流量199m³/s，100年一遇设计洪峰流量229m³/s，水资源较丰富。

现状连通段为单孔钢筋混凝土箱涵结构，结构尺寸5.3m×2.5m（长×高），过水断面不足，连通性差、水环境较差。一方面，城市排污、农业面源及河湖内源污染较为严重；另一方面，城区河流径流主要为降雨补给，由于降雨汛枯分布不均，河道水动力条件差，导致河道淤积、河湖萎缩、水体自净能力下降等水生态环境问题。

作为三亚中心城区水系，水环境恶化将使水生态系统受到破坏，影响城市形象，威胁居民健康，与国际旅游岛的要求不相称。经研究分析，通过城市截污、内源治理、农业面源污染治理、水生态修复等措施，可在一定程度上改善水环境，同时连通段也是承载城市公共活动、市民休闲、形象展示、旅游服务等功能的综合性城市生态景观绿色廊道。

项目实施的主要目的在于提高河流水动力条件，改善水生态环境，加强水体交换，提高水体自净能力，恢复自然岸线，优化水资源配置等。通过清淤疏浚和开挖的方式连通从东岸湿地公园到三亚东河的河段，新建连通河道总长716.4m，设计底宽25m，设计底高程-0.42～0.8m，设计底坡降为0.17‰，设计防洪标准为50年一遇。项目实施的主要内容：新建左侧退台式生态护岸总长550m，新建右侧斜坡式生态护岸总长594m，河道清淤疏浚总长716.4m，湿地公园水域内清淤疏浚，新建堤顶道路总长1144m，新建设翻板1座等。

连通工程实施后，增加水面面积0.03km²，平均每年可向东河补水500万m³，保护东岸湿地面积0.32km²，改善水环境，使连通段防洪标准达到50年一遇。城区水生态安全得到保障，改善居民生活环境，提高水福利，改善基础设施、带动当地的经济发展和提升土地附加值。

4.7.2　三亚市报导水库—赤田水库连通工程

三亚市赤田水库位于三亚市东部海棠区境内的藤桥西河下游，距三亚市城区

46km，海榆东线公路和东线高速公路从下游 4.0km 处经过，交通便利。水库控制集雨面积 220.55km²，河流长度 29.9km，河床平均坡降为 6.96‰，流域内植被繁茂，保水性好，河床平缓。水库枢纽工程于 1991 年 11 月开工，1996 年 11 月灌区全部配套完工，坝址处多年平均径流深 780mm，多年平均降雨量 1570mm，多年平均来水量 1.79 亿 m³，多年平均径流量 5.68m³/s。赤田水库是一项以灌溉为主，结合供水与防洪综合开发的中型水利工程，设计灌溉农田面积 4 万亩，水库设计日供水 15 万 t，并承担着下游海棠湾镇 8 个村委会、2 个镇办农场、1.6 万人、农田 1.2 万亩、环岛东线高速公路、223 国道线的防洪安全，是一座国家防总列入重点防洪对象的水库。

报导水库位于保亭县新政镇境内，水库拦截藤桥东河系。坝址以上集雨面积 41.6km²。河流长度 10.85km，河床平均坡降 0.044，流域多年平均降雨量 1600mm，多年平均径流深 800mm。报导水库是一座以灌溉为主并结合防洪效益的小（1）型水库，设计灌溉面积 2.25 万亩，现灌 0.56 万亩。并对下游的报导村委会的什谷村、新政镇居民区、新政供销社、新政卫生所、新政粮所、新政中学、新政中心小学、金江农场 26 队、金江二中、耕地 1500 亩（其中农田 460 亩）、海榆中线公路以及 2307 人生命财产的防洪安全有着很重要的影响。

随着三亚市东部沿海地区的经济发展，供水需求逐年增大，赤田水库作为三亚市东、中部主要供水水源，供水量日渐增加。近年来，赤田水库的设计供水能力日供水量 15 万 t 远远不能满足要求，遇到降雨量较少的年份，水库的调蓄库容面临极大的考验。2015 年 1—6 月期间降雨量极少，水库日供水量达到 21.8 万 m³/d，根据测算在无有效降雨的情况下，水库只能供水至 6 月 30 日，在三亚市人民政府供水管理单位及三防办启动抗旱应急方案后顺利度过此次旱情。根据这两年三亚市东中部的供水需求增长和水库供水灌溉的需要，提出了从报导水库引水至赤田水库的工程，结合报导水库的来水量及用水量，在优先满足报导水库灌溉的要求下，结合赤田水库的调蓄调度原则，引水至赤田水库上游库区。

建设位置位于保亭县，在报导水库的放水涵进口处改建新的引水闸，同时回复灌渠的灌溉渠道进口，引水线路以沿灌溉渠道走线为主，采用管道、渡槽、隧洞等建筑物引水至赤田水库上游的库区支流，自然汇入水库。引水线路总长度 15.351km。

工程引水流量为 1.5m³/s，年引水量 0.473 亿 m³，为 Ⅳ 等工程，工程规模为小型。根据引水工程规模及等别确定本工程主要建筑物等级为 4 级，次要建筑物和临时建筑物为 5 级。根据永久建筑物级别，确定设计洪水标准采用 20 年一遇洪水设计，50 年一遇校核。

三亚市赤田水库应急补水工程（报导水库引水）是改建现状报导水库放水涵进口，新建补水和灌溉闸门，通过引水建筑物引水至赤田水库上游库区，以补水赤田水库，增加调节库容，提高水库供水保障率，同时改善赤田水库下游河道的生态环境，提高城市品位。工程主要由引水闸涵和引水建筑物两部分组成，引水流量为

$1.5m^3/s$。其中，引水线路总长 15.351km，包括无压引水管道 5 座长 4245m，穿过公路顶管 4 座长 90m，引水渡槽 2 座长 610m，引水隧洞 1 座长 990m，有压引水管道 3 座长 9381m。

连通工程实施后，平均每年可向赤田水库补水 4730 万 m^3，增加赤田水库的调蓄库容，增加供水保证率。同时能够下泄足够的生态流量，保证水库下游河道水量充足，增强河道的生态多样性，使得河道两岸水生态安全得到保障，带动当地经济发展和提升土地附加值。

4.7.3　三亚市海坡内河水系连通工程

三亚湾新城位于海南省三亚市海坡片区，是由三亚市人民政府和山东鲁能集团共同投资开发的集娱乐、休闲、旅游、商业和运动等多种功能于一体的现代海滨新城，为三亚湾海坡片区二线地。海坡内河为三亚湾新城项目拟在场地中建设一条景观河，目前三亚湾新城经过近十年开发建设，山东鲁能集团已完成水系建设总长约 6.85km，水系建设完成包括游艇二区、高一区、高三区、美丽一区、美丽三区一期、美丽 MALL 等项目。建设范围起点从三亚西河汤他水旧村铁路桥上游 2600m 处，终点位于大兵河与冲会河的出海口西岛码头处，水系总长度 10.4km，现状未连通段总长约 3.55km。

根据《三亚市城市总体规划》的要求，海坡内河应作为三亚中心城区水系与三亚西河连通，目前水环境恶化将使水生态系统受到破坏，影响城市形象，与国际旅游岛的要求不相称。通过水系连通后，主要是突显三亚湾新城休闲度假旅游形象，打造三亚市新地标。

工程实施的主要目的为改善和提高河流水动力条件，增强水资源水环境承载力，提高水体自净能力，保护水域生态环境，恢复自然岸线等。通过清淤疏浚和开挖的方式连通从东岸湿地公园到三亚东河的河段，新建连通河道总长 3.55km，规划设计底宽 15m，规划设计底高程 $-1.9 \sim -0.1m$，设计底坡降为 0.017%，设计防洪标准为 50 年一遇。新建生态护岸总长 7.1km，河道清淤疏浚总长 3.55km，新建涵闸 5 座。

连通工程实施后，增加水面面积 0.09km^2，平均每年生态补水 580 万 m^3，保护湿地面积 1.4km^2，使连通段防洪标准达到 50 年一遇。城区水生态安全得到保障，改善居民生活环境，改善基础设施、带动当地的经济发展和提升土地附加值。

4.7.4　陵水县中南部水系连通工程

陵水黎族自治县位于海南岛的东南部，东濒南海，南与三亚市毗邻，西与保亭县交界，北与万宁市、琼中县接壤。陵水县境南北长 40km，东西宽 32km，总面积 1128km^2。陵水县中南部主要包括群英乡、隆广镇、文罗镇、英州镇、新村镇，总面积约 390km^2。

陵水县中南部水系主要包括陵水河、英州河、曲港河，主要水库有走装水库（中型）、田仔水库（中型）、竹利水库［小（1）型］。走装水库位于陵水县群英乡走装村，水库集雨面积 18km²，正常蓄水位 52.2m，总库容 2449 万 m³，是一座以灌溉为主的中型水库。田仔水库位于陵水县英州河上游，水库集雨面积 25.68km²（含水库上游已有 5 座小型水库，集雨面积为 12.38km²），正常蓄水位 50.3m，总库容 1101万 m³，是一座以灌溉为主的中型水库。竹利水库位于陵水县英州河上游，水库集雨面积 10.9km²，正常蓄水位 55.8m，总库容 904 万 m³，是一座以灌溉为主的小型水库。

陵水县南部区域是生态农业重要地区，该区域水量缺乏调配，无法满足农业及生态用水需求。随着该区域人口活动的增加，城市排污、生活垃圾、生活污水乱排放及农业面源污染等逐步加重，英州河、曲港河水质恶化，影响影响城市形象。由于降雨汛枯分布不均，枯水期缺水严重，河道水库水动力条件差，导致河道淤积、河湖萎缩、水体自净能力下降等水生态环境问题，与国际旅游岛的要求不相称。

基于陵水县中南部英州河、曲港河及黎安泄湖、新村泄湖生态环境治理的紧迫性和必要性，结合陵水县水资源分布情况，制定水系连通方案，以水系连通方案为基础，根据水资源情况，区域水系连通水资源调度运行方式为由都总河调水至走装水库，经走装水库调蓄，自流至田仔水库和提水至竹利水库，再由田仔水库、竹利水库分别放水至英州河、曲港河，其中曲港河连通至黎安泄湖、新村泄湖，最终流至海洋。

工程建设目的主要是连通区域内走装、田仔及竹利等水库，提高水资源调配，连通陵水河、英州河、港坡河和黎安泄湖、新村泄湖，形成水系通道，为英州河、曲港河及黎安泄湖、新村泄湖补水，提高河流水动力条件，增强水资源水环境承载力，提高水体自净能力，保护水域生态环境。

连通工程实施后，增加新的水系通道，改善河流水动力条件，解决受水区水资源短缺及生态缺水问题，增强水资源水环境承载力，改善区域水生态环境，改善英州河、曲港河、黎安泄湖、新村泄湖水环境，提高水体自净能力，提升城市品质。

4.7.5 陵水县陵水河—双泄湖连通工程

陵水河位于海南省东南部、陵水县中北部，发源于保亭县贤芳岭，经保亭县的八村、什岭后进入陵水县境内。主流经群英、南平、本号、提蒙、椰林、陵城镇后于水口港汇入南海，全长73.5km，平均坡降 3.13‰，集雨面积 1131km²，多年平均径流量 14.6 亿 m³。新村泄湖和黎安泄湖是陵水"三湾三岛两湖一山一水"的优质旅游资源之一，堪称陵水的"双眼"，分别位于新村镇和黎安镇。

现状情况下，黎安泄湖、新村泄湖水环境较差，一方面，镇区排水系统不完善，居民缺乏生态保护意识，直接将生活污水排入两个泄湖内，以及渔排养殖残饵，导致附近海域受到严重污染，海水水质不断恶化，破坏了当地水生态环境；另一方面，河流径流主要为降雨补给，由于降雨汛枯分布不均，枯水期缺水严重，河湖水动力条件差，导致河道淤积、河湖萎缩、水体自净能力下降等水生态环境问题。水环境恶化将使水生态系统受到破坏，影响城市形象，威胁居民健康，与国际旅游岛的要求不相称。

工程建设目的主要是连通陵水河和黎安泄湖、新村泄湖，提高水资源调配，形成水系通道，为双泄湖补水，提高湖泊水动力条件，增强水资源水环境承载力，提高水体自净能力，保护区域水生态环境。

连通工程实施后，增加新的水系通道，增加水面面积，改善河流水动力条件，解决受水区水资源短缺及生态缺水问题，增强水资源水环境承载力，改善区域水生态环境，显著改善黎安泄湖和新村泄湖水环境，提高水体自净能力，提升城市品质，服务并推动国际旅游岛先行试验区发展。

4.7.6　乐东县南巴河调水工程

乐东县位于海南省西南部，地理坐标为北纬 $18°24'\sim18°58'$、东经 $108°39'\sim109°24'$。乐东县东北与五指山市、白沙县接壤，东南与三亚市交界，北与东方市、昌江县毗邻，西南濒临南海。总面积 $2747km^2$，海岸线长 $84.3km^2$。全县辖 11 个镇、7 个国有农场（国营农场）以及国营尖峰岭林业公司、国营莺歌海盐场。2009 年年末户籍人口 52.58 万人，其中农业人口 38.01 万人，非农业人口 14.57 万人，黎族人口 19.86 万人，占总人口的 37.8%。

长茅水库是乐东县境内唯一一座大型水库，是望楼河流域综合利用中的主要调节水库和骨干工程，主要供水灌溉乐东县西南角的冲坡镇、九所、黄流、佛罗平原一带。长茅水库和石门水库是长茅灌区的主要水源工程。长茅灌区位于乐东黎族自治县的西南部、望楼河下游两岸，包括佛罗溪及沿海独立出海的部分河溪，是该县的最大灌区，亦是该县人口最密集的地区和主要农业种植区。长茅灌区范围内主要的用水为农业灌溉，其中三曲沟水库设计灌溉面积 1.5 万亩，石门水库设计灌溉面积 15.8 万亩。现状流域内采用地表水的自来水厂主要是九所新区自来水厂，设计供水规模为 1 万 m^3/d，现状实际日供水量为 $1200m^3/d$，供水人口 5200 人，供水水源为石门水库。三曲沟水厂现状实际日供水量为 $1800m^3/d$，供水人口 8500 人，供水水源为三曲沟水库。其余的均采用地下水作为供水水源。由于长茅水库与石门水库为乐东县西南片区主要的灌溉及工农业生活饮用水水源，而现状长茅水库经常出现在枯水期缺水严重等现象，河流水库水动力条件差，导致河道淤积、河湖面萎缩、水体自净能力下降等水生态环境问题。且由于下游区用水出现严重缺水，致使下游区地下水开采量增大，使得地下水位下降严重，对整个区域的水生态水环境系统造成严重的破坏。

此外，灌区内旅游资源十分丰富，具有极大的开发前景，但随着经济的不断发

71

展，该地区已受到不同程度的缺水或供水不稳定的制约，在很大程度上制约着当地社会经济的发展，且影响沿海地区旅游产业的发展。因此需要新建水源工程或跨流域调水工程，才能解决用水的供需矛盾，从而实现社会经济的可持续发展。

工程的建设将为长茅灌区下游的生态状况和人类的自然生存条件，促进人与自然和谐发展，提高灌区抗旱能力，最大程度地减少灾害损失。调水使受水地区面积增加了，导致大气圈与含水层之间的垂直水气交换加强，有利于水循环。输水渠道沿线到处都会发生地表水与地下水的相互作用和变化，增加了地面径流，改善和缓解了该地区生态和环境的不良状况。调水有助于气候调节，有利于生物的生长，为区内野生动物提供栖息场所，保护了生物多样性，为建设生态省提供了必要条件。

工程建设目的主要是连通南巴河与长茅水库（见图 4.1），提高区域水资源调配，为长茅水库补水，提高长茅水库蓄水调节功能，增强水资源水环境承载力，保护水域生态环境，主要解决长茅水库下游区内城乡工农业用水，改善下游区人们的生存、生产和生态环境。

连通工程实施后，南巴河流域与望楼河流域实现了水系连通，增加了新的水系通道，使得长茅水库来水量得到保证，平均每年可向长茅水库补水 8500 万～11000 万 m^3，有效改善了长茅灌区及乐东县西部地区的缺水问题，解决了乐东县九所镇、

图 4.1　乐东县南巴河调水工程总体布置示意图

利国镇和黄流镇等饮水安全问题,改善和缓解了该地区的生态和环境的不良状况,改变了缺水地区的经济结构,促进了缺水地区的工业发展,从而增加地区工农业产值,是当地经济持续、稳定和健康发展的需要。水系连通后,有效改善了枯水期长茅水库的缺水现象,提高了长茅水库蓄水调节功能,增强了区域水资源水环境承载力,保护了水域生态环境。

4.7.7　屯昌县城区生态水系连通工程

屯昌县位于海南省中部偏北,是海南岛纵贯南北、横跨东西的交通枢纽,全县土地总面积1231.5km²。屯昌县县城区位于屯昌县中部,是屯昌县委、县政府所在地,是全县政治、经济、文化和交通中心,也是海南中部地区人流、物流、信息流的汇集中心。海榆中线是城镇市政建设的主轴,现状城区面积约11km²,常住人口7.15万人。

屯昌城区主要有3条自然河流——吉安河、红花溪、文赞溪。3条河流环绕城区成U形河道格局,渠系包括良坡水库北干渠从城区穿过,规划建设的红岭西干渠绕城而过,主要湖泊水库有深田、加丁、文赞等。

现状情况下,吉安河、红花溪和文赞溪水环境较差。吉安河及文赞水库被列入《全省城镇内河湖水污染治理三年行动方案》,其中吉安河污染范围为16km,文赞水库约70亩,完成时间为2018年。

作为屯昌城区水系,水环境恶化将使水生态系统受到破坏,影响城市形象,威胁居民健康,与国际旅游岛的要求不相称。经研究分析,通过城市截污、内源治理、农业面源污染治理、水生态修复等措施,可在一定程度上改善水环境,但由于农业面源等污染源治理困难,因此在控源截污、内源治理、生态修复等措施的基础上,还需调水以为河道及水库补充生态水量,保证水生态安全。

以水系连通方案为基础,根据水资源情况,区域水系连通水资源调度运行方式为由都总河调水至走装水库,经走装水库调蓄,自流至田仔水库和提水至竹利水库,再由田仔水库、竹利水库分别放水至英州河、曲港河,其中曲港河连通至黎安、新村泄湖,最终流至海洋。目的主要是连通区域内走装、田仔及竹利等水库,提高水资源调配,连通陵水河、英州河、港坡河和黎安泄湖、新村泄湖,形成水系通道,为英州河、曲港河及黎安泄湖、新村泄湖补水,提高河流水动力条件,提升水资源水环境承载力,提高水体自净能力,保护水域生态环境,详见图4.2。

连通工程实施后,增加新的水系通道,改善河流水动力条件,解决受水区水资源短缺及生态缺水问题,增强水资源水环境承载力,改善区域水生态环境,改善英州河、曲港河、黎安泄湖、新村泄湖水环境,提高水体自净能力,提升城市品质。使城区防洪标准达到20年一遇,排涝标准达到10年一遇以上,平均每年枯水期可向红花溪河道补水100万m³,向文赞水库补水380万m³,水环境改善。新增加的水系通道和城区内水面面积可以解决县城西北部无河流水系问题,改善局部小气候,为市

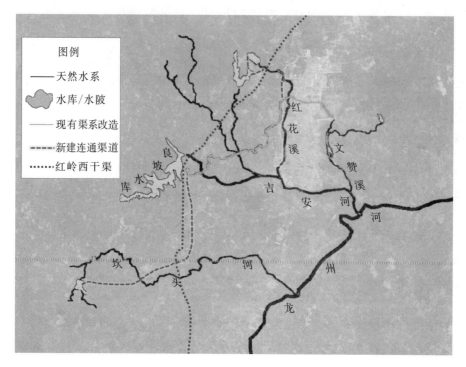

图 4.2　屯昌县城区生态水系连通工程总体布置示意图

民提供休闲娱乐和亲近自然空间，改善居民生活环境质量，提高水福利，带动周边地产、旅游、生态农业观光等产业发展，促进屯昌经济发展。

4.7.8　万宁市太阳河至东山河水系连通工程

作为万宁市城区水系，水环境恶化将使水生态系统受到破坏，影响城市形象，威胁居民健康，与国际旅游岛的要求不相称。经研究分析，通过太阳河及东山河把区域内水系连通，实现涝水联排，保证东山河及太阳河地区防涝安全，提高区域水资源优化配置、保障区域用水安全的同时治理农业面源污染、水生态修复等措施，补充河道生态水量，保证水生态安全。

太阳河至东山河连通工程位于万宁境内，沿途涉及滨湖村、铜古村、西村、车头仔村、白湾村、水边村和田头村，受益人口约 20 万人，补充太阳河和东山河水生态修复和生态环境。

连通区域内河道及补水水库，提高水资源调配，使水库及河道水生态得到修复改善，增强水资源水环境承载力和自净能力，保护水域生态环境。太阳河至东山河连通工程线路向东山河生活生态补水，主要由防洪堤、渡槽及水闸等建筑物组成，通过水系连通工程措施，实现涝水联排，保证东山河及太阳河地区防涝安全，且水生态得到修复改善，提高水资源调配，增强水资源水环境承载力和自净能力，保护水域生态环境。

4.7.9 文昌市水系连通及治理工程（含文北河与文南河水系连通工程、文南河与凌村河水利连通工程）

文昌市位于海南省东北部，地处东经 108°21′～111°03′，北纬 19°20′～20°10′，东南和北面是南海和琼州海峡，西面与海口市相邻，处于海口 1 小时经济圈范围内，西南面与定安县和琼海市接壤。文昌市海岸线长 206.7km，海域面积 4600km²，土地面积 2488km²，辖 17 个镇，290 个村（居）委会，3291 个自然村，境内有 9 个国有农、林场。全市 2009 年年末户籍总人口为 576774 人，其中非农业人口 124517 人、农业人口 452257 人，99.7% 的人口为汉族。文城镇是文昌市政治、经济、文化、交通中心。

文昌市境内河流多，河网密度大，有 5 条流域面积达 100km² 以上的江河：文教河、珠溪河、文昌江、石壁河和北水溪；有 32 条流域面积 100km² 以下的支流。

文昌市五大河流中文教河与文昌江入八门湾后再入海，其他石碧河、北水溪和珠溪河 3 条大河直接入海。文昌江发源于蓬莱镇，河道长 49km，河道总落差 84.7m。文昌江流经文昌城区（文城镇），于松马村汇入八门湾。文昌江的主要支流有文昌河（又称文城河）、古城河、凌村河。

文城河贯穿文城市区，集雨面积 128.8km²，为文昌江最大支流。文城河又由文城北河、文城南河两条支流及二者汇合后形成的文城河三部分组成。其中文城北河又称南阳河，发源于南阳镇官塘口村，集雨面积 70.2km²，干流河长 27.8km，平均坡降 1.82‰。文城南河发源于南阳镇庭兰村，集雨面积 56.9km²，干流河长 23.8km，平均坡降 1.71‰。文城北河和文城南河两条支流在文昌市区汇合后形成文城河，河流向东北流入文昌江干流，河段长约 2km。

文城北河城区内长度 1.6km，文城南河城区内长度 1.1km，文城河城区内长度 1.8km。文城北河、文城南河及文城河从文城镇建成区穿过，对文城镇的防洪排涝有影响。

凌村河流域总面积 42.36km²，干流河长 14.67km，平均坡降 1.2‰。凌村河位于文城镇区南侧，凌村河两岸为文城镇区规划城市建设用地，目前地块尚未开发，主要为农田和菜地，凌村河岸线呈自然状态。凌村河城区内长度 3.9km（文清大道—滨湾路），凌村河从文城镇的规划区穿过，在文城镇靠近八门湾处与文昌江汇合，其洪水没有直接影响文城镇的防洪排涝，但会增加洪水的顶托。

文昌市几乎所有水源地都存在农业种植、放养禽畜等污染水体的问题。主要湖泊水质为轻度污染，首要污染指标为 COD_{Mn} 和 TP。综合营养状态指数值 64，为中度富营养。近几年总体污染程度发展趋势有所下降，但水质无明显变化。文昌河上游水质良好，基本能达到Ⅲ类水质标准。文昌河总体污染程度呈上升趋势，水质无明显变化。

水环境恶化将使水生态系统受到破坏，威胁居民健康，影响城市形象，与国际旅游岛的要求不相称。通过城市截污、内源治理、农业面源污染治理、水生态修复等措施，可在一定程度上改善水环境，但由于农业面源等污染源治理困难，因此在控源截污、内源治理、生态修复等措施的基础上，还需增加河道蓄水河道量及时补充生态水量，保证水生态安全。

工程建设目的主要是连通文北河与文南河以及文南河与凌村河，提高水资源调配，建设河道型水库，调节汛期入文昌城区洪峰流量，减轻防洪压力，同时提高河流水动力条件，增强水资源水环境承载力，提高水体自净能力，保护水域生态环境。

4.7.10　儋州市春江（水鸣江）水生态修复与综合治理

儋州市位于海南省的西北部，东与临高县、澄迈县毗邻，南至白沙县，东南与琼中县交界，西南与昌江县接壤，北面靠北部湾。全市面积 3286.63km²，占全省总面积的 9.6%，是海南省土地面积较大、人口较多的地级市。近年来，儋州市认真贯彻落实《海南生态省建设规划纲要》，以开展环境综合整治为契机，提升绿色经济，发展生态儋州，以滨海新城和那大镇为中心，发展"一市双城"。

儋州市地表水系较发达，南渡江于南部山地丘陵地区穿境而过，珠碧江、山鸡江、排浦江、春江、北门江、文澜江自南部山地呈放射状奔流入海。儋州市耕地分布较广，流域面源污染较为严重。尤其春江上游灌溉和养殖产生退水对水环境影响较大，对春江水库水质造成一定影响。针对水环境问题，一方面，拟实施春江（水鸣江）生态修复与综合治理工程，稳步实施流域环境综合治理，减少面源污染，控制点源污染，打造河流健康生态环境；另一方面，对西干渠—春江退水通道的整治，可在西干渠乐园以下灌区工程未建成之前，实现松涛水库向春江水库的应急补水，缓解滨海新城水资源供需矛盾。

滨海新城目前供水水源为春江干流的春江水库，附近的地表水源〔小（2）型以上水库〕还有小江水库及石马岭水库，远期规划新建利拉岭水库可作为第二水源；同时那洋输水管连接松涛干渠和洋浦，距离滨海新区最近的接口在木棠镇（距离净水厂直线距离为 15km）。随着滨海新城发展，尤其是海花岛建设，水资源供需矛盾突出。根据琼西北配水工程规划，未来松涛西干渠将向西延伸，通过松涛总干渠—西干渠—分干渠补水春江水库，以满足需求。

考虑到琼西北配水工程建设时序尚不明确，拟结合春江生态修复与治理工程，整治春江上游水鸣江及支流，打通松涛水库—总干渠—西干渠—水鸣江支流—水鸣江—春江水库—滨海新城供水通道，利用现有西干渠—春江水库退水通道，实现近期松涛水库向春江水库的应急补水，缓解滨海新城水资源供需矛盾。

综合整治工程实施后，春江上游水环境将得到改善，且通过水系连通、河道整治，增加水面面积。松涛水库平均每年枯水期可向水鸣江河道及春江水库补水 2600

万 m³，保证河道、水库水质达标。通过河道治理工程，周边城镇防洪标准达到 20 年一遇，排涝标准达到 10 年一遇，水生态、水安全得到保障，水资源供需矛盾得以减缓，改善居民生活环境，提高水福利，促进儋州和谐发展，详见图 4.3。

图 4.3 儋州市春江（水鸣江）水生态修复与综合治理工程总体布置示意图

4.7.11 儋州市杨桥江黑墩沟水库连通工程

光村镇为儋州市北部沿海重点发展乡镇之一，距离市政府所在的那大镇 40km，交通便利，海南省环岛高铁在此设站，目前正极力打造为儋州市"雪茄风情小镇"，发展前景较好。截至 2012 年，全镇人口 3.1 万人，全镇社会总产值达 4.9 亿元，其中农业总产值 3.77 亿元，农业灌溉、生活生产用水需求旺盛。

光村镇自来水厂目前取用地下水，水量不足，水质不好，拟将黑墩沟水库作为光村镇饮用水源地。黑墩沟水库为小（1）型水库，现状主要承担灌溉任务，为光村镇雪茄基地灌溉水源，目前水库周边存在养殖业污水及农业面污染，需进行综合整治。同时，黑墩沟流域面积较小，来水有限，在旱季已不足以满足光村地区农业灌溉及生产生活用水，需考虑从其他流域引水，以满足光村镇农业灌溉及城乡供水需要。杨桥江上现有杨桥江水陂一座，配套已建渠道约 8.5km，途径黑墩沟水库附近，可考虑利用水陂渠道采取适当措施对黑墩沟水库进行补水。

该工程为跨河流调水工程，从光村水杨桥江水陂引水至黑墩沟水库，一般情况下利用光村水水量补充黑墩沟水库，遭遇特枯年份，还可通过松涛水库—总干渠—那大分干—兰马水库—兰马河—光村水（杨桥江水陂）—黑墩沟通道进行补水。为光村地区的农业生产、乡镇居民生活提供淡水资源保障，主要开发任务为灌溉，兼顾乡镇生活用水等。

杨桥江黑墩沟水库水系连通工程实施后，具有较好的社会效益和经济效益，工程实施后，能有效改善黑墩沟水库水环境、缓解光村镇用水紧张的局面，对光村镇乃至儋州市的国民经济发展有着积极的促进作用，详见图4.4。

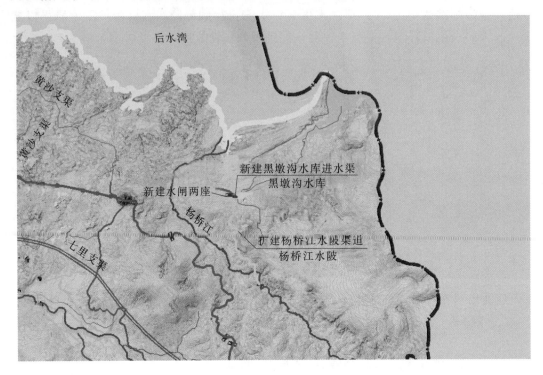

图4.4 杨桥江黑墩沟水库水系连通工程总布置示意图

4.7.12 儋州市珠碧江山鸡江连通工程

珠碧江山鸡江连通工程位于儋州市海头镇，海头镇位于儋州市西部的珠碧江入海处，距离市政府所在的那大镇83km，地处丘陵地带。截至2014年年末，全镇总人口4.52万人，其中非农业人口1.08万人，农业人口3.44万人。本镇农业发展条件比较优越，耕地面积14万亩。农业灌溉、生活生产用水需求旺盛。

海头镇境内有中型工程红洋水库及珠碧江、山鸡江等河流，为海头的农业生产、生活提供淡水资源保障，用水主要水源为红洋水库。红洋水库位于山鸡江中下游河段上，库容2280万m³。珠碧江发源于白沙黎族自治县境内的南高岭，于海头港汇入北部湾，流域面积957km²，干流河长83.8km，平均比降2.19‰。

由于红洋水库来水不足，在旱季已不足以满足海头地区农业灌溉及生产生活用水，需考虑从附近水资源利用率较低的珠碧江引水，以满足海头镇农业、工业生活用水需要。

该工程为跨河流调水工程，从珠碧江流域提水至山鸡江流域的红洋水库，通过水库的调蓄，为海头地区的农业生产、乡镇居民生活提供淡水资源保障，主要开发任务为灌溉，兼顾乡镇生活用水等。

4.7.13 白沙黎族自治县珠碧江北干渠引水工程及治理工程

白沙黎族自治县（简称"白沙县"）位于海南岛中部偏西，东与琼中相连，东南与五指山交界，南与乐东相连，西与昌江接壤，北与儋州毗邻。面积 2117.73km²。人口 19.85 万人，辖 11 个乡镇（4 个镇 7 个乡）、74 个村委会、7 个居委会、425 个自然村，境内有 3 个国有农场。

白沙县地处黎母山中段西北麓，地势东南高，西北低。境内主要有南开河、石碌河和珠碧江三大水系。珠碧江水库北干渠引水工程位于白沙县西部珠碧江中游，是在原北干渠的基础上进行改扩建。原工程从珠碧江水库取水，原北干渠流量 2.48～0.3m³/s（渠首—末端），控制面积 2.04 万亩，从放水涵出口至荣邦水库渠道长 33km，已建成 30 年，年久失修、渗漏严重，渠道末端堵塞严重，不能正常灌溉。扩建后北干渠引水工程设计流量 6m³/s，加大流量 8m³/s。新渠线仍沿原渠道布置，到荣邦水库后，采用渡槽跨荣邦水库坝址处的大岭河，其后新建渠道连接到琼西北供水工程的海荣分干渠，然后连通至山鸡江上游一支流，支流 4.5km 后进入山鸡江干流，连通山鸡江下游的红洋水库。其中改扩建北干渠部分长 33km，新建延长干渠长 7km，利用山鸡江的支流部分河道休整改造 4.5km。

珠碧江水库坝址断面多年平均径流量 4.15 亿 m³，目前仅利用 0.4 亿 m³，珠碧

图 4.5 白沙县珠碧江北干渠引水工程及治理工程总体布置示意图

江水库总库容 0.7973 亿 m^3，兴利调节库容 0.1450 亿 m^3。灌区工程配套不足，水资源利用率低。改扩建北干渠渠道末端的山鸡江下游建有红洋水库，兴利库容 0.2 亿 m^3，坝址断面多年平均径流量 0.33 亿 m^3，水库周边旱地面积较大，有调节能力，但水资源不足。兴建本工程后，可增加山鸡江红洋水库周边 0.36 亿 m^3 水量，其中，直接补入山鸡江 0.12 亿 m^3。

工程建设目的主要是连通珠碧江、山鸡江区域，提高水资源调配能力，连通红洋水库、珠碧江水库，形成水系、渠系及水库通道，提高河流水动力条件，增强水资源水环境承载力，提高水体自净能力，保护水域生态环境。

连通工程实施后，增加新的水系通道，增加水面面积，平均每年可向山鸡江河道补水 1200 万 m^3，向海荣分干渠补水 2400 万 m^3，平衡区域水资源。通过水系连通工程，补水后保证山鸡江多年平均入海水量不小于 40%，确保海水不倒灌，下游区水生态平衡得到保障，改善居民生活环境，提高水资源利用，促进白沙县和谐发展，详见图 4.5。

4.8 小结

本章主要介绍海南岛河湖水系连通总体布局，介绍了河湖水系连通背景、连通必要性和可行性、建设思路，提出了海南岛河湖水系连通总体布局，在此基础上介绍了海南岛典型河湖水系连通工程的情况。

第5章 海口市水资源现状

5.1 海口市基本情况

5.1.1 地理位置

海口市作为海南省的省会，是海南省经济、政治、文化、交通中心，具有重要战略发展地位。海口市地处海南岛北端，东与文昌市为邻，南与定安县相连，西与澄迈县接壤，北隔 18 海里的琼州海峡与广东省徐闻县海安镇相望，地理坐标为北纬 $19°32′\sim20°05′$，东经 $110°10′\sim110°41′$。

海口市辖秀英区、龙华区、琼山区、美兰区 4 个行政区，共 23 个镇、18 个街道办事处、158 个社区、248 个村民委员会、2754 个经济社（村民小组），以及 4 个农垦农场、2 个省属农场。海口市总面积 $2304.84km^2$，海岸线长 131km，海域面积 $830km^2$。海岛有海甸岛、新埠岛和北港岛。海口市东起大致坡镇老村，西至西秀镇拨南村，两端相距 60.6km；南起大坡镇五车上村，北至大海，两端相距 62.5km。全市的海岸线东起东寨港，西至西秀镇，全长约 131km。

海口市呈长心形沿海岸展布，海南岛最长的河流——南渡江从海口市中部穿过，市区被其分成东、西两个部分。南渡江以东部分自南向北略有倾斜，南渡江西部自西南向东北倾斜。全市除石山镇境内的马鞍岭（海拔 221.23m）、旧州镇境内的旧州岭（海拔 198.93m）、甲子镇境内的日晒岭（海拔 170.03m）和永兴镇境内的雷虎岭（海拔 167.33m）等 38 个山丘较高外，绝大部分为海拔 100m 以下的台地和平原。

总体来讲，海口地势平缓，西南部和东南部较高，中部南渡江沿岸及东部、东北部滨海平原地势低平。最高处为马鞍岭（海拔 221.23m），最低点为南渡江入海口（海拔 0.33m）。

5.1.2 水文气象

海口市地处低纬度热带北缘，属于热带海洋气候，春季温暖少雨多旱，夏季高温多雨，秋季湿凉多台风暴雨，冬季干旱时有冷气流侵袭带有阵寒。多年平均降雨量为 1816mm。其中，5—10 月为雨季，降雨量占全年的 78.1%；9 月为降雨高峰期，平均降雨量为 300.7mm，占全年的 17.8%；11 月至次年 4 月为旱季，降雨量仅占全年的 22%；尤其 12 月至次年 2 月，月平均降雨量小于 50mm，1 月平均降雨量只有

24mm。多年平均水面蒸发量为 1152.4mm。其中，5—7 月蒸发量最大，尤其是高温强光的 7 月最大，为 216mm；其次是 5 月，为 211mm；最小是低温阴雨的 2 月，为 96mm。

海口市全年日照时间长，辐射能量大，年平均日照时数 2000h 以上，太阳辐射量可达 46 万~50 万 J。年平均气温 23.8℃，最高平均气温 28℃左右，最低平均气温 18℃左右。多年平均相对湿度为 85%，2 月、3 月、9 月相对湿度最大，为 96%；7 月最小，为 83%。

海口市北部临海，地势平坦，风向基本一致。冬半年（10 月至次年 2 月），北方冷空气入侵频繁，劲吹东北季风为主；夏半年（4—8 月），受低纬度暖气流的影响，盛行东风；3 月和 9 月，是东北和东南风的转换季节，风向不定。多年平均风速 3.3m/s；冬半年比夏半年风速大。4 月风速较大，为 3.7m/s；8 月风速较小，为 2.7m/s。多年平均受影响的台风 5.5 个（次），年平均大于 8 级大风 12d，年平均 12 级以上台风 2~4 个（次）。每年 4—10 月是台风活跃季节，台风盛季平均个（次）占平均年个（次）数的 81%，以 8 月、9 月下旬为台风高峰期。由于受大陆冷高压和入海变性高压脊影响，海口市沿海常有含盐分的海雾危害蔬菜和农作物。

5.1.3 资源条件

海口市现有陆地面积 2304.84km²。其中，农业用地 1756km²，建设用地 363km²，未利用土地 153km²。农业用地中，耕地面积 7.9 万 hm²，含水旱田 4.1 万 hm²，旱地 3.8 万 hm²，林地面积 3.4 万 hm²，可开发利用的滩涂面积 0.2 万 hm²、山塘水库 0.42 万 hm²。主要土壤类型有玄武岩砖红壤、火山灰幼龄砖红壤、砂页岩砖红壤、带状潮沙泥、滨海沙土，共 8 个土类，12 个亚类，43 个土属，110 个土种。

海口市北面临海，海域面积 830km²，海岸线长 131km。近海水质富含有机物质和无机盐。海口市大部分海岸坡度平缓，岸线开阔连绵，沙岸带沙细洁白，有热带海洋世界、假日海滩、白沙门海滩、西秀海滩、粤海铁路通道南站码头海滩、东寨港海滨海滩、桂林洋海滩等海滨风景区和游乐区。港湾与近海还有少许岛礁和潮滩。近海海水清澈，常年风轻浪平，有多处较为适宜的傍岸泳区。

海口市植被以灌木草丛为主。天然植被主要为南方热带地区常见的野生灌木草丛植物种群。主城区以人工植被为主。人工植被包括热带区系植物的各种栽培树种、花卉等经济林和园林树种，以及龙眼、荔枝、椰子、杨桃、香蕉等热带亚热带果树树种。海口市植物四季常绿，种类繁多。主要的植物种类中，粮油类有水稻、玉米、薯芋、豆类、芝麻等；瓜菜类有各种瓜类、青菜类、茄类、椒类和葱蒜等；水果类有荔枝、龙眼、菠萝、柑橘等；经济作物类有橡胶、椰子、咖啡、甘蔗等；棉麻类有海岛棉、木棉、红麻、剑麻等；竹类有麻竹、黄竹、石竹、金竹等；林木类有木麻黄、桉树、相思树、海棠等。近年来，随着热带高效农业的发展，海口市引种的植物优良品种不断增多，植物种质不断丰富。主城区椰子树繁茂，素有"椰城"的美称。

海口市陆生动物有野生和人工饲养两大类。野生动物中，鸟类有麻雀、大山雀、白眼眶、八哥等 140 多种，兽类有赤麂、鼠类、野兔、蝙蝠等，爬行类有蛇类、龟、鳖、坡马等，昆虫类有蜂类、蚁类、蝴蝶类、蜻蜓等，以及青蛙等两栖动物。人工饲养的动物以禽畜类为主，包括猪、牛、羊、狗、猫、兔、鸡、鸭、鹅、鹌鹑、鸽子、蜜蜂等。

海口市现探明的矿产主要有煤、硅藻土、泥炭、黏土、高岭土、铝土矿、矿泉水、地热水、石材和河砂等。煤矿为褐煤，分布在甲子镇的长昌煤矿；石材主要分布在永兴镇一带，以玄武岩为主；矿泉水、地热水主要分布在市区北部及永兴镇的火山口地区；河砂主要分布在南渡江东山镇地段和龙塘镇下游的冲积沙洲。

海口市是国内著名的热带滨海旅游城市。市域内旅游资源丰富，主要的旅游景区（点）有海瑞墓、秀英古炮台、五公祠、琼台书院、万绿园、假日海滩、金牛岭公园、热带海洋世界、西海岸带状公园、海南东寨港国家级自然保护区、东山湖野生动物园、雷琼世界地质公园（海口园区）、琼北大地震遗址等。

5.1.4　社会经济

1988 年，海南建省办经济特区，海口市成为海南省省会，2002 年海口、琼山两市合并，开始进入迅速发展新时期。依托海口市独特的地理环境和明确清晰的自我定位，海口市经济发展表现以下三个特点。

5.1.4.1　经济收入持续增加，存在较大发展空间

根据历年海口市国民经济和社会发展统计公报，2011—2015 年海口相关经济数据见表 5.1，近年来海口市 GDP 指数和城乡居民人均可支配收入都在稳步增加，以 2015 年为例，海口市实现地区生产总值（GDP）1161.28 亿元，比上年增长 7.5%，城市居民人均可支配收入 28535 元，农村居民人均可支配收入 11635 元，整体上海口市经济持续稳定发展，人们生活水平也不断提高。

表 5.1　　　　　　　　2011—2015 年海口市相关经济数据表

年份	GDP /亿元	年增长 /%	第一产业增加值 /亿元	第二产业增加值 /亿元	第三产业增加值 /亿元	城市居民人均可支配收入 /元	农村居民人均可支配收入 /元
2011	733.91	12.2	53.76	182.05	498.10	19730	—
2012	818.76	9.3	55.92	201.66	561.17	22331	—
2013	904.64	9.9	58.10	217.03	629.51	24461	—
2014	1005.51	9.2	54.58	215.67	735.26	26530	10630
2015	1161.28	7.5	58.12	223.67	879.49	28535	11635

注　所有数据均来源于当年海口市国民经济和社会发展统计公报。

根据国家统计局公布的数据，2015 年中国城市 GDP 排名前 100 名中，海口市并未上榜。在衡量区域富裕程度的重要指标人均 GDP 排名中，以 2014 年为例，海口市在全国主要城市中排名 136 名，在各省会城市中排倒数第二。由此可见，与全国其他城市相比，海口市整体发展水平较低，社会经济仍存在较大的上升空间。

5.1.4.2　产业结构逐渐趋于合理

产业结构是不同产业类别在国民生产总值所占的比重，在一定程度上能够反映该地区的经济发展重心和整体生产力发展水平。通常来说，发达地区的农业增加值所占比例相对较小，而工业、建筑业和服务业等对国民经济发展的贡献较大。

收集历年年鉴和政府公开报告数据，海口市与国内外发达地区的产业结构对比情况见表 5.2。总体而言，海口市第三产业比例较为合理。纵向来看，海口市历年第一产业和第二产业占比逐年下降，而第三产业占比迅速增加，这与海南国际旅游岛的战略发展有关，受旅游业和服务业的带动，以非物资生产为主的第三产业比例不断攀升。同时，海口市第一产业占比虽低于全国平均，但远高于北京、上海、广州、深圳四个一线城市，农业对海口经济发展的影响不可忽略；海口市第二产业占比远远高于国家平均水平，略低于国内发达城市，工业和建筑业发展有限；受海南岛国际旅游岛的定位影响，海口市服务业蓬勃发展，第三产业对经济的贡献较大，基本与国内外发达地区持平。

表 5.2　　　　　　海口市与国内外发达地区的产业结构对比情况

地区	数据年份	第一产业占比	第二产业占比	第三产业占比
海口市	2011	6.80	25.00	68.20
	2012	7.00	24.60	68.40
	2013	6.50	24.00	69.50
	2014	5.50	21.40	73.10
	2015	5.00	19.30	75.70
北京市	2014	0.70	21.40	77.90
上海市	2014	0.53	34.65	64.82
广州市	2014	1.42	33.56	65.02
深圳市	2014	0.03	42.64	57.33
美国	2012	1.30	21.00	77.70
德国	2012	0.90	30.70	68.40
日本	2012	1.20	25.60	73.20

注　国内数据来自各市当年统计公报，国外数据来自国家统计局官方网站。

5.1.4.3　利用自身优势，大力发展旅游业

随着经济发展和人类思想不断进步，人们不再单纯地追求物质生活，而是更加注重提升精神生活的质量，旅游已经成为都市人群忙碌工作之余常见的放松方式。2010年1月4日，国务院发布《国务院关于推进海南国际旅游岛建设发展的若干意见》，海南国际旅游岛建设正式步入正轨。根据《海南国际旅游岛建设发展规划纲要（2010—2020)》中对海口市的定位，海口市要发挥全省政治、经济、文化中心功能和旅游集散地的作用，加快工业化和城镇化步伐，增强综合经济实力，带动周边地区发展。

根据历年海口市国民经济和社会发展统计公报，2011—2015年海口市旅游业发展状况见表 5.3。结果显示，海口市近年旅游人次大幅度增加，国内旅游者更是由2011 年的 931.16 万人次迅速增加到 2015 年的 1213.01 万人次，增加了 30%；旅游总收入也由 2011 年的 83.02 亿元增加到 2015 年的 160.06 亿元，增加了 93%。同时，旅游总收入占全年生产总值的比率基本超过 1/10，旅游业成为海口市经济发展的重点产业。

表 5.3　　　　　　　　　　2011—2015 年海口市旅游业发展状况表

年份	入境旅游者/万人次	国内旅游者/万人次	旅游外汇收入/万美元	旅游总收入/亿元	旅游收入占国民经济比/%
2011	14.68	931.16	3844.83	83.02	11.31
2012	17.97	934.93	4473.75	101.57	12.41
2013	15.66	1028.65	4210.23	120.16	13.28
2014	13.69	1116.99	3753.61	142.02	14.12
2015	12.20	1213.01	4084.27	160.06	13.78

5.2　海口市水系现状

5.2.1　河流水系

海口市河网水系发育较好，水系分布纵横交错。海口市主要河流有 17 条，其中南渡江水系 7 条。南渡江干流从海口市西南部东山镇流入境内，穿过中部，于北部入海，流经海口市 75km（出海口段从西向东主要分流有海甸溪、横沟河、潭览河、迈雅河和道孟河），支流有鸭程溪、铁炉溪、三十六曲溪、昌旺溪（南面溪）、响水溪和美舍河；独流入海的有 9 条，分别为演洲河、罗雅河、演丰东河、演丰西河、芙蓉河、龙昆沟、五源河、秀英沟和荣山河；另有白石溪流经文昌市境内出海。

海口市市域范围内的水系空间分为南渡江水系、长流组团水系、中心城区水系、江东水系、东寨港水系 5 部分，水系基本特征见表 5.4。

表 5.4　　　　　　　　海口市主要河流水系基本特征

分区	河流名称	发源地点	河口	集水面积 /km²	河流长度 /km	坡降 /‰	备注
南渡江 水系	南渡江干流	白沙县	入海口	7033	334	0.72	—
	鸭程溪	黄竹圩	新客村	429	42	1.27	—
	铁炉溪	三门坡镇	美颖村	105	28.7	0.2	—
	三十六曲溪	美银桥	昌目肚	101	32	1.76	—
	昌旺溪	杨南村	蛟龙村	121.6	19.22	1.69	南面溪
	响水河-龙塘水	龙桥镇	南渡江	101	26.4	2.95	又名龙塘水
南渡江 水系	海甸溪	新埠岛南端	入海	—	6.00	—	由南渡江
	横沟河	新埠岛南端	入海	—	5.00	—	分流
	白沙河	—	横沟河	—	1.30	—	—
	鸭尾溪	—	海口湾	—	2.30	0.72	—
	外沙河	新埠岛南端	横沟河	—	2.80	0.70	—
长流组团 水系	五源河	东城村	儒显村	53.20	27.30	3.02	—
	荣山河	石山镇	入海	86.80	26.50	2.10	—
	那卜河	那卜水库	荣山河	18.80	9.90	—	—
	那甲河	—	荣山河	28.70	17.70	—	—
	大潭河	—	荣山河	—	3.16	—	—
	摔马潭	—	荣山河	—	1.11	—	—
中心城区 水系	美舍河	羊山地区	海甸溪	53.20	22.70	1.90	—
	河口溪	美舍河	南渡江	—	1.81	—	—
	板桥溪	—	海甸溪	—	1.30	—	—
	电力沟	滨海大道交通稽查队东前侧	入海	—	1.20	—	—
	龙昆沟	秀英区	龙珠湾	19.70	8.00	2.20	—
	大同沟	—	龙昆沟	2.20	2.90	—	—
	道客沟	—	龙昆沟	—	2.20	—	—
	西崩潭	—	龙昆沟	12.20	6.65	7.20	—
	东崩潭	—	龙昆沟	14.40	8.60	3.20	—
	金盘沟	—	—	—	0.30	—	—
	秀英沟	向荣村	入海	10.20	4.55	—	—

续表

分区	河流名称	发源地点	河口	集水面积 /km²	河流长度 /km	坡降 /‰	备注
江东水系	潭览河	江东地区	入海	10.00	7.60	0.07	—
	迈雅河	江东地区	入海	32.80	13.60	0.05	—
	道孟河	江东地区	入海	17.00	10.80	0.11	—
	芙蓉河	长合岭	入海	39.45	20.70	0.94	—
东寨港水系	演洲河	四六村	东寨港	253	50	1.80	—
	罗雅河	龙发圩	三江农场	51.70	23.40	1.85	—
	演丰东河	岭脚岭	东寨港	76.70	31.50	1	—
	演丰西河	龙盘坡	东寨港	53.90	20.30	1.06	—

5.2.2 湖泊湿地

湖泊湿地是城市水系重要的组成斑块。湖泊湿地之所以被喻为"城市绿肺",是因为,一方面,它对城市具有减少热岛效应、净化空气等生态作用,这些作用对于高密人口地区来说尤为重要,可以创造出更为宜居的生存环境;另一方面,湖泊湿地又有蓄水泄洪、洁净水源等多样性功能,属于城市生态环境建设发展的补充和延伸,必不可少。

5.2.2.1 湖泊

海口中心城区主要的河湖水库主要有红城湖、东西湖、金牛岭人工湖和工业水库。

红城湖位于琼山市府城镇,集水面积 8.20km²,水面面积 0.36km²。红城湖通过闸门排水进入道客沟。

东西湖位于海口公园,水面面积 0.10km²,特殊的地理位置让东西湖成为人群密集的地区。

金牛岭人工湖位于龙昆沟的支流西崩潭中游,集水面积 2.97km²,总库容 103 万 m³,水面面积 0.2km²,占地 105hm²,在水库周围建有金牛岭公园,公园由"九园一湖一场"组成,有山有水、绿树成荫,全园绿化率达 96% 以上,有"海口之肺"的美称,是市区内休闲娱乐的场所。

工业水库位于秀英沟东支流,控制流域面积 3.09km²,库容 125 万 m³。

5.2.2.2 湿地

海口市主要的两大湿地是白水塘和东寨港红树林湿地,规划建设海口白水塘省级湿地公园和海南东寨港国家湿地公园。

白水塘湿地公园计划保护面积约 5km²,该湿地公园位于东线高速公路与绕城高速公路交界处,主要是保护羊山地区原生态湿地及生物多样性资源,并适度发展生态旅游。

海口市东寨港旅游区范围主要涉及美兰区演丰镇、三江镇及三江农场三个行政地域，总面积 78.88km²，其中陆域面积 64.35 km²，海域面积 14.52 km²。

根据《海南东寨港国家级自然保护区总体规划（2011—2020）》，该保护区总面积 3337.6hm²，其中红树林面积 1578.2hm²，滩涂面积 1759.4hm²。保护区内包括核心区、缓冲区和实验区，核心区总面积 1635hm²，缓冲区总面积 1167.1hm²，实验区面积 535.5hm²。

目前保护区实际管辖面积为 48.13km²，其中核心区面积 16.63km²、缓冲区面积 21.21km²、实验区 10.29km²。

东寨港红树林国家湿地公园面积 10km²，其依托东寨港自然保护区周边红树林及东海岸浅海湿地资源与自然环境，整合演丰附近琼州海峡中海底特殊的人文景观，进行红树林湿地生态环境的修复与提升，重点保护红树林及其生物多样性，开展海底古村落生态观光、考古探险与海底旅游等，配套建设生态化的观景、观鸟及游憩设施等服务设施，打造自然、生态的海上心灵家园。

5.2.3　水利工程

海口市现有蓄水工程 260 座，主要包括中型水库 10 座，小（1）型水库 29 座，小（2）型水库 91 座，塘坝 141 座，合计集水面积 565.1km²，总库容 26612 万 m³，兴利库容 18857 万 m³，现状灌溉面积 19.88 万亩。

引水工程 15 座，总设计引水流量 13.77m³/s，灌溉面积 8.3 万亩，其中龙塘引水工程设计流量 9.6m³/s，灌溉面积 5.56 万亩，向米铺、儒俊水厂供水约 36 万 m³/d；南洋引水工程设计流量 2.8m³/s，现状灌溉面积 1.5 万亩。

提水工程 96 座，总提水流量 4.6m³/s，有效灌溉面积 5.09 万亩；小型地下水井 2567 座，灌溉面积 2.13 万亩，供水规模为 21 万 m³/d；调水工程 1 处（松涛灌区），灌溉面积 5.06 万亩，向永庄水库补水 10 万 m³/d。

江海堤 27 条，长 128.73km，保护耕地面积 14.36 万亩，保护人口 78.83 万人，其中江堤 5 条，长 45.56km，海堤 22 条，长 83.17km。

5.2.3.1　水库

海口市有永庄、凤潭、铁炉、东湖、凤圮、云龙、丁荣、岭北、玉凤、沙坡共 10 座中型水库，主要特征信息见表 5.5。海口市水库工程多为满足人们生活用水和农业灌溉的需求，其中位于秀英区五源河上游的永庄水库，更是海口市目前两大城市集中式饮用水水源之一，依附于永庄水库而建的永庄水厂，承担了秀英和龙华城区约 25 万人饮用水的供水任务。

除了中型水库，海口市还建有美崖、那卜、南任、长坡等小（1）型水库，200 多座小（2）型水库及塘坝，分布在海口市各乡镇，以满足农业灌溉用水需求，主要小型水库信息见表 5.6。

表 5.5　　　　　　　　　　　海口市主要水库特征信息表

分区名称	水库名称	所在河流	集雨面积 /km²	多年平均径流量 /万 m³	总库容 /万 m³	兴利库容 /万 m³
英区	玉凤	美党河	14.1	1142	1040	543
	永庄	五源河	14.6	1021	1025	509
	岭北	圻岭沟	16.2	1450	1410	1109
龙华区	沙坡	美舍河	27.5	1977	1328	585
琼山区	云龙	仁丰东河	6.9	581	1036	668
	铁炉	铁炉溪	40.8	3600	2065	987
	东湖	演洲河	16.6	1411	1045	498
	凤圮	鸭程溪	26.1	2349	2225	1481
美兰区	丁荣	罗雅河	33.9	2848	1125	930
	凤潭	演洲河	62.7	3440	2387	1800

表 5.6　　　　　　　　　　海口市主要小型水库特征信息表

水库名称	所在乡镇	所属行政区	总库容 /万 m³	有效灌溉面积 /亩
美崖	长流	秀英区	171	499.5
那卜	长流		200	1900
东城	永兴		181	1500
保村	东山		734	4999.5
东寨	东山		204	1900
羊山	城西	龙华区	222	2500
南任	旧州	琼山区	459	3799.5
长坡	三门坡		469	3100
岭后	红旗		188	3000
龙惠	红旗		148	2400
昌白	三门坡		257	2400
福湖	三门坡		548	1699.5
吴仲田	红旗		183	1099.5
门板	大坡		766	1999.5
红旗	红旗		620	1600
荔枝良	三坡		340	3600
树德	大坡		137	1000

续表

水库名称	所在乡镇	所属行政区	总库容 /万 m³	有效灌溉面积 /亩
龙逢	红旗	琼山区	335	3000
道崇	红旗		304	1700
石崛	红旗		103	1000
高黄	甲子		448	3500
石埔	旧州		256	1000
日富	旧州		130	1000
龙窝	演丰	美兰区	635	4500
晋文	灵山		854	1800

5.2.3.2　引提水工程和灌渠

海口市主要引水工程有松涛水库白莲东分干渠、黄竹分干渠、灵山干渠灌区工程。

白莲东分干渠原设计灌溉面积 2.79 万亩，设计流量 $6.22 m^3/s$，现状灌溉面积 1.85 万亩，其中羊山地区灌溉面积为 0.85 万亩，主要分布于石山镇西北侧。白莲东分干渠是松涛水库灌区二级渠道，从澄迈县白莲镇沙吉村经石山镇荣昆村进入海口市境内，流经石山、西秀、长流等镇，海口市境内总长约 22.86km，沿线分别向那卜水库、美涯水库、永庄水库补水，主要支渠有一支渠、二支渠。

黄竹分干渠现有效灌溉面积 1.223 万公顷，主要灌区包括琼山的羊山地区、东山、新坡等，以及向澄迈美亭水库补水，灌溉美婷、瑞溪等地，该系统已建有美婷、岭北水库，小（1）型美玉、大美、道兴、东寨水库，还有一些小（2）型水库及引水等工程联合供水，与松涛渠道均有水力联系。

灵山干渠从龙塘水坝枢纽工程东岸进水闸内自流引水灌溉灵山、桂林洋地区，有效控灌面积 5.66 万亩。灵山干渠长 12km，实际引水流量 $6.6m^3/s$。

5.2.3.3　堤防

海口市已建江海堤 27 条，长 128.73km，保护耕地面积 14.36 万亩，保护人口 78.83 万人，其中江堤 5 条，长 45.56km，海堤 22 条，长 83.17km。

5.3　海口市降水规律

降水是区域水资源来源的重要方式之一，研究城市降水的演变规律对于城市水资源开发利用具有重要指导意义，本书选取来自中国国家级地面气象站海口站（编号 59758，位于北纬 20°东经 110.25°，海拔 63.5m）1951—2012 年的降水数据，通过趋势线、Mann - Kendall 趋势检验、集中度等方法，统计分析海口市降水特征。

5.3.1　年际降水演变趋势

统计 62 年来历年降水量，其线性变化规律如图 5.1 所示。海口市历史降水最小发生在 1977 年，降雨量仅有 873.7mm，降水最丰年是 2009 年，全年降雨量达到了 2591.9mm，是历史最小降水量的 3 倍左右，两级差异较大。另外，海口年降水序列呈现波动上升走势，整体以 3.46mm/a 的线性关系逐渐增加，增幅明显，用 5 年滑动平均和 9 年滑动平均过滤掉频繁起伏的随机误差后，降水序列仍然呈现明显的增加趋势。

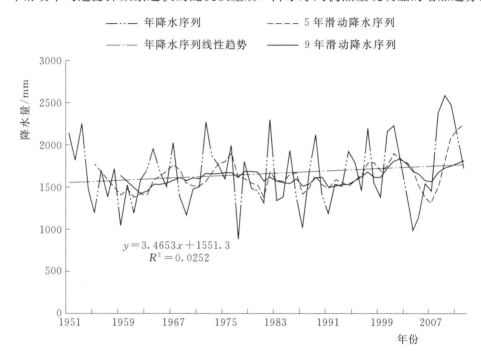

图 5.1　海口市年降水序列线性关系图

Mann-Kendall 检验法是世界气象组织推荐并已广泛使用的非参数检验方法，许多学者将其应用于分析降水、径流、气温等要素的时间序列趋势变化。检验统计量 Z 是服从标准正态分布的统计量，如果 $|Z| > Z_{1-\alpha/2}$ 表示其拒绝原假设，通过显著性水平为 α 的双边显著性趋势检验，即在 α 置信水平上时间序列数据存在明显的上升或下降趋势，$|Z|$ 值越大表示增加或减少的趋势越明显。如果 $|Z|$ 大于或等于 1.28、1.64 和 1.96，分别表示序列通过置信度为 0.80、0.90 和 0.95 的显著性趋势检验。

利用 Mann-Kendall 检验法计算海口年降雨序列变化趋势得检验值 $Z = 0.83$，Z 为正表明海口市年降水量呈现增加变化的走向，但 Z 值相对较小，没有通过置信度为 80% 的显著性趋势检验，增加趋势并非特别显著。

5.3.2　年内降水集中规律

年内降水不均会影响水资源年内分配使用的效率，降水过多或过少对农作物生长发育都会带来威胁，强降水事件对居民生活出行和财产安全也会造成一定的困扰。海口市是一个典型的热带濒海沿江城市，常年受台风和热带风暴影响，台风携带海洋上的水分加大了区域降水，降水主要集中于汛期（5—10 月），占全年降水量的 81.2%，多年平均降水量最多的是 9 月 271.7mm，其次是 8 月 240.5mm，各月降水量分布如图 5.2 所示。

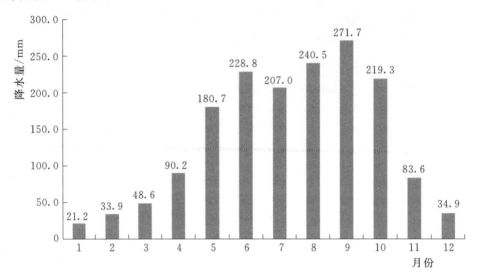

图 5.2 海口市各月降水量分布图

集中度（PCD）和集中期（PCP）是反映水文事件的集中程度和时段，是表达水文要素在时段内分布特征的有效指标。它将水文要素视为向量，以月为研究个体，全年视为一个圆周，将 360°平均分配到每个月中作为降雨向量的方向，月降雨量即向量的模。例如 3 月的角度范围是 60°～90°，代表角度是 75°，3 月降水量即向量模。

集中度和集中期具体计算方法如下：

$$PCD = \sqrt{N_x^2 + N_y^2}/N \tag{5.1}$$

$$PCP = \arctan(N_x/N_y) \tag{5.2}$$

$$N_x = \sum_{i=1}^{12} n_i \sin\theta_i \tag{5.3}$$

$$N_y = \sum_{i=1}^{12} n_i \cos\theta_i \tag{5.4}$$

式中：i 为个体序号；θ_i 为个体 i 对应的代表角度；n_i 为个体 i 对应的雨量；N 为全年降水量。

如果暴雨事件的降雨量主要集中在某个月，则向量的模与整个研究时段降雨量的比值（PCD）较大，越接近 1 表示越集中，反之越分散。PCP 是合成向量的方位角，可对照月代表角度确定降雨集中出现的时间。

计算 1951—2012 年海口市降水序列集中特征见表 5.7，结果显示，海口市全年降水高度集中在 7 月和 8 月，全序列 62 年里有 28 年降水集中于 7 月，占比达 45%，有 23 年降水集中于 8 月，占比达 31%，剩下的年份里有 8 年集中于 9 月，有 3 年集中于 6 月。另外，几个月的平均集中度较为相近，说明降水虽集中在某个月，但集中程度不高。

表 5.7　　　　　　　　1951—2012 年海口市降水序列集中特征表

月份	对应角度范围/(°)	代表角度/(°)	集中年数	平均集中度
1	0～30	15	0	—
2	30～60	45	0	—
3	60～90	75	0	—
4	90～120	105	0	—
5	120～150	135	0	—
6	150～180	165	3	0.460
7	180～210	195	28	0.466
8	210～240	225	23	0.493
9	240～270	255	8	0.454
10	270～300	285	0	—
11	300～330	315	0	—
12	330～360	345	0	—

5.4　南渡江下游径流

南渡江是海南岛最大河流，流经海口市境内后注入琼州海峡。南渡江水量丰富、水质良好，是海口市未来城市建设的中轴线和构建"亲水、近水、人水和谐发展"绿色生态城市的骨干依托水系，是保障海口市未来国民经济发展和水环境、水景观建设的重要依托及主要供水水源。

本书选取南渡江流域出口控制水文站龙塘断面为控制断面，龙塘水文站位于海口市琼山区内，上游集雨面积达 6841km²，占南渡江流域面积（7033.2km²）的 97.3%。本书选取 1956—2013 年的逐月径流数据，从年际变化和年内分布两个角度，研究分析南渡江下游径流量的变化特征。

5.4.1　年际周期变化

小波分析是研究水文序列特性的新兴工具，可以反映水文序列在时间频率上的精细结构及多尺度变化特征，选用 Morlet 连续复小波分析龙塘站年径流 58 年序列的多尺度特征，得到小波系数实部等值线图、模等值线图、方差图如图 5.3～图 5.5

所示。

图 5.3 中小波系数实部的正负值分别用实线和虚线表示，正值表示对应年份为丰水年，负值则为枯水年。图中可以看到径流演化过程中存在的多时间尺度特征，总的来说，南渡江下游径流站主要存在着 23~32 年、16~22 年、8~15 年和 3~7 年四类尺度的周期变化。在 23~32 年尺度上出现了枯丰交替的准 3 次振荡，而在 17~22 年尺度上出现了枯丰交替的准 5 次振荡，以上两个尺度的周期变化在整个分析时段表现得非常稳定，具有全域性。而 8~16 年和 3~7 年尺度的周期变化在 1980 年以前较为稳定，1980 年以后两个尺度上的周期变化相互渗透，界限并不明显。

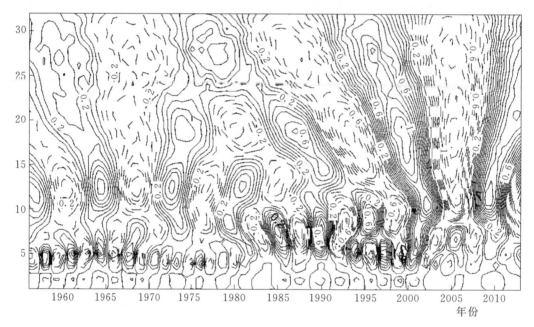

图 5.3　龙塘站径流量小波系数实部等值线图

小波系数的模值是不同时间尺度变化周期所对应的能量密度在时间域中分布的反映，模值越大，对应时段或尺度的周期性就越强。图 5.4 用深色表示小波系数模值较大的区域，可以看到，在 20 世纪末到 21 世纪初，16~22 年时间尺度上龙塘站径流量模值最大，说明该时间尺度周期变化最明显，其次是 23~32 年和 8~15 年两个时间尺度上的能量密度，而 3~7 年时间尺度上表现出的周期性最弱。

小波系数方差图主要反映径流在时间序列中的波动能量随尺度的分布情况，以确定序列变化的主周期。图 5.5 为龙塘站年径流量小波系数方差图，图中存在着 5年、12 年、19 年和 27 年四个明显峰值，分别对应了 3~7 年、8~15 年、16~22 年和 23~32 年时间尺度。最大峰值对应的时间尺度为 19 年，说明 19 年左右的周期性振荡最强，为南渡江下游径流量年际变化的第一主周期；其次，12 年和 27 年对应的方差峰值接近，两者的周期性强度相近；而 5 年尺度对应的峰值最小，在整个时间序列上表现出最弱周期性。

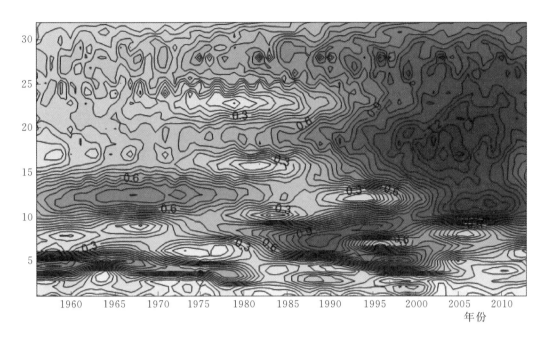

图 5.4　龙塘站径流量小波系数模等值线图

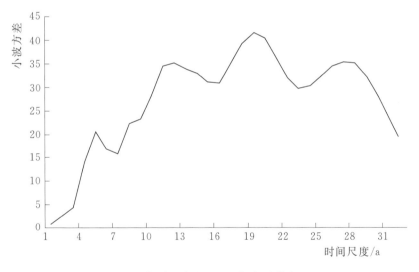

图 5.5　龙塘站年径流量小波系数方差图

5.4.2　年内径流分布

河流来水量不均会在一定程度上限制流域范围内的农林业发展，南渡江多年径流量 50.93 亿 m³，来水量主要集中在 5—11 月，多年平均月径流量分布如图 5.6 所示。南渡江水量充沛，但年内分布不均，来水量主要集中在下半年，进入汛期后来水量呈现整体逐月增加的走势，特别是 10 月径流量高达 437.5m³/s，占了全年来水量的 22.3%，而来水量最小的月份是 3 月，仅有 46.4m³/s，占全年来水量的 2.4%，是来水最丰月的十分之一。

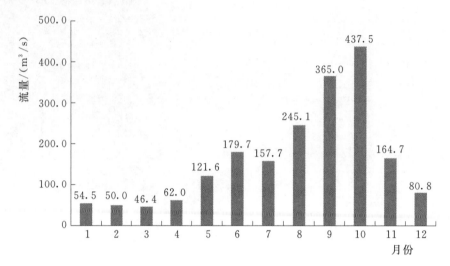

图 5.6　龙塘站多年平均月径流量分布图

类似地，用上述集中度和集中期分析方法，研究 1956—2013 年龙塘站月径流量集中程度如图 5.7 所示，南渡江来水大部分年份集中于 9 月，集中比例高达 48%，其次是 8 月的 24%。值得注意的是，在整个径流序列 58 年里，来水集中于 10 月的年份虽然不多，却是所有月份中集中程度最高的月份，平均集中度高达 0.58；同时 6 月和 9 月的平均集中度也超过了 0.5。

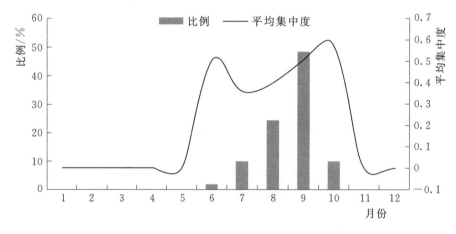

图 5.7　龙塘站多年月径流量集中程度图

南渡江来水量年内分布不均，除了跟降水分布有关外，台风也占了一部分原因。海南岛处在西北太平洋台风的西移路径上，每年约有 2.5 个台风登陆（包括热带低压），沿海市县饱受台风灾害影响，台风损害了农业发展和城市建设，也带来海洋上丰沛水汽和强降水。台风通常在 8—10 月登录海南，又以 10 月最多，对南渡江来水径流分布也造成一定的影响。

5.5 海口市地下水分布

海口市地处南渡江下游河口，地下水资源丰富，包括了潜水和承压水。在中南部蕴藏大量地下水资源，城市西部的沿海地区地下水资源丰富，比起沿海地区，西部山丘区的多年平均年地下水补给量比较大。

潜水层几乎覆盖了整个海口市地层，主要包括松散岩类孔隙潜水、火山岩潜水和基岩裂隙水。①松散岩类孔隙潜水分布于沿海一带，含水层大多出露于地表，直接接受地表水体入渗补给，含水层渗透性强，容易受到地表污染水和牲畜粪便水的污染，近海地区地下水开采会引发海水入侵。②火山岩潜水主要分布在琼北王五—文教大断裂带以北、定安县到龙塘一线及西部羊山地区，在琼山永兴、十字路和龙塘等火山口周围地区的含水层厚度较大，向四周台地逐渐变薄，火山岩潜水富水性不均一，富水区主要分布于永兴—石山等地。③基岩裂隙水主要分布在海口市东部大致坡—南部长昌煤矿一带，地下水分布较为均匀，区域富水性呈现大部分中等贫乏但局部丰富的分布。

承压水中的第1承压含水层埋藏较浅，水位埋深一般为1.3～9.2m，主要分布于南渡江以北，琼山桂林洋—临高美台一带，东西长92km，南北宽20～28km，含水层中间厚边缘薄，总体上由南向北越来越厚，在琼山龙塘、潭口间的南渡江河床有出露，含水层透水性强，富水性变化较大。第2承压含水呈东西向长条形，东起琼山演丰，西至儋州白马井，东西长154km，南北宽6～40km，是目前海口、琼山等地的主要开采层。第3层和第4层含水层难以分开，主要存在长流组地层中，分布整个琼北盆地，面积比前两层含水层大，富水性较强，在盆地边缘地带或个别地段隔水层不稳定。海口市及周边城镇承压水水文特征见表5.8。

表5.8　　　　　　　　　海口市及周边城镇承压水水文特征表

承压水层	富水性	分区名称	含水层/m		水位/m	
			厚度	埋深	厚度	埋深
第1承压含水层	水量丰富（Ⅰ）	琼山铁桥	20～34	23～37	5.39～10.8	0.62～29
		澄迈白莲	27	0～18	0～1.41	1634.8
	水量中等（Ⅱ）	澄迈美亭	15.9～28	31	19.7～25.4	24.9～64
		海口市区	15～28	7～56	0.8～12.47	1.3～14
第1承压含水层	水量中贫（Ⅲ）	临高美台、秀英永兴、美兰演丰	6～29	10～114	0.4～43.56	2～63
	水量贫乏（Ⅳ）	琼山龙塘、秀英东山	2.7～9	10～66	1.7～28	4.3～39
		秀英区、澄迈桥头	4～7	51～134	3.9～5.14	3～38

续表

承压水层	富水性	分区名称	含水层/m		水位/m	
			厚度	埋深	厚度	埋深
第 2 承压含水层	水量丰富（Ⅰ）	海口市区、美兰演丰、澄迈马村	4～91	15～209	5.74～18.5	0.69～12
		临高新盈	48～95	70～117	12.9～2	12～29
	水量中贫（Ⅲ）	秀英永兴、儋州峨蔓	5.6～47	0～193	1.21～32.9	0.15～98
	水量贫乏（Ⅳ）	澄迈桥头	13～51	214～216	7～18	8～11
		秀英东山	8～30	14～117	18～38	23～63
第 3+4 承压含水层	水量丰富（Ⅰ）	海口市区、美兰演丰	20～119	40～226	4.59～43.58	1.6～18
	水量中贫（Ⅲ）	秀英永兴、儋州木棠	7～72	21～220	6.0～41.0	3.6～83

5.6 海口市水环境现状

5.6.1 河湖水污染现状

中心城区人口密集，工业、生活废污水排放量大，河流湖泊的水质主要受点源污染的影响。此外，内源、面源污染也是河湖水质恶化不可忽视的影响因素。

5.6.1.1 点源污染

海口市水环境综合整治工程已对主城区美舍河（长堤路—凤翔路）、龙昆沟、道客沟、大同沟、鸭尾溪（含白沙河）、板桥溪、西崩潭、电力村排洪沟、红城湖、东湖、西湖、金牛湖等河湖的入河（湖）排污口进行截污并网，主城区现状入河（湖）排污口已大大减少，但综合整治工程存在截流不彻底的问题；同时，城区开发建设迅速，部分河湖原来排污口截流并网后仍发现有新增的排污口，对水体水质造成较大的影响。

对于水环境综合整治工程未涵盖的水体（主要包括工业水库、秀英沟、外沙河、河口溪），工业水库、秀英沟现状点源污染主要为周边工厂排放的工业废水；外沙河周边多为住宅小区及农民自建房屋，有较多污水排出口；河口溪污染源主要为河岸附近的居民生活污水。

5.6.1.2 内源污染

主城区美舍河、大同沟、龙昆沟、秀英沟、东西湖、红城湖等水体现状底泥淤积严重，底泥中沉积了大量难降解有机质、动植物腐烂物以及氮、磷营养物等，使水体受到二次污染，影响水体水质。

5.6.1.3 面源污染

老城区人口密集、道路纵横交错，临河脏乱差现象比较普遍，加之缺乏必要的缓冲处理措施，导致污染物随着地表暴雨径流直接排入水体，对水环境造成一定的影响。

长流组团和江东水体水环境主要受农村生活污水、禽畜养殖废污水等面源污染的影响。

目前长流和江东以农田和村庄为主，因污水处理厂配套截污管网尚未覆盖该片区，生活污水未经任何处理，直接排放至附近水体或者农田。在雨天时，生活污水漫流，对水体水环境影响较大。

江东和长流还分布有一定数量的禽畜养殖场，禽畜养殖业污水未经处理直接排放到附近水体，对水环境的影响较为严重。

5.6.2　河网水系水动力条件现状

海口市主城区的河网水系中，荣山河、五源河、美舍河上游部分、响水河—龙塘水、南渡江上游部分以及江东地区河流还基本保持天然水系的特征，其余水系（河段）均受到人为改造和重新塑造，水系的自然属性越来越被打上了城市发展的烙印，主要包括：水系被各种建筑物或道路分割，湖泊由于城市发展被填占，由于工业废水和生活污水的排放，很多河流水质急速下降，甚至有些河流演变为城市排污沟渠，河流水生生物消失殆尽，这些都是城市发展过程中对河流水生态环境系统造成的严重影响。

海口市河网水系被人类侵害的最明显特征为：近些年修建的河道堤防皆由混凝土和浆砌石修建的人工护岸，没有或很少考虑河道的自然生态属性。有些水系由于城市建设时没有考虑水流动和自净的需要，人为地拦腰紧束甚至截断等现象很普遍。城市河道承接大量的城市废污水、雨洪水的排入，所有这些最终导致河网水系淤积、流动不畅、水质恶化等问题。海口市河网水系水动力现状问题有：

（1）除了没有受到人为影响的河流以外，其余河流、沟（渠）两岸大部分由人工修建成混凝土浆砌堤岸，破坏了两岸的自然景观，也破坏了河网水系的天然生态系统，不利于"亲水、近水"和"人与自然和谐共处"目标的实现。

（2）河流、沟（渠）功能单一，除汛期有一定的分洪除涝功能外，其他大部分时间都用于排污、接污、蓄污，使污水在城市中间滞留时间长、污染环境严重，沿岸很远就可以闻到刺鼻的臭味，城市的水环境和水景观遭到严重破坏，降低了城市环境质量和生活品质，也制约了海口市旅游经济的可持续发展。

（3）由于城区部分河段由处于关闭状态的各类闸门控制，使河网水系的水体基本上处于静止和人为分割状态，缺失了水的流动，死水一潭，污染和富营养化严重，水质发黑变臭，丧失了城市水生态和水景观功能，使城市河网水系这一自然景观廊道遭受严重损害。

5.6.3　水环境质量评价

根据海口市水务局提供的 2014 年水质监测资料，对海口市主城区的主要河流、湖库、排水沟（渠）进行水质评价，评价标准采用 GB 3838—2002《地表水环境质量标准》，评价结果见表 5.9。

表 5 - 9　　　　　　　　　海口市城市河湖水环境评价结果

水系	河流/湖库	断面名称	全年水质综合评价	主要超标因子
南渡江干流及入海口水系	南渡江	龙塘水厂	Ⅲ类	TN、TP
		南渡江第一大桥	Ⅴ类	TN、粪大肠菌群
		河口泵站取水口	Ⅳ类	TP
	横沟河	长堤路新埠桥	劣Ⅴ类	TP
	海甸溪	和平大道和平桥	劣Ⅴ类	NH_3-N、TP、TN、粪大肠菌群
	鸭尾溪	海甸五西路排洪沟	劣Ⅴ类	NH_3-N
中心城区水系	美舍河	凤翔路桥	劣Ⅴ类	NH_3-N、TN
		河口桥	Ⅴ类	
		东风桥北	劣Ⅴ类	NH_3-N
		长堤路涵洞南	劣Ⅴ类	TP、TN
	河口溪		劣Ⅴ类	DO、COD、NH_3-N、TP、TN
	大同沟	市政府桥	劣Ⅴ类	DO、NH_3-N、TP、TN
	龙昆沟	入海口闸门	劣Ⅴ类	DO、COD、NH_3-N、TP
	道客沟		劣Ⅴ类	DO、COD、NH_3-N、TP
	东湖		劣Ⅴ类	NH_3-N、TP、TN
	西湖		劣Ⅴ类	COD、NH_3-N、TP、TN
	金牛湖	堤坝出水口	劣Ⅴ类	COD、TN
	西崩潭	正义路南玻公寓门口小桥	劣Ⅴ类	DO、NH_3-N、TP、TN、粪大肠菌群
	红城湖	湖东出口	劣Ⅴ类	TN
	秀英沟	秀英沟桥涵北	劣Ⅴ类	NH_3-N、TP
	响水河	新大洲大道响水河桥	Ⅳ类	
	龙塘水	新大洲大道斜板桥	劣Ⅴ类	DO、NH_3-N、TP、TN、粪大肠菌群
	沙坡水库	水库大坝闸门室	劣Ⅴ类	NH_3-N、TP、TN
	羊山水库	水库大坝闸门室	Ⅳ类	TP、TN

续表

水系	河流/湖库	断面名称	全年水质综合评价	主要超标因子
长流水系	五源河	五源河桥	劣 V 类	$NH_3 - N$、TP
	荣山河	荣山村西北荣山大桥	劣 V 类	$NH_3 - N$、TP、TN、粪大肠菌群
	那甲河	粤海大道涵洞	V 类	TN、粪大肠菌群
	大潭沟	海榆西线涵洞	劣 V 类	TN、粪大肠菌群
	摔马潭	海榆西线跌马桥	劣 V 类	$NH_3 - N$、TN、粪大肠菌群
	永庄水库		Ⅲ 类	TN
江东水系	芙蓉河	灵山墟芙蓉桥	劣 V 类	DO、$NH_3 - N$、TP、TN、粪大肠菌群
		锦丰村仁定桥	劣 V 类	DO、$NH_3 - N$、TP、TN、粪大肠菌群
	迈雅河	琼山大道迈雅桥	劣 V 类	DO、$NH_3 - N$、TP、TN、粪大肠菌群
	潭览河	东湖村委会潭览电灌站	劣 V 类	DO、COD_{Mn}、BOD_5、$NH_3 - N$、TP、TN、粪大肠菌群
	道孟河	白驹大道红峰村委会道孟桥	劣 V 类	DO、COD_{Mn}、BOD_5、$NH_3 - N$、TP、TN、粪大肠菌群

南渡江龙塘水厂段和永庄水库作为饮用水源地，现状水质较好，为Ⅲ类，但个别时段出现污染物超标的情况，主要超标因子为 TN、TP 等。

主城区其他河流水库中，除了响水河、羊山水库水质为Ⅳ类外，其他河流、排水沟（渠）及湖库水质恶劣，为 V ～劣 V 类，河流中 DO、COD_{Cr}、BOD_5、$NH_3 - N$、TP、TN、粪大肠菌群等多个项目普遍超标，湖库中主要超标因子为 TN、TP 等指标。

由水质评价结果可见，主城区现状水环境问题较为突出，水环境形势不容乐观。

5.6.4　水环境整治情况

5.6.4.1　污水处理厂

截至目前，海口市主城区已建成污水处理厂 6 座，包括白沙门、桂林洋、长流、狮子岭、龙塘、英利二期污水处理厂，污水处理能力达 58.25 万 m^3/d；在建污水处理厂 1 座——云龙污水处理厂，污水处理规模近期 1.0 万 m^3/d，远期 2.0 万 m^3/d；拟建污水处理厂 1 座—江东污水处理厂，污水处理规模近期 2.5 万 m^3/d，远期 10 万 m^3/d。目前已敷设污水收集管道 571.55km，合流排水管道 122.28km，已建成污水提升泵站 10 个，基本形成了城区污水"全收集、全处理"的架构。

5.6.4.2　水环境整治工程

2005 年海口市水务局提出了《海口市水环境重点整治工程》，对市中心区 13 个水体提出了"截流、清淤、补水"的治理方针。2006 年，海口市先后启动建设了市中心区污水截流并网工程、府城分区排污管理工程、海甸岛污水完善工程以及各项污水处理厂工程等一批污水处理设施项目；同年，为优化市区水环境，组织部队对"两湖四沟"（东湖、西湖、大同沟、龙昆沟和东崩潭、西崩潭）进行了清淤。2009 年年底，在此基础上，海口市委办公厅、市政府办公厅联合印发了《海口市水环境综合整治工作方案》，投资 51286 万元，开展水环境综合整治工程，涉及水体包括主城区的主要河湖：电力村 30m 排洪沟、大同沟、龙昆沟、道客沟、西崩潭、板桥溪以及东湖、西湖、红城湖、金牛岭人工湖、美舍河、白沙河、鸭尾溪、沙坡水库等。工程主要内容有 6 项：一是实施市中心区水网动力工程；二是实施市中心区入河入湖排污口截流并网工程及美舍河沿岸污水管线并网贯通工程；三是实施美舍河引水干渠工程；四是实施白沙河整治工程及鸭尾溪—五西路明渠水体还清工程；五是实施金牛湖净化工程；六是实施沙坡水库周边、龙塘饮用水源保护区与永庄水库饮用水源保护区等水环境面源污染治理。目前上述工程已基本完成。

5.6.5　主要存在问题

海口市河湖水系存在的主要问题如下。

5.6.5.1　水资源总体丰沛，但存在局部水资源紧缺问题

海口市水资源总体上是丰沛的，但由于时空分布不均匀，局部区域尚存在资源型缺水、工程型缺水或水质型缺水问题。尤其是随着城市的城镇化、工业化和产业化的快速发展，经济社会发展对水资源需求量逐步增加，一些区域性的水资源供需矛盾将会越来越明显，对城市水环境整治、修复和水景观建设等构成挑战，必须未雨绸缪。

5.6.5.2　水环境质量呈恶化趋势

海口市水环境主要问题是局部水环境质量恶化、市区内几乎所有的河流污染物都超标，近岸海域局部水环境质量下降，水污染问题日趋严峻。

由于城市废污水管网还不够完善，一些局部地区的工业废水和生活污水并不能全部收集进入白沙门污水处理厂进行集中处理，局部区域的废污水仍直接排入就近河网水系，造成水环境恶化和污染。

河网水系沿岸的畜禽养殖、食品加工等行业污水同样未经处理直接排入就近水体。一些受农药、化肥、畜禽养殖浸染的农田退水及养殖排放的有机污染物直接排入水域，污染了自然水体，造成了严重的富营养化和比较严峻的水环境问题。

由于南渡江来水量减少，河道内不规范地采砂、海水水位上涨等因素，造成咸潮上涌，咸潮现已到达潭口附近，直接威胁着海口市区的饮水安全。另外，南渡江潭

口—龙塘河床东岸地层为第二承压含水层的补给区，咸潮的上涌直接威胁该层受咸水补给。目前，该层承压含水层是海口市的主要开采层，如果受到咸水大量补给和侵染，将会严重威胁海口市的供水安全，造成严峻的后果和巨大损失。

5.6.5.3 市政建设严重破坏了城区河网水系的完整性

由于城市道路网的不规范建设，致使一些河流被阻断为几截，严重影响了河网水系的连通性和水动力特性。最具代表性的是鸭尾溪，其被和平大道、海达路等截为四个部分，除和平大道以西部分与横沟河连通外，其余三截基本上处于死水状态，河水污染、富营养化严重，散发着刺鼻的恶臭气味，水葫芦覆盖整个水面，水景观受到严重影响。

5.6.5.4 污水处理配套设施建设有待加强

近年海口市城市发展比较快，但城市污水处理配套设施建设却跟不上城市建设步伐，与城市的快速发展很不适应。如江东新市区、长流新区、狮子岭开发区等已有一定规模的发展，目前集中污水处理厂数量较少，部分区域内的废污水得不到处理，直接排入河网水系，严重污染了当地的水环境。如江东、长流因污水处理厂配套截污管网尚未覆盖片区，大部分生活污水未经处理，直接排放至附近水体或者农田。在雨天时，生活污水漫流，严重影响周围环境以及周边水体。

5.6.5.5 对生态敏感区保护不够

生态敏感区是对环境起决定性作用的大型生态要素和生态实体，主要承担的是一种非物质性的功能，对生态敏感区强调的是保护而不应该是建设。海口市最典型的生态敏感区就是位于美兰区的东寨港国家级一级自然保护区——红树林自然保护区，这一保护区 1992 年被列入"国际重要湿地公约"名录。这里有中国面积最大的红树林群落，有国内品种最为丰富的 17 科 34 种。红树林是热带海岸的重要生态环境之一，能防潮护岸，又是鱼虾繁衍栖息的理想场所，红树本身也具有较高的经济价值和药用价值。

红树林自然保护区上游建有 20 多个规模不等的养殖场，其每天排放的 500t 废物都未经任何处理直接排入位于红树林上游的演丰东河和演丰西河，对河网水系和红树林保护区的水环境造成严重污染。

5.6.5.6 主要城市河湖底泥淤积严重，水环境受内源污染的影响较大

主城区美舍河、"四沟四湖"（大同沟、道客沟、龙昆沟、西崩潭、东湖、西湖、红城湖、金牛湖）、电力村 30m 排洪沟等城区主要水体现状水质恶劣，尽管东湖、西湖、大同沟、龙昆沟、西崩潭等水体在 2006 年进行了清淤，但当时清淤技术较为粗放，清淤不够彻底。另外自清淤以来，雨、污水携带的大量有机物在这些水体的底部不断沉淀和发酵，目前河湖底泥淤积现象已较为严重。淤泥夹带的污染物质释放到水体造成水体二次污染，甚至发酵释放大量的有味气体，污染周边环境。

5.6.5.7 湿地萎缩

除了水环境污染和富营养化等问题外，由于城市建设、围垦和工农业发展占用

了大量河流、湖泊和湿地，使得水域面积逐渐缩小，湿地面积逐渐萎缩，严重威胁了生态城市建设的总体战略。

总之，海口市除近岸海域水质外，其他地表水体水质均趋于恶化的趋势，污染的主要来源为生活污水。所以，采取有效措施整治河网水系已到了刻不容缓的地步。

5.7 海口市水污染问题

5.7.1 水污染原因分析

海口市产业结构特点是以农产品加工和食品加工业为主，如糖厂、橡胶厂、淀粉厂、食品厂等，因此工业企业所排放的污染物以有机物为主，主要污染物为 COD_{Cr} 和 $NH_3 - N$。工业污染源集中在制糖企业和饮料制造等企业，而这些企业特别是糖厂的生产周期受原材料供应的影响，因此其污水排放特点是季节性排放。糖厂生产一般在每年的 11 月至次年 3—4 月（枯水期）。同时期水体环境容量小，排污量大，如果治理和管理监督不利，对水质影响非常大。

面源污染主要是指通过暴雨形成的径流将地表有毒有害物质带入水体造成污染，如化肥、农药、畜禽养殖、城市地面、城市道路、建筑物屋面上的污染物和工业固体废弃物等随地表径流进入水体。

海口市面源污染主要分布在城镇和农村，具有一定的时空性，以汛期较为明显，主要以有机物污染和化肥、农药为主，局部区域内农田排水影响较为突出。目前，农业的面源污染问题已经越来越突出，畜禽养殖业又构成一个新的面源污染源。

海口市汛期常有暴雨强烈冲刷地面，随着海南热带高效农业和养殖业的快速发展，化肥、农药的施用量和养殖场排放的废水、废物等将急剧增加，随着海口市城市化进程的进一步加快，城市面积逐步扩大，由于降雨冲刷地面使得大量的面源污染物随径流方式进入地表和地下水体，对水环境造成严重污染。因此，为了彻底地解决水环境污染问题，需要深入研究由于降雨导致的面源污染并采用一定的措施加以控制。

海口市水污染原因分析如下。

5.7.1.1 河流水体

南渡江支流海甸溪接纳了海甸岛沿岸居民的生活污水、废弃物、周围集贸市场的污水和美舍河汇入的污染物，引起粪大肠菌群严重超标，富营养化问题十分突出。其中美舍河的污染物对位于排污口下游 500m 处的四二四医院断面造成的污染特别严重。

五源河、美舍河接纳了沿岸居民的生活污水、废弃物，引起粪大肠菌群超标和富营养化问题。除此以外，由于连接海口与原琼山市技术学院到河口路段的次干线未建，琼山段污水无法排入下游管道，仍直排入美舍河，振兴市场段污水未建设，西岸安阁小区等片区污水仍直排入美舍河。另外，美舍河还接受了上游养殖场排出的大量废污水，造成了大肠菌群和富营养物质的严重超标。

江东地区目前城市化程度不高，大多河流呈现出未经人工整治的原生态状态，工业企业较少，人口密度较低，污染较小。潭览河水质较好，没有受到太多的污染。迈雅河、道孟河的部分河段出现较为严重的富营养化现象，污染主要来自农村生活污水，还有牲畜养殖造成的污水。

5.7.1.2 湖库水体

东西湖少有地表水源流入，而出水口连通大同沟、龙昆沟。当海水涨潮时，大同沟内的污水回流到东西湖，造成东西湖富营养状况无法改善及粪大肠菌群严重超标等问题。

工业水库、沙坡水库大量接纳了周围地区未经处理的生活污水、工业废水及禽畜养殖污水，造成水体富营养化问题。

红城湖的污染原因是由于琼山区污水管网未完善，也未与海口管网贯通，沿岸居民生活污水没有出路，因此仍有部分污水直接排入红城湖，造成水体污染和富营养化问题。

金牛岭水库的污染原因同样是城市污水管网未完善，沿湖周边及上游金盘部分地区污水排入该湖，造成湖水污染和富营养化问题。

5.7.1.3 排污沟（渠）水体

大同沟目前污染原因主要有：东湖公厕、东湖路、西湖小石桥及龙华菜市场等处污水大量排入大同沟，尤其是雨天有大量混合污水排入大同沟，义龙东路的合流沟直接排入大同沟，六中沟的污水也在六中沟闸门处有部分渗入大同沟。另外，大同沟无冲洗、稀释的补充水源且积淤较严重，积淤最深处达1m。

龙昆沟严重污染的原因主要有：上游及支流未敷设污水管道，龙昆南、府城地区西部、工业大道、金盘工业区、海秀路金牛岭公园片区等的生活污水、部分工业废水、养猪场污水等均排入该沟，淤积较严重。

秀英沟污染的原因主要有：由于沿线未修建污水沟，港澳开发区、向荣村、海秀西路等沿线区域大量工业废水和生活污水直接排入该沟出海，污染相当严重。该沟接纳了秀英地区工业企业的工业废水和周围居民的生活污水，这些污水造成了市区内人工排污沟水体内污染物严重超标。

海甸五西路明沟污染的原因主要有：该沟北侧尚未修建污水管道，沿线居民用户污水仍排入该明沟，尾端出口处由于海潮运动形成沙坎，致使水流受阻造成水质变坏。

海关分洪沟污染的主要原因有：金贸区南区虽已按雨污分流建设，但由于污水系统不够完善，这两处出口仍有大量生活污水排出。金龙路、玉沙路、明珠路、滨海大道南侧等部分路段污水沟尚未完善，其周边区域污水经雨水沟排入海关分洪沟出海，临沟用户大量污水直接排入海关分洪沟。

疏港 30m 排洪沟污染的主要原因有：由于上游及周边污水系统尚未完善，已建污水管网未实施截流并网，金贸南区、滨海大道、丘海大道、秀华路、东方洋、秀英港等片区生活污水及可口可乐厂、冷冻厂等工业废水均通过雨水（合流）沟排入该沟。

5.7.2 水污染危害分析

越来越多的工业废水和生活污水未经处理直接或间接排入水体后，造成地表水和地下水的严重污染，使水环境遭到严重破坏，直接影响饮用水安全、居民身体健康和工农业生产，以及城市水景观和可持续发展。海口市水污染危害主要表现为以下几个方面。

5.7.2.1 污染对饮用水源的影响

海口市城镇生活饮用水主要是以地表水为主，地下水为辅。目前，海口市主城区已建成两座污水处理厂，分别为白沙门污水处理厂和桂林洋污水处理厂，但还有大量的生活污水未经任何处理直接排放，尤其是海口市龙塘水源不断受上游城镇污水和沿岸废污水直接排入的威胁。由于水源受到污染，自来水水质净化处理工艺越来越复杂，成本倍增，甚至迫使自来水厂临时停产。近几年来，海口市几乎每年都有突发性水污染事故发生，致使城镇主要饮用水源地受到严重污染。例如，2003 年一辆载满农药的汽车翻入南渡江流域的岭北水库，2004 年龙塘糖厂偷排废水污染南渡江龙塘饮用水源地，造成特大污染事故，使海口市 100 万人饮水困难，严重影响社会安定。

5.7.2.2 污染对身体健康的影响

水污染对人体健康的影响，一是通过饮用水直接损害人体，二是由被污染的粮食、蔬菜等通过食物链进入人体，三是长期生活在已遭污染的水环境周围，被污染了的水体的色、嗅、味等对人体身心健康带来的影响。污染水体对人类健康的危害可分为三类。第一类是急性危害，主要由突发性的污染事故引起。轻则使人头晕、恶心，重则使人中毒或死亡，有时还会出现局部流行病传染。第一类危害常发生于从水源地直接取水的居民。第二类是慢性危害，主要是小剂量污染物持续地用于人体所产生的危害，这也是水体污染物影响人体健康的普遍形式。如某些区域恶性肿瘤、肝炎等疾病的发病率和死亡升高都与此有关。第二类危害主要发生在城镇邻近郊区的污水灌区及长期污染严重的河段周边地域。由于城镇污水直接排入江河沟渠，农民用作生产灌溉用水。第三类为累积性危害，水中常见的污染物中，重金属通常具有累积特性，且以汞、镉、铬以及砷、硒等毒性较大。第三类危害主要表现为重金属危害和氟中毒危害，其中氟中毒症状主要表现为氟斑牙、氟骨病等。

5.7.2.3 污染对地下水的影响

污染不仅影响地表水的水质，并且也涉及浅层地下水和深层地下水。在琼北地区及部分沿海地区，由于地下水开发利用不合理和保护意识薄弱等原因，地下水已受到不同程度的污染，部分地下水硝酸盐含量增加，有的还检测出了油类等污染物，影响了生活饮用水水质。在部分沿海地区，由于海水养殖和滩涂高位池海水养殖及地下淡水的过度开采，地下水体被污染，硬度和含氯度急剧上升，造成大量水井报废。据统计，近几年因污染而报废的水井达几十眼。

5.7.2.4　污染对渔业的影响

污染对渔业的影响主要表现在两个方面。一是急性死鱼事件，主要原因是由于污染物中有毒物质剧增或水体富营养，致使大批鱼类窒息而死；二是由于水质恶化，威胁水生生物的生存，造成渔业产量下降。从 20 世纪 90 年代起，在海口市工业企业入河排污口附近的小溪、小河、库塘甚至是大河流局部河段出现死鱼现象屡见不鲜。由于水质污染而发生的死鱼次数逐年增加，给海（淡）水养殖业造成巨大损失。部分污染严重的河段，捕捞到的鱼含有较浓的油酚味，已经不能食用。由于剧毒农药的大量使用，致使一些小河流的鱼虾等水生生物绝迹。

5.7.2.5　污染对农业生产的影响

受污染的水体由于农业灌溉和不合理的施用化肥、农药等，使土壤板结、碱化、有毒和有害物质增加，造成农作物减产甚至绝收，同时造成农作物的质量下降，粮食、蔬菜中的农药等有毒物质超标。自 20 世纪 90 年代起，海南省生产的蔬菜、水果产品等因含有农药等残留有毒物质超标，而影响出岛销售的，年年都有发生，农民损失惨重。

5.7.3　水污染治理措施

5.7.3.1　点源污染控制措施

随着经济的发展、城镇化水平的提高，海口市城乡生活污水排放量也不断增加。相对于经济的发展，污水收集与处理设施的建设稍显滞后。目前长流和江东由于污水收集管网不健全，大部分污水直接排入河湖，对水体造成污染。

针对生活污水排放量大、相对集中的特点，结合已建或规划的污水处理厂，完善污水收集管网，扩大污水收集面积，提高污水收集率。针对分散居民点，可以采用污水分散处理方式，以村镇或居民点为单位，建设小型污水处理设施、氧化塘、人工湿地等，生活污水就近处理。

5.7.3.2　面源污染控制措施

控制面源污染，需要从源头上控制，推行废物减量化技术，削减地表面污染源，减少面源污染物量，从而达到控制进入水体的面源污染负荷的目的。同时应加强监管，提高市民环保意识。

（1）地表径流污染控制。从国内外城市面源污染的研究成果来看，主要通过源头控制等措施来解决流域的面源污染问题。应优先考虑对污染物源头的分散控制，在各污染源发生地采取措施将污染物截留下来，通过污染物的源头分散的控制措施可降低水流的流动速度，延长汇流时间，对降雨径流进行拦截、消纳、渗透，从而起到削减入河面源污染负荷的作用。充分利用绿地的渗水、过滤污染物的功能，并对绿地基础进行改造，增加雨水的下渗量，在面源污染控制的同时，削减或延缓城市地表径流的产生，可以降低城市发生水涝灾害的风险。例如改造已建成小区的雨水排放方式，利用建筑物周边的绿地以及改变小区内硬质地面的渗透形式等措施，通过土壤涵养净化、自然沉淀、植物净化、渗透过滤等措施使初期雨水得到充分净化。

（2）禽畜养殖业污染治理。目前，海口市除已建成的 67 个标准化养殖小区外，还有很多分布零散的禽畜养殖点，大多数禽畜养殖场的废水未经处理就排放到周边水体，对水环境破坏严重。对于在禁养区内的养殖点应按相关法律法规予以拆除，对于在宜养区内的养殖点，鉴于零散养殖难于监督管理，且一般效益低下，应对其搬迁集中，建设集约化畜禽养殖区。在养殖小区内可构建"种-养-沼"模式的生态养殖链，即利用畜禽粪污生产沼气，沼气可用作能源，沼液则是一种速效性有机肥料，剩余的废渣还可以返田增加肥力，改良土壤，防止土地板结。畜禽场污水的处理采用厌气池发酵处理系统，处理流程为：畜舍排出的粪水→厌气池→沉淀池→净化池→灌溉农作物。此处理系统能使厌氧发酵生产的沼气作为能源。畜禽污水经无害化、净化处理后可还田使用，实现污水资源化利用。这种模式是以畜禽养殖为中心，沼气工程为纽带，集种、养、渔、副、加工业于一体的生态系统，具有生产成本低、资源利用率高、环境保护效果好的优点。

（3）旅游污染防治。旅游人群会带来一定量的污染物，对水体环境造成影响，特别是游人比较集中的景观水体。针对旅游的污染，结合两岸景点和广场，本着人性化设计原则，在适当位置修建生态厕所和环保垃圾箱，并设专人负责管理，减少旅游带来的污染。

5.7.3.3　内源污染控制措施

海口市中心城区大部分水体水质恶劣，底泥淤积严重。底泥中沉积了大量难降解有机质、动植物腐烂物以及氮、磷营养物等。即使其他污染源得到控制，底泥仍会使河水受到二次污染。因此，需要对河湖进行清淤、疏浚，从而进一步改善河流水质，消除水体黑臭。

河道清淤去除底泥污染物、改善水质的同时，也会破坏河床微生态系统，原有生物的生境消失，影响河流的生物自净能力。为此，河道疏浚后，在河床底部铺设厚卵石、岸边种植挺水植物、人工投放适生鱼类和菌种等，增加水体生物栖息地的多样性和生物物种多样性，尽快恢复并提高水体自净能力。

5.7.3.4　生态治理措施

在削减了进入水体的污染物量后，为保证治理效果的可持续性，恢复水生态的自然活力，使水环境进入良性演变过程，很重要的一步就是要进行水环境的生态治理。生态治理技术是在河道、湖泊里或其附近采取一些生物净化措施，充分利用生物-生态净化技术，恢复河口滩涂、湿地，提高河湖水体的净化功能，增强水体的自净能力。

（1）湖滨带净化技术。湖滨带是水陆生态交错带的简称，是湖泊水生生态系统与湖泊流域陆地生态系统间一种非常重要的生态过渡带。湖滨带在涵养水源、蓄洪防旱、维持生物多样性和生态平衡等方面均有十分重要的作用，是湖泊天然的保护屏障，也因此被称为湖泊的"肝脏"，是健康的湖泊生态系统的重要组成部分和评价标志。利用湖滨带，铺设一定数量的酶促填料与吸附填料，种植植物，构建一个由多种群水生植物、动物和各种微生物组成并具有景观效果的多级天然生物-生态污水净化系统，对雨水径流进行生物净化，净化后的水再进入湖泊主体，有效地削减了湖泊内的营养元素进入量。

（2）人工浮岛净化技术。人工浮岛是按照自然界自身规律，人工地把高等水生植物或改良的陆生植物种植到湖泊、河流等水域水面上，通过植物根系的吸收、吸附作用，消减水中的氮磷等营养元素，达到净化水质的效果。人工浮岛技术实际上是强化了的水生植物净化方法。将水生植物种植在悬浮填料上，通过规模化工程应用，净化水体。人工浮岛最大的优点在于不受水深限制，即使水体很深时，也可以达到良好的净化效果，还可以营造水上景观。

（3）人工湿地净化技术。人工湿地是模仿天然湿地净化污水，通过人工强化改造而成的一种低能耗污水处理技术。人工湿地对污水的处理综合了物理、化学和生物三种作用。湿地系统成熟后，填料和植物根系表面由于大量微生物的生长而形成生物膜。污水流经生物膜时，大量的悬浮物被填料和植物根系阻挡截留，有机污染物则通过生物膜的吸收、同化及异化作用而被除去。湿地系统中因植物根系对氧的传递释放，使其周围的环境中依次出现好氧、缺氧、厌氧状态，废水中的氮磷不仅能被植物和微生物作为营养吸收，而且还可以通过硝化、反硝化作用被去除，湿地系统通过更换填料或收割植物将污染物最终除去。人工湿地适用于污水处理厂出水的深度处理、受污染河流入湖库前水质净化，也可以用在土地资源较丰富的农村地区处理生活污水。

（4）人工曝气增氧。污染严重的湖泊水体的溶解氧较低，甚至处于缺氧（或厌氧）状态。水体缺氧主要是由于水体和底泥中的有机物好氧生物降解、还原性物质消耗水中的溶解氧，造成水体的耗氧量大于水体的自然复氧量所致。在缺氧（或厌氧）状态下，水体中有机物被厌氧分解释放出硫化氢等恶臭气体，并在水体中生成硫化铁等黑色沉淀物，导致水体呈现黑臭现象。向处于缺氧（或厌氧）状态的湖泊进行人工曝气充氧，提高湖泊中水体的含氧量，恢复湖泊的自净能力，还原湖泊的自然生态环境（见图5.8）。在已有的研究结果中还发现湖泊充氧可以使处于厌氧状态的松散的表层底泥转变为好氧状态的较密实的表层底泥，因而可减缓深层底泥中污染物向上层水体的扩散。

图 5.8　曝气复氧设施

5.8　小结

　　海口市是海南岛的经济、交通、政治中心，其战略地位和发展意义不言而喻，水资源是经济发展中的基础资源，对于海口而言，降水、径流和地下水等各方面的城市水资源量相对较为丰富，但在时间维度和空间维度上都存在一定程度的不均匀分布问题，为此，海口市积极、高效进行水资源管理，以支持国民经济发展和满足居民生产生活需求。本章主要介绍了海口市城市基本情况，包括地理环境、社会经济、水资源概况及水资源利用情况等，着重介绍了海口市河网水系、水环境质量存在的主要问题及其原因，提出了改善水环境质量的整治措施。

第6章　海口市河湖水系连通工程

6.1　重点河流水系

海口市降水丰沛，地势平缓，大小河流密布。海口市总体可分为主城区呈现的"二横七纵"和江东水系。"二横"主要是指"南渡江—横沟河—海甸溪—海洋"（简称海甸溪）和"横沟河—鸭尾溪—海洋"（简称鸭尾溪）两条主线；"七纵"主要是指荣山河、五源河、秀英沟、龙昆沟、美舍河、响水河—龙塘水和南渡江；江东水系包括了南渡江左岸河口三角洲冲积平原区内的潭览河、迈雅河、道孟河。

6.1.1　"二横"连通现状

6.1.1.1　海甸溪

海甸溪为南渡江的一个分叉出海口，通过横沟河与南渡江相连通，在新埠桥以下分叉出来由东向西流入海口湾，总长为6km，是海甸岛与海口市内陆的天然分界（见图6.1）。该河为感潮河段，涨潮时海水上溯，退潮时江水下泄入海。海甸溪将海甸岛与市中心区分隔，是海口市的重要排洪通道，具有航运能力，出海口段为海口港的一部分。海甸溪防护对象为海口市城市中心区，其防洪标准为100年一遇。

图6.1　海甸溪现状图

6.1.1.2　鸭尾溪

鸭尾溪又名白沙河，同为横沟河右岸分支，位于海甸岛的中部，呈近东西向横贯海甸岛,属于感潮河段。该河在人民大道以上河段没有进行河岸整治加固,基本为原河道自然形态,河床宽度变化较大,沿岸道路和房建对河道挤占比较严重,河道内水很浅,局部已成近沼泽的状态,长满了富营养水生植物,河水腥臭味很浓。人民大道与海淀五西路交汇处经暗涵与五路排洪沟连接,五路排洪沟为矩形河槽,两岸采用浆砌石护砌,入海口处建有水闸(防潮闸或控制闸)。沿排洪沟两岸多处排污口向沟内排放污水,河水呈灰黑色,具有较强的臭味(见图6.2)。

图 6.2　鸭尾溪河道及水闸图

6.1.2 "七纵"连通现状

6.1.2.1 荣山河

荣山河发源于海口市秀英区石山镇马鞍岭,流经海口市长流镇、荣山镇和澄迈县老城镇,于澄迈县东水港入海(见图6.3)。荣山河流域面积86.80km²,主河长

图 6.3　荣山河河道图

26.47km，总落差 224.4m，主河道平均比降 2.10‰。流域上游为低山、丘陵区，中部为开阔河谷地形，下游为河流出口河湾及滨海滩涂地，地势较平坦低洼，地表高程 0.53～3.53m。

荣山河的上游段称为长丰沟（美涯水），主要支流有那卜水、那甲河、大潭沟和摔马潭等。因 1991 年在长流镇罗田村处建挡水坝，将长丰沟分流至五源河排入大海，故长丰沟洪水不计入荣山河流域。受到沿岸工农业生产、生活废污水的直接排入，造成荣山河中下游河段水质严重污染。

20 世纪 50 年代在上游建有那卜水库，该水库为小（1）型水库，位于那卜河的中上游，控制集雨面积 18.8km²，正常蓄水位 30.83m，相应库容 151.37 万 m³，属年调节水库。该水库由于库容小，调蓄能力差，对下游地区防洪排涝作用不大。

6.1.2.2 五源河

五源河是由发源于海口市秀英区永兴镇和石山镇的五条小溪汇集而成，流经海口市海秀镇和长流镇，于秀英区的新海镇后海村东侧入琼州海峡，总体呈北西向展布（见图 6.4）。五源河全长 27.29km，流域面积 53.19km²，河宽 5～20m，总落差 108.2m，河床平均坡降 3.63‰。1970 年在长流镇罗田村附近将荣山河的上游段（长丰沟）分流入五源河，使得五源河的集水面积增加到 68.67km²，但原来的河长和河床平均坡降不变。

图 6.4 五源河河道图

五源河干流上游有东城水库，集雨面积为 2.5km²，总库容为 179 万 m³；在永庄村附近南边 500m 处建有永庄水库，集水面积 14.60km²，总库容 1025 万 m³，永庄水库为城市供水水源，水质良好；另外在长丰沟上游有美涯水库，集水面积为 2.77km²，总库容为 171 万 m³。

6.1.2.3 秀英沟

秀英沟是市区西部的一条排洪、排水、排污河渠，位于海榆中线西侧，共有两条支沟（见图 6.5）。东支流上游建有工业水库及引水渠，解决化肥厂及化工厂用水问题：西支流从向荣村向北沿现状沟下泄，东西两条支流在海榆西线南侧汇合，穿过海榆西线，经工厂、部队驻地附近，在秀英港西侧入海，沟渠狭小，弯曲较多。由于沿线工厂较多，所以大量工业废水及生活污水排入，污染比较严重。

图 6.5　秀英沟河道图

西支流流域面积为 $4.73km^2$，上游为开发区，将沟渠填平，底部留有 3 孔 1m 直径的排水管渠，管渠下游为 124m 长的人工沟渠，底宽 5.7m，两侧挡墙 1.9m，在经过一座宽 4m 的洪涵后，进入天然沟渠，长 210m，沟底深切，距路面 4～6m，1996年大洪水时由于管道泄水能力小，大量的雨水积在路面，向下游漫流而来，冲毁高填方的边坡。下游天然沟道无漫溢问题。

秀英沟东支流流域面积为 $4.43km^2$，上游有工业水库，库容 125 万 m^3，控制流域面积 $3.09km^2$，坝上有一拱涵泄洪，涵宽 1.5m，高 2.26m，1996 年大洪水泄流量为 $8.21m^3/s$，水库至海榆西线公路涵段的沟道长 1.4km，基本为深切天然沟道，局部有护砌边坡，由于公路方涵（断面 2.9m×1.3m）的过水能力低，1996 年大洪水时，涵前积水深达 3.7m，上游设在沟边工程队的临时工棚被淹，积水时间长达 4～5h。

6.1.2.4　龙昆沟

龙昆沟位于海口市区的南大桥上下游，以东崩潭水与西崩潭水为主流。从南向北依次通过道客沟与红城湖相连，通过西崩潭与金牛岭水库连通，通过玉河、大同沟与东西湖连通，最后在海口市滨海公园西侧汇入琼州海峡，河长 11.42km，河宽 20m，总落差为 28.65m，流域面积 $38.02m^2$。

龙昆沟主沟长 1800m，沟宽 18～20m，深达 2～3.1m，河渠过水能力 70～80m^3/s。两支流汇合至面前坡龙昆南路涵洞入口处，沟长约 1600m，上游段 300m 两侧是居民点、市场，该段为人工沟渠，沟宽 4.0～4.9m，深 1.8～2.0m，过水能力 12～15m^3/s；中段 600m，为天然沟渠，两侧为鱼塘，下游段 700m 两岸亦是居民点及商业，为人工矩形沟渠，宽 5～6m，深达 1.2～2.2m，过水能力 12～

15m³/s，其右岸为一混凝土路面，宽9～10m。龙昆路涵洞后，东崩潭至东西崩潭汇合口460m河渠，南航路桥上游河渠未治理，以下260m为人工挡墙护岸河渠，宽10～10.6m，深达2.3～3m。

龙昆沟系统除西崩潭下游由于疏港大渠分洪及金牛岭水库调蓄的影响，沟渠治理总体良好，由于多处受桥涵阻水，会经常发生洪水漫溢。龙昆沟目前是海口市一条重要的穿过海口市主城区的排污、分洪和排涝水系；由于接纳沿途的工业和生活污水，龙昆沟的水质很差，一般为劣Ⅴ类（见图6.6）。

图6.6　龙昆沟河道图

6.1.2.5　美舍河

美舍河是除南渡江外流经海口市的最大的一条河流，全长22.7km，河宽10～20m，流域面积53.16km²，河流总落差为82.46m。其发源于海口市永兴镇，上游受沙坡水库的控制，自西向东北流经琼山区府城镇，在南渡江出海处汇入南渡江分叉口海甸溪。

美舍河上游的沙坡水库位于府城镇东门以南8km左右，水库建于1964年，流域面积27.46km²，校核防洪库容约为1216万m³，该水库坝顶标高为30.83m，设计溢洪道高程26.0m，为自由式溢洪，未装设闸门，溢洪道分为4孔。

在市区建有两座橡胶坝，用于拦截、调蓄水位，水位被抬高后流速降低，缓缓顺势而下，最后流入大海；美舍河既承担排洪任务，又同时为城市景观水系建设带状公园，在满足排洪的前提下兼顾园林景观要求，沿线规划开发小区。美舍河通过在河口路附近的河口溪与南渡江连通。美舍河受上游养殖场所排废物和沿岸居民区生活污水的污染，水质较差（见图6.7）。

6.1.2.6　响水河—龙塘水

响水河发源于永兴镇西南的阳南村，发源地高程为156.4m，流域面积101km²，沟长26.42km，坡度为2.95‰，与龙塘水汇合后，流入南渡江。流域内有羊山水库，集雨面积8km²，库容154万m³。

图6.7　美舍河河道图

龙塘水沟（东沟）发源于龙桥镇以南2km的玉树村，发源地高程为51.2m。流经龙塘镇玉符村农场，在永朗村以北入南渡江，在出口处设有节制闸，闸为3孔，闸孔尺寸为2.5m×1.0m。该闸平时打开，水流入南渡江，当下游龙塘镇一带需水灌溉时，此闸关闭，让水沿路边的沟道流向下游。本流域和南渡江同时发生洪水时，为防止南渡江洪水倒灌淹没农田，把闸门关闭，让本流域的洪水流向下游，经龙塘镇后，在个钱渡桥下入南渡江。龙塘水流域面积35.98km²，沟长17.28km，坡度1.27‰。

个钱渡入河口以上总流域面积137.1km²。羊山水库下游在海榆东线高速公路以西为白水塘，为一个大面积的涝洼地，集雨面积1.35km²，对洪水有一定的调蓄作用。

响水河和龙塘水沿河主要接纳生活污水，水质较差（见图6.8）。

图6.8　响水河和龙塘水河道

6.1.2.7　南渡江

南渡江是海口市最大的过境河流，发源于海南省白沙县南峰山，干流向东北流经白沙县、儋州市、琼中县、澄迈县、定安县，于海口市注入琼州海峡。北支为干流，在三联村附近入海；西北支横沟河，在网门港（横沟村附近）入海；西支海甸溪，在海口港（新港码头附近）入海。南渡江的上游建有大型水库松涛水库，中游各县建有多座水利枢纽工程，下游建有龙塘水轮泵站。其水量丰富、水质良好，是海口市未来城市建设的中轴线和构建"亲水、近水、人水和谐发展"绿色生态城市的骨干依托水系，是保障海口市未来国民经济发展和水环境、水景观建设的重要依托及主要供水水源。

南渡江为海南省第一大河，流域面积 7033km²，占海南岛陆地面积的 21%。干流全长 334km，河道平均坡降 0.72‰，总落差 703m，流域形态呈狭长形，平均宽度 21km，多年平均流量 219.02m³/s。在海口市内干流长约 70km，左岸防洪堤自琼山区永朗村至新埠桥，长约 16.2km，为混凝土结构，建成于 2004 年，防洪设计标准为 100 年一遇；右堤自儒范村至林丹村，为旧土质堤防，建于 20 世纪六七十年代，因年久失修，堤身局部有不同程度损坏，防洪设计标准为 50 年一遇。

南渡江在入海口附近形成规模较大的河口三角洲，但近几十年来河道没有明显的改道等大的变化，仅是局部段冲淤位置的变化，基本保存着自然状态下地面河的地貌特征。由于 20 世纪末期的大规模采砂活动，海口段河床坡降由原来的 0.35‰降至现在的 0.294‰，不仅造成局部岸坡失稳坍塌，还诱发咸潮上溯。

6.1.3　江东水系连通现状

江东地区地处南渡江主流的出海口东部，为南渡江下游冲积平原，该地区河网密布，地势低洼平坦，主要有潭览河、迈雅河和道孟河等。潭览河、迈雅河和道孟河等主要河流河道弯曲，宽度差异性较大，下游靠近河口附近位置的河道宽度超过 100m，河道两岸有大范围的浅滩，水深较浅。潭览河、迈雅河、道孟河等主要河流之间有很多大大小小的河汊，这些河汊有些是天然河道，有些是人工开挖的引水渠道，形成宽浅不一、河流密布的环状与树状交织的河网结构，为海口市实现"东优"发展战略提供重要的支撑条件。

潭览河、迈雅河和道孟河等河流的上游原与南渡江连通，但由于历史的原因，河道上游很多地方被人为填平，或者只剩下很小的沟道，不再与南渡江直接连通。但在南渡江河口段右岸堤防建设中，已经在堤防的相应位置建有防洪排涝闸，给这些河流与南渡江连通留下了较好的基础条件，可以采取开挖、疏浚等工程措施将这些河流的上游与南渡江通过水闸相连通，河流的下游与海洋连通。

潭览河主流沿线受到污染较少，局部河段出现浮萍占满河道现象，水环境质量比道孟河与迈雅河好一些。

迈雅河和道孟河由于受到生活污水排放和农村养殖业影响，水质较差，部分河段出现大量的浮萍，如图 6.9、图 6.10 所示。

图 6.9　迈雅河河道

图 6.10　道孟河河道

6.2　江东水系水量水质调度

6.2.1　研究区概况

水系连通工程是河网地区改善水环境的一种有效措施，通过对现有河湖水系进行合理连通，调活河网水系，增加净泄量，增强水体自净能力，使长期存在于河流中的污水稀释、沉淀或排出，达到"以动制静、以清稀污、以丰补枯、改善水质"的目的。

根据江东水系的水环境现状和治理目标，经实地考察、调研及相关资料分析研究，江东片区水系发达，河网纵横交错，但是河道管理相对较弱，大部分为当地养殖用户自行管理或无人管理，缺乏专业指导，管理环节薄弱，河道占用严重，水体自净功能几近丧失。本书通过水系连通工程来改善江东水系水环境。

江东地区地处南渡江主流的出海口东部，为南渡江下游冲积平原，该地区河网密布，地势低洼平坦。江东水系包含潭览河、迈雅河、道孟河、芙蓉河，具体情况如下：

（1）潭览河流域面积 10.24km²，干流河长 7.25km，干流坡降为 0.16‰。

（2）迈雅河流域面积 31.57km²，分为左、右两支，左汊主干河长 12km，干流坡降为 0.31‰。

（3）道孟河流域面积 15.41km²，道孟河中上游部分被人为改道，修建成宽度较窄的矩形渠道，干流河长 10.10km，干流坡降为 0.30‰。

潭览河、迈雅河及道孟河上游原与南渡江相连，由于历史原因而阻隔导致自身水资源的潜力十分有限。南渡江是海南岛境内最大一条河流，水量充沛，干流常年过境水量达 54 亿 m³，有着巨大的稀释和自净能力。江东水系连通工程就是通过在靠近入海口处的南渡江干流上建设水闸，抬升南渡江的常水位，南渡江常水位抬升后，通过闸门控制向潭览河、迈雅河和道孟河补水，且南渡江右岸堤防建设时也预留了上述几条河流补水的闸门。

为改善海口市南渡江主城区河段水环境和水景观，提升城市品位，打造安全宜居南渡江两岸，南渡江下游河段将建设水闸，以缩短感潮河段，改变南渡江下游两岸周边水景观，创造良好人居环境。南渡江下游水闸闸前设计水位为 3.0m，潭览河、迈雅河、道孟河上游与南渡江连通处河底高程分别为 1.18m、−0.37m、3.08m，其中道孟河河口处河底高程比南渡江下游水闸闸前设计水位略高，需通过挖深道孟河后利用南渡江补水。可见，通过水闸的控制作用，在抬高南渡江水位的同时，可向潭览河、迈雅河、道孟河进行补水，南渡江水量丰富，水量完全可满足补水要求。

如上所述，本方案将潭览河、迈雅河和道孟河上游延伸至南渡江右岸堤防的水闸处，根据地形条件在迈雅河与道孟河的上游采用疏浚开挖的方式将迈雅河与道孟河连通，通过南渡江干流水闸将水位抬升，利用南渡江以一定流量入流稀释潭览河、迈雅河和道孟河的水体，以丰补枯，由静至动变单向流，增加河流水体流动性，改善了水环境质量（见图 6.11）。

6.2.2　模型构建

本书主要应用了 MIKE11 软件中的水动力学模型（HD model）及一维对流扩散模型（AD model），对江东水系相应水体之间的水质水量进行方案设计与研究。

MIKE11 模型的构建包括了河网文件、河道断面文件、参数文件及模拟文件等的建立。

6.2.2.1　河网文件

本次主要研究对象为江东水系三条河流，各水体的几何参数见表 6.1。利用 MIKE11 构建的江东水系各水体概况如图 6.12 所示。

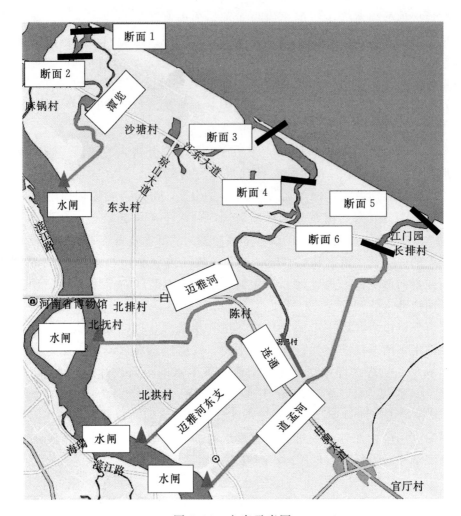

图 6.11　方案示意图

表 6.1　　　　　　　　　　　　江东水系各水体概况

水体名称	长度/km	河宽/m	面积/km²
潭览河	7.25	82～254	10.24
迈雅河	12.00	60～270	31.57
道孟河	10.10	52～140	15.41

6.2.2.2　河道断面文件

根据实际地形资料进行断面插值，对于某些重点研究区域，如河道下游感潮河段则加密断面，以做控制，河道断面编辑界面如图 6.13 所示。

6.2.2.3　水位流量边界条件

为了研究枯水季节进行河湖连通工程对江东水系的水动力水质影响效果及相应

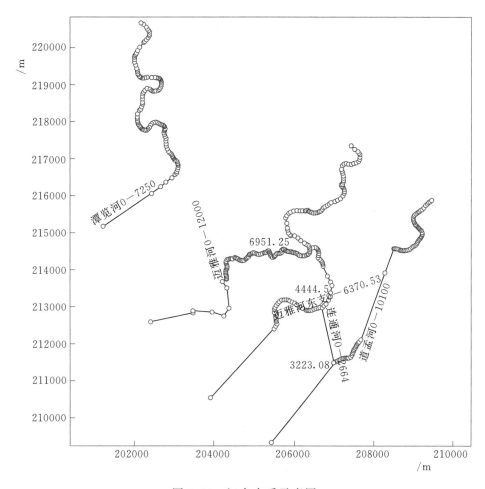

图 6.12 江东水系示意图

的调度措施，下游边界分别采用海口站 2006 年 1 月 3 日（潮差较大且低潮位较低的一天）的潮位过程线和 2006 年 1 月 21 日（潮差较小且高潮位较低的一天）的潮位过程线（见图 6.14）。

6.2.2.4　水质边界条件

由于江东水系河湖水质情况较差，为Ⅴ～劣Ⅴ类水标准，因此，参考相关资料及 GB 3838—2002《地表水环境质量标准》相关标准值，现采用 COD 作为水质控制因子，江东水系水质边界条件及初始条件见表 6.2 和表 6.3。

6.2.2.5　计算参数的确定

（1）时间步长，要使克朗数满足稳定性要求 $\dfrac{\Delta t}{2} < \dfrac{\alpha \Delta s}{\sqrt{g H_{\max}}}$，$\alpha = 1 \sim 3$，取时间步长为 0.5s。

（2）糙率系数，参考相关资料，糙率按照天然河道糙率表取值，$n = 0.03$。

（3）扩散系数，参考相关资料，取扩散系数为 $0.05 \mathrm{m}^2/\mathrm{s}$。

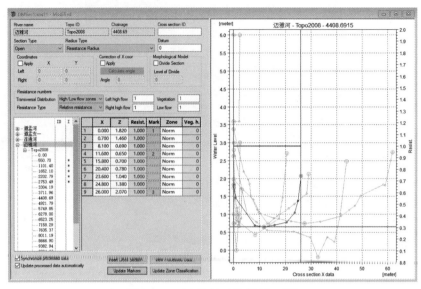

图 6.13　河道断面编辑界面图

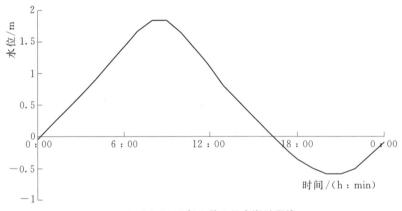

(a) 2006 年 1 月 3 日大潮过程线

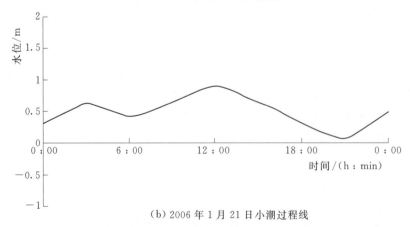

(b) 2006 年 1 月 21 日小潮过程线

图 6.14　潮位过程线

表 6.2	江东水系水质边界条件		单位：mg/L
污染物组分	潭览河	迈雅河	道孟河
COD	30	30	30

表 6.3	江东水系水质初始条件		单位：mg/L
污染物组分	潭览河	迈雅河	道孟河
COD	40	40	40

6.2.3 计算结果分析

6.2.3.1 工况一

枯水大潮：分别采用三种入流流量（$1m^3/s$、$2m^3/s$ 和 $3m^3/s$）作为各个河流的上游边界条件，共 12 种组合情况。分别在潭览河、迈雅河、道孟河下游靠近出海口及感潮河段末端选取相应断面（具体位置见图 6.11），由图 6.15 水动力模拟结果可知，由于河道下游受高潮位顶托以及上游来水量所限，在潮水位较高时，河道下游感潮河段出现逆向流，其持续时间主要与高潮位持续时间有关。随着潭览河上游入流流量的增大，潭览河下游感潮河段的倒流量减少，持续时间减少，如要在大潮期间调水，必须采用较大流量才能把下游潮水压下去，原理与压咸补淡一样。迈雅河与道孟河下游感潮河段规律与潭览河规律基本一致，通过初步估算，要使下游感潮河段不出现倒流，潭览河入流流量必须达到 $32m^3/s$，迈雅河 $20m^3/s$，道孟河 $12m^3/s$。另外还可看到，在调水开始时刻，流量波动比较大，这主要是因为 MIKE11 软件在调用初始值计算时造成的不稳定现象，随着计算时间的增加，其不稳定状态逐渐消失。

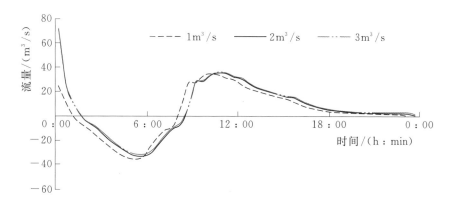

（a）潭览河断面 1 分别入流 $1m^3/s$、$2m^3/s$ 和 $3m^3/s$ 时下游流量过程线

图 6.15（一） 工况一潭览河、道孟河、迈雅河下游流量过程线

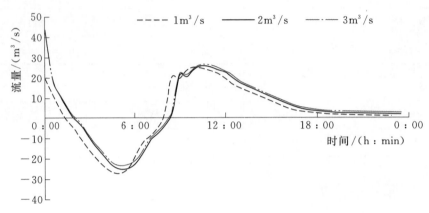

(b) 潭览河断面 2 分别入流 1m³/s、2m³/s 和 3m³/s 时下游流量过程线

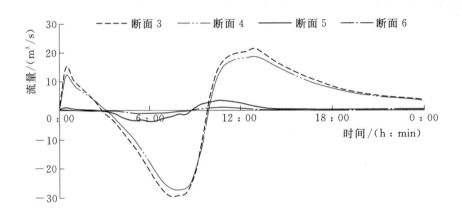

(c) 道孟河入流 1m³/s 和迈雅河入流 1m³/s 时下游流量过程线

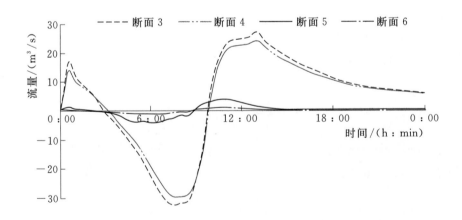

(d) 道孟河入流 1m³/s 和迈雅河入流 2m³/s 时下游流量过程线

图 6.15（二） 工况一潭览河、道孟河、迈雅河下游流量过程线

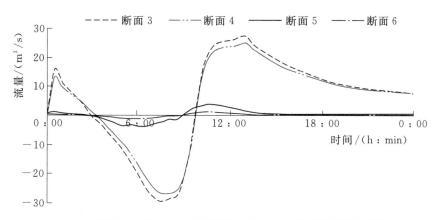

（e）道孟河入流 1m³/s 和迈雅河入流 3m³/s 时下游流量过程线

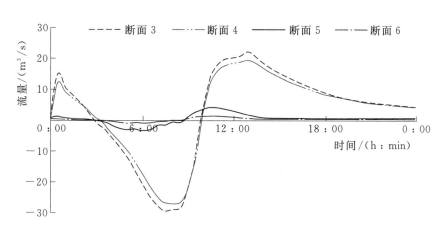

（f）道孟河入流 2m³/s 和迈雅河入流 1m³/s 时下游流量过程线

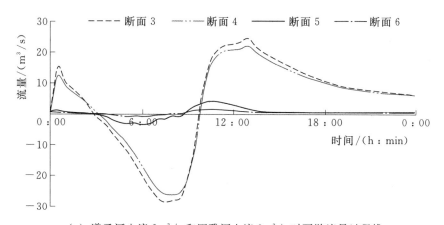

（g）道孟河入流 2m³/s 和迈雅河入流 2m³/s 时下游流量过程线

图 6.15（三）　工况一潭览河、道孟河、迈雅河下游流量过程线

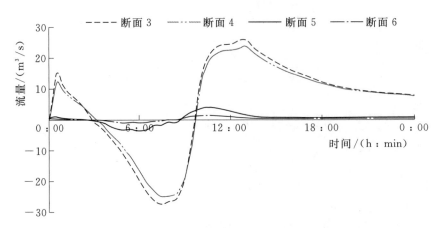

（h）道孟河入流 2m³/s 和迈雅河入流 3m³/s 时下游流量过程线

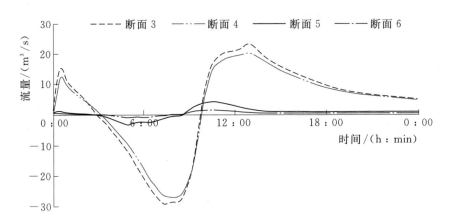

（i）道孟河入流 3m³/s 和迈雅河入流 1m³/s 时下游流量过程线

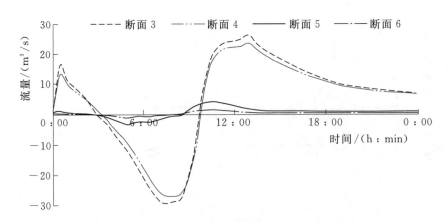

（j）道孟河入流 3m³/s 和迈雅河入流 2m³/s 时下游流量过程线

图 6.15（四）　工况一潭览河、道孟河、迈雅河下游流量过程线

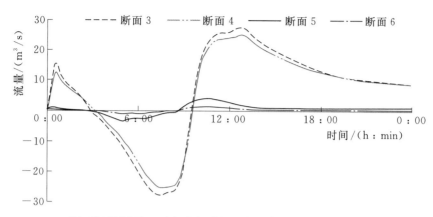

（k）道孟河入流 3m³/s 和迈雅河入流 3m³/s 时下游流量过程线

图 6.15（五）　工况一潭览河、道孟河、迈雅河下游流量过程线

综上所述，假如要在枯水大潮期间进行河湖水系连通工程并通过闸门调水时应避开下游高潮位时段，采取间断性调水方式。

由以上初步研究可知，要想在枯水大潮期间进行河湖连通，调水整治水环境，最好选择在高潮涨憩后进行，不仅能节约水资源，还能够充分利用高潮涨憩后的退潮牵引力，达到改善水环境的效果。

下面就高潮涨憩后的河湖连通进行研究。从图 6.15 可以看出，潭览河、迈雅河、道孟河下游感潮河段由于存在退潮时间的延迟性，大约在高潮涨憩后 2h，流量才逐渐变为正值。故拟在高潮涨憩后 2h 开始河湖连通，这时可以尽量利用退潮牵引力和上游来水的共同作用来带走河道内的污染物。

假定在高潮涨憩后 2h，南渡江同时入流 3m³/s 至潭览河、迈雅河及道孟河。从计算结果图 6.16 可知，高潮涨憩 2h 后，河道下游基本上不受潮水顶托，河水在调水期间都能出流入海，与原设想基本吻合。

水质模拟结果（见图 6.17）显示，经过了 12h 调水后，河道下游水质有所改善。

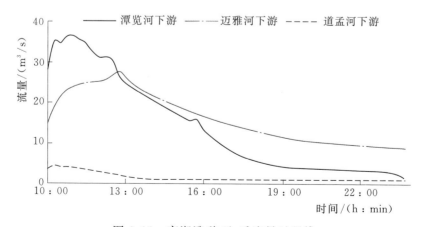

图 6.16　高潮涨憩 2h 后流量过程线

因此，在截污控源等综合措施前提下的河湖连通工程，是一种有效的水环境治理方法。

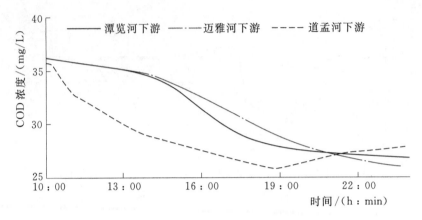

图 6.17　调水 3m³/s 情况下水质变化过程

综上所述，在枯水大潮期间调水，最好选择高潮涨憩 2h 后开始，并且河道内必须实行截污控源等综合措施，以保证调水整治水环境的良好效果。

6.2.3.2　工况二

枯水小潮：入流流量仍然采用 1m³/s、2m³/s 和 3m³/s 作为各个河流的上游边界条件，共 12 种组合情况。由图 6.18 水动力计算结果可知，枯水小潮对潭览河下游仍然存在一定影响，潮位高时会有逆流现象，但相比枯水大潮，其流量小的多。而对于迈雅河与道孟河，枯水小潮的影响较小，会出现短时的逆流现象，但随着流量的增加，逆流现象逐渐减缓。因此，在枯水小潮期间要根据潮位的高低来选择相应的入流流量，流量不能太小，也不能太大，既要满足水动力要求又不能造成水资源的浪费。例如图 6.18（h）中，当道孟河入流 2m³/s、迈雅河入流 3m³/s 时流量均为正，逆流现象消除，已满足要求，无需再增大流量。

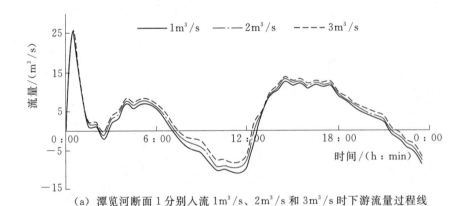

(a) 潭览河断面 1 分别入流 1m³/s、2m³/s 和 3m³/s 时下游流量过程线

图 6.18（一）　工况二潭览河、道孟河、迈雅河下游流量过程线

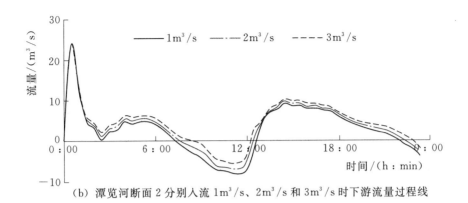

（b）潭览河断面 2 分别入流 1m³/s、2m³/s 和 3m³/s 时下游流量过程线

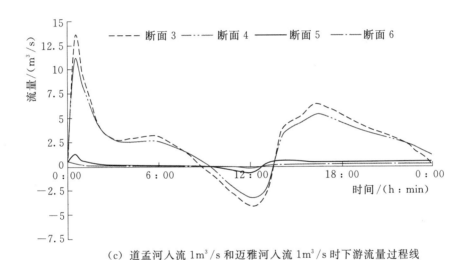

（c）道孟河入流 1m³/s 和迈雅河入流 1m³/s 时下游流量过程线

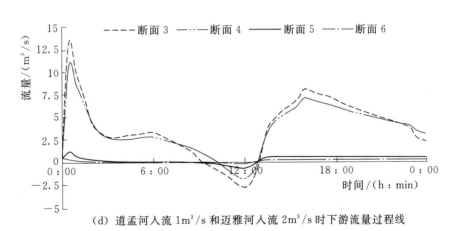

（d）道孟河入流 1m³/s 和迈雅河入流 2m³/s 时下游流量过程线

图 6.18（二）　工况二潭览河、道孟河、迈雅河下游流量过程线

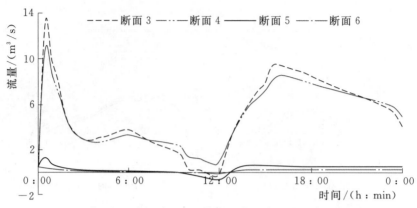

(e) 道孟河入流 1m³/s 和迈雅河入流 3m³/s 时下游流量过程线

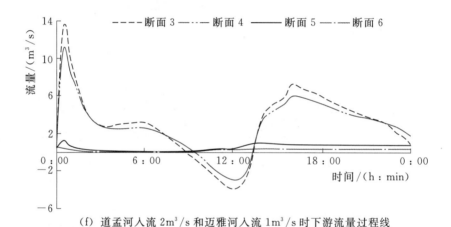

(f) 道孟河入流 2m³/s 和迈雅河入流 1m³/s 时下游流量过程线

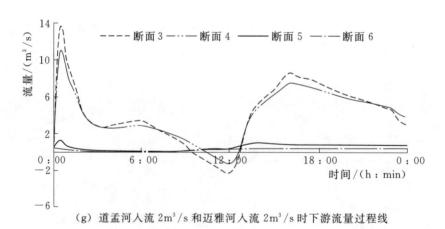

(g) 道孟河入流 2m³/s 和迈雅河入流 2m³/s 时下游流量过程线

图 6.18（三）　工况二潭览河、道孟河、迈雅河下游流量过程线

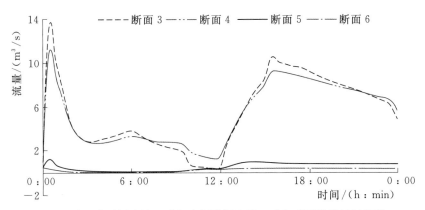

（h）道孟河入流 2m³/s 和迈雅河入流 3m³/s 时下游流量过程线

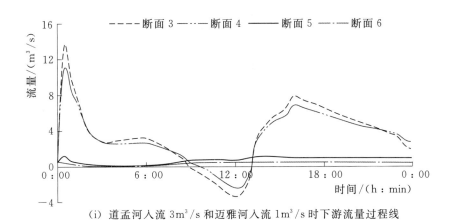

（i）道孟河入流 3m³/s 和迈雅河入流 1m³/s 时下游流量过程线

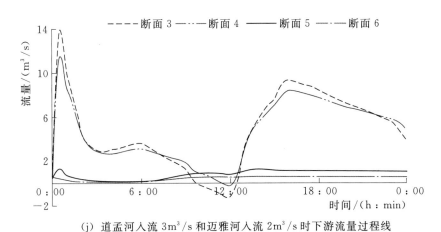

（j）道孟河入流 3m³/s 和迈雅河入流 2m³/s 时下游流量过程线

图 6.18（四） 工况二潭览河、道孟河、迈雅河下游流量过程线

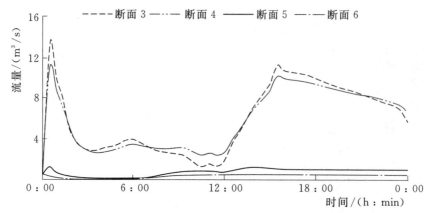

（k） 道孟河入流 3m³/s 和迈雅河入流 3m³/s 时下游流量过程线

图 6.18（五） 工况二潭览河、道孟河、迈雅河下游流量过程线

根据上面的水动力结果分析结论，现主要对道孟河入流 2m³/s 和迈雅河入流 3m³/s 这一流量组合进行水质模拟计算，由计算结果（见图 6.19）可知，在实行江东水系连通工程方案后，河道下游 COD 浓度降低至 26mg/L 左右，水质状况有很大的改善。

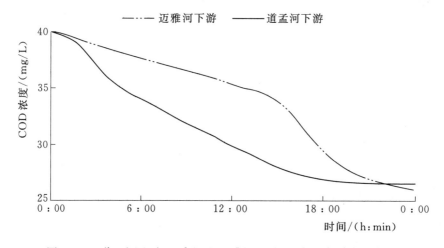

图 6.19 道孟河入流 2m³/s 和迈雅河入流 3m³/s 水质变化情况

6.3 龙昆沟水系水量调度

"以动治静、以净释污、以丰补枯、改善水质"的水环境调度是河网地区迅速改善水环境的一种有效措施，通过对现有闸站等水利工程的联合调度，使河涌由往复流变为单向流，增加净泄量，使长期回荡的污水及时排出，达到改善河涌水质、初步消除黑臭现象的目标。

龙昆沟是海口市中部地区的一条排洪河道，因管理不善和潮水顶托，生产生活污水蓄积回荡在河道内，造成恶臭，严重影响居民生活。为改善龙昆沟现状，拟利用河湖水体动力特性，实行龙昆沟水系联合调度。针对不同调度方案，模拟龙昆沟下游感潮河段水流水质变化情况，确定合理调水方案，改善水环境。

6.3.1　研究区概况

龙昆沟位于海口市中部，南起自货运大道，与美舍河流域分水岭相接，南大桥往南为台地地形，逐渐升高，往北地区属于海相沉积平原地区，地形平坦。龙昆沟水系主要由 4 条河流和 3 个湖泊组成，如图 6.20 所示。上游连接红城湖，在中游分为两个支流：东崩潭沟起自解放军 187 医院附近，沿龙昆南路东侧，经目客村、道客村、面前坡等地；西崩潭沟自金牛岭水库闸下，经响水桥沿海秀大道自南向东，在南大桥附近与东崩潭沟汇合，汇合后河道沿龙昆北路至滨海大道经九孔涵入海。下游在龙华桥附近由大同沟与东西湖相连。

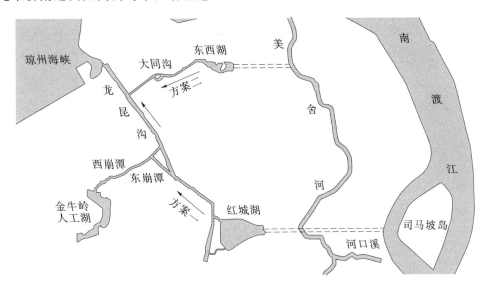

图 6.20　龙昆沟水系示意图

综合考虑当地实际情况，预设红城湖单独调水方案（方案一）和红城湖与东西湖联合调水方案（方案二）。如图 6.20 所示，方案一利用美舍河流域的河口溪泵站，抽南渡江水至红城湖，再以一定流量出流稀释龙昆沟中下游的水体，改善其水环境质量（考虑到红城湖比河口溪泵站高约 5m，需在河口溪泵站处修建长度约 2.5km 的涵管至红城湖）；方案二是利用南渡江与美舍河橡胶坝水利枢纽工程，同时调水至红城湖和东西湖，使原来水体间的往复流变为单向流，让东西湖及大同沟水在大同沟口汇入龙昆沟后出流入海，改善整个龙昆沟水系的水质。

6.3.2　模型构建

主要应用 MIKE11 软件中的水动力学模型（HD model）及一维对流扩散模型

（AD model），对龙昆沟水系相应水体之间的水量水质联合调度进行研究。MIKE11
模型的构建包括了河网、河道断面、边界条件及参数的选择。

龙昆沟水系主要有 4 条河流和 3 个湖泊，各水体概况见表 6.4。利用 MIKE11 构
建的龙昆沟流域河网水系示意图如图 6.21 所示。

表 6.4　　　　　　　　　龙昆沟水系中的各水体概况

水体名称	长度/km	平均河宽/m	面积/km²
龙昆沟	3.728	17	—
西崩潭	1.400	7.5	—
东崩潭	0.595	5	—
大同沟	1.500	15	—
红城湖	—	—	0.36
金牛岭人工湖	—	—	0.20
东西湖	—	—	0.10

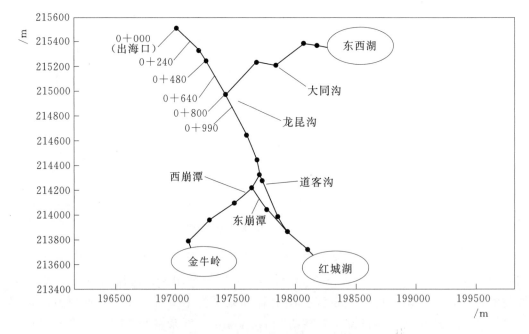

图 6.21　龙昆沟流域河网水系示意图

河道断面选取决定了水位计算点和流量计算点的分布，是模型求解的关键步骤。
根据河道变化情况对断面间距取值 50～400m，断面形式基本是不变的，间距较大，
对重点研究区域处（如龙昆沟中下游、大同沟口等）则加密断面。

边界条件给定的初值是模型求解的基础。本文上游流量边界条件由不同的调水
方案确定，考虑到已建水利工程规模，方案一采用 3m³/s、4m³/s、5m³/s 和 6m³/s

共 4 种红城湖出湖流量，方案二中红城湖、东西湖分别采用 $1m^3/s$、$2m^3/s$ 和 $3m^3/s$ 共 9 种流量组合。

研究枯水季节调水对龙昆沟水系的水动力影响效果，考虑感潮河段受潮位变化牵引影响，龙昆沟下游流量边界分别采用海口站 2006 年 1 月 3 日和 2006 年 1 月 21 日的潮位过程线。两个潮位过程颇具代表性：①前者潮差较大的同时，高低潮位分明，可以利用高潮涨憩后的退水牵引力，使河涌污水顺流出海；②后者潮差较小且高潮位较低，对龙昆沟下游感潮河段影响较小，可以实行小流量的连续调水措施。

龙昆沟水系河湖水质较差，总体为 Ⅴ 类水标准，部分河段为劣 Ⅴ 类水。根据地表水环境质量标准和工程实际，取 COD 作为水质控制因子，龙昆沟水系水质边界条件见表 6.5。

表 6.5　　　　　　　　　　　龙昆沟水系水质边界条件　　　　　　　　　单位：mg/L

污染物组分	红城湖	金牛岭人工湖	东西湖	出海口
COD	40	40	40	40

根据河道情况和工程经验，龙昆沟及东西崩潭的河道糙率 n 取 0.025，扩散系数为 $0.05m^2/s$。

6.3.3　结果分析

6.3.3.1　红城湖单独调水方案

（1）分别采用红城湖出湖流量 $3m^3/s$、$4m^3/s$、$5m^3/s$ 和 $6m^3/s$ 作为上游流量边界条件，采用枯水大潮为下游水位边界条件。

龙昆沟下游感潮河段（出海口到大同沟口附近）特征断面的流量数值模拟过程结果如图 6.22 所示。龙昆沟下游受高潮位顶托和上游来水量所限，潮水位较高时，三个断面均出现逆向流，持续时间与高潮位持续时间有关。随着上游红城湖出湖流量增大，下游感潮河段的倒流量和持续时间均减少，也就是说要在大潮期调水，必须采用较大流量才能把下游潮水压下去，道理同压咸补淡。河道逆流情况随上游来流量增加而减少的幅度不明显，估计是来流量不够大的缘故，经推算，红城湖出流量至少要达到 $15m^3/s$，才能保证下游感潮河段不出现倒流，而河口溪泵站规划抽排流量仅为 $6m^3/s$，显然达不到要求。

综上所述，枯水大潮时采用红城湖单独调水方案，应避开下游高潮位时段，防止潮位顶托影响，可采取间断性调水方式，有利于河涌污水的排出。

（2）分别采用红城湖出湖流量分别为 $3m^3/s$、$4m^3/s$、$5m^3/s$ 和 $6m^3/s$ 作为上游流量边界条件，采用枯水小潮为下游水位边界条件。

取龙昆沟出海口和大同沟口为研究对象，以反映上游来水和潮位变化对龙昆沟和大同沟的影响，模拟结果如图 6.23 所示。龙昆沟出海口水量随着上游红城湖出流量增加而增加，下游潮位较低时，龙昆沟出海口流量变化过程较为平缓，基本没影

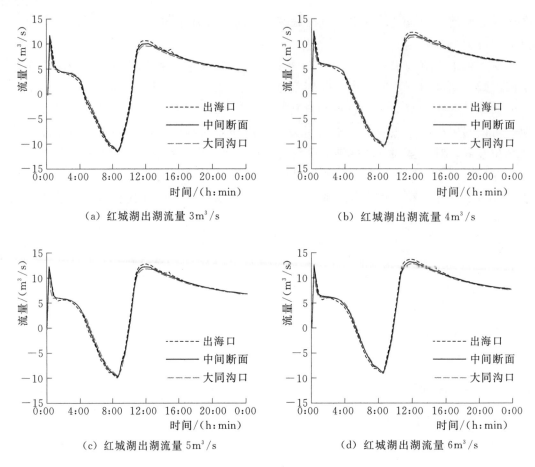

图 6.22 红城湖出湖流量分别为 3m³/s、4m³/s、5m³/s 和
6m³/s 时的龙昆沟下游流量过程线

响。而大同沟分流量受龙昆沟上游来水和下游潮位影响，龙昆沟上游来水增加，大同沟分流量增加；上游来水一定时，大同沟分流量随潮起增加，随潮落减少。

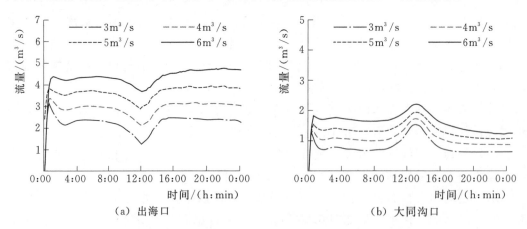

图 6.23 红城湖不同出湖流量下龙昆沟出海口和大同沟口的流量过程线

综上所述，在枯水小潮时可实行连续性调水，调水流量相对减少，这样既实现了调水改善水环境的预期目的，也兼顾了水资源的充分利用。

枯水大潮时采用方案一调水，能使龙昆沟下游段水质变好，但大同沟作为龙昆沟的支流，沟内污水会沿着大同沟一直流向东西湖。调水期间，虽然沟内污染物浓度会随着上游来水的增加而降低，但调水停止后，污水便在大同沟及东西湖内来回流荡，污染反而加重。枯水小潮时同理。因此，需寻求其他出路供东西湖内污水排出，如修建一涵管连通至龙昆沟流域附近的美舍河，使东西湖变成活水，就能解决东西湖水环境污染问题。

6.3.3.2　红城湖与东西湖联合调水方案

（1）红城湖和东西湖同时出流，红城湖、东西湖分别采用 $1m^3/s$、$2m^3/s$ 和 $3m^3/s$ 共 9 种组合，采用枯水大潮为下游水位边界条件。为区分河段断面，龙昆沟下游指大同沟口到出海口段，中游指龙昆沟与东崩潭交汇处到大同沟口段。

红城湖与东西湖同时出流 $3m^3/s$ 时，大同沟口附近区域流量的数值模拟过程结果如图 6.24 所示。涨潮期间，龙昆沟上游持续来水，下游潮水顶托，水不能排出外海，只能在龙昆沟内回荡，部分分流至大同沟，出现逆流现象。开始退潮后，退潮力牵引和上游来水下压共同作用，龙昆沟下游和大同沟均改变水流流向，且流量迅速增大，远大于上游调水流量。

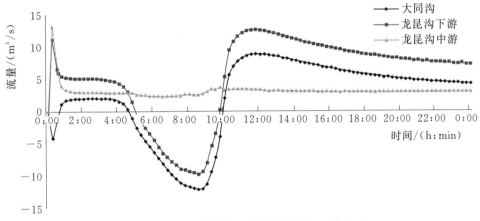

图 6.24　红城湖与东西湖同时出流 $3m^3/s$ 时
大同沟口附近区域的流量过程线

因此，枯水大潮期间想要调水整治水环境，最好选择在高潮涨憩后调水，这样充分利用了高潮涨憩后的退潮牵引力，可适当减少调水量，达到调水改善水质更好的效果。

由于上游感潮河段存在退潮时间的延迟性，当出海口高潮涨憩 2h 后，感潮河段末端（大同沟口附近）流量才逐渐变为正值。故假定在高潮涨憩后 2h，红城湖和东西湖同时出流 $3m^3/s$，龙昆沟水系的水流数值模拟结果如图 6.25 所示。可以看到，龙昆沟下游基本上不受潮水顶托，不出现长时间大流量的逆流现象，红城湖和东西湖的水都能顺利流至龙昆沟，继而出流入海，实现水质改善目标，与原设想基本吻合。证明了高潮涨憩后 2h 开始调水是更为理想的调水方案。

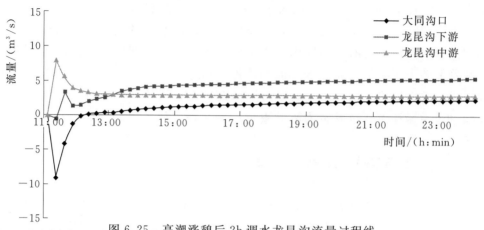

图 6.25　高潮涨憩后 2h 调水龙昆沟流量过程线

在此调水方案上模拟水质变化过程，选取大同沟口到出海口河道的三个断面，断面 1 靠近出海口，断面 3 靠近大同沟口，断面 2 位于两者中间，模拟结果如图 6.26 所示。开始调水后，龙昆沟下游河段污染物浓度迅速降低，水质有了很大改善，证明了这是一种行之有效的水环境整治方法。

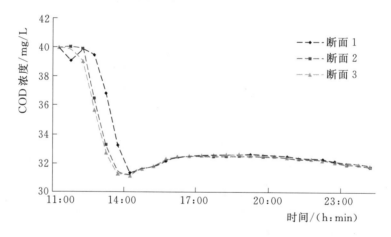

图 6.26　红城湖和东西湖都调水 3m³/s 情况下龙昆沟水质变化过程

综上所述，在枯水大潮期间调水，最好选择高潮涨憩后 1~2h 开始，并且河涌内必须实行截污控源等综合措施，以保证调水整治水环境的良好效果。

（2）红城湖和东西湖同时出流，红城湖、东西湖分别采用 1m³/s、2m³/s 和 3m³/s 共 9 种组合，采用枯水小潮为下游流量边界条件。为区分河段断面，龙昆沟下游指大同沟口到出海口段，中游指龙昆沟与东崩潭交汇处到大同沟口段。

各个流量组合的龙昆沟水流数值模拟结果如图 6.27 所示。由结果可知，枯水小潮期间，如果调水量太小，遇到下游高潮位时，龙昆沟下游与大同沟也会出现短时间的倒流现象。因此，枯水小潮期间最好实行连续调水，同时实际调水过程中，调水量应根据潮位起伏来选择相应的调水流量，调水量太小，调水水动力效果不理想，盲目地增大调水量，容易造成水资源的浪费。

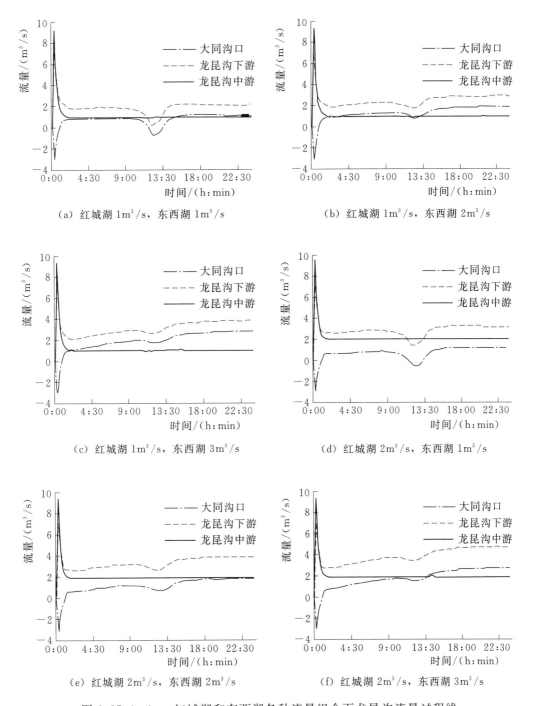

（a）红城湖 1m³/s，东西湖 1m³/s

（b）红城湖 1m³/s，东西湖 2m³/s

（c）红城湖 1m³/s，东西湖 3m³/s

（d）红城湖 2m³/s，东西湖 1m³/s

（e）红城湖 2m³/s，东西湖 2m³/s

（f）红城湖 2m³/s，东西湖 3m³/s

图 6.27（一）　红城湖和东西湖各种流量组合下龙昆沟流量过程线

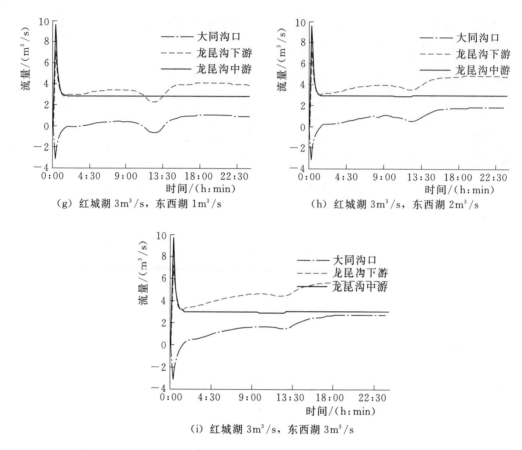

（i）红城湖 3m³/s，东西湖 3m³/s

图 6.27（二）　红城湖和东西湖各种流量组合下龙昆沟流量过程线

由图 6.35 可以看出，红城湖出流 1m³/s，东西湖出流 2m³/s 这一流量组合进行调水时，既不出现倒流又不浪费水资源，是较为合理优质的调水方案。对其进行水质模拟计算，选取大同沟口到出海口河道的三个断面，断面 1 靠近出海口，断面 3 靠近大同沟口，断面 2 位于两者中间，结果如图 6.28 所示，可以看出，龙昆沟下游感

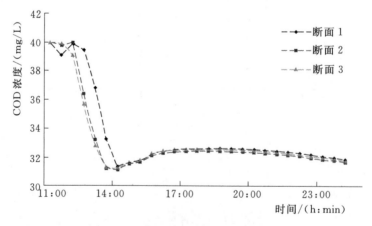

图 6.28　龙昆沟下游水质变化情况

潮河段的污染物浓度迅速降低，水质得到很大的改善，证明这是一个行之有效的水环境治理方案。

6.4 主城区水动力工程

海口市中心区水网动力工程是为了解决中心城区水污染问题，根据"以动治静、以净释污、以丰补枯、改善水质"的水环境改善理念，在面污染源治理、雨污合流管沟截流的前提下，利用美舍河上游沙坡水库和南渡江丰沛水量，通过泵闸工程和输水管道，促使美舍河、龙昆沟、红城湖、东西湖等联合水系的水体流动、循环和更换，以改善水环境。

工程于 2010 年 3 月动工，2011 年 1 月建成投入使用，总投资约 2.79 亿元。建设内容主要包括羊山水库—沙坡水库引水渠道工程、河口路提水泵站及管线工程、东风桥提水泵站及管线工程、龙昆沟防潮闸工程等。工程建成后，向市区河湖年补水量约 9168 万 m^3，从而促使水体流动、循环和更换，增强市中心区水网动力和水体自净能力。

海口市中心区水网动力工程的补水途径主要有两个：一是利用上游水库放水，通过松涛水库—羊山水库—沙坡水库之间的引水渠道，一年约补水 4000 万 m^3；二是将南渡江的水通过提水泵站及管线工程引进美舍河，年提水量约 5168 万 m^3。

为了提高水环境改善效率和减少水资源浪费，工程结合不同的降雨情况选定 3 种调补水方式：①在无雨时期实施"长流水"补水方式，一年内约 200d 采用这种调补水方式，需水量为 4608 万 m^3；②一年内大概有 80d 属于中小雨期，期间采用相对较小的补水量，一年调补水量约 4560 万 m^3；③遇上中雨或大雨时期，则利用降雨带来的水量进行冲污，无需额外补水，一年内约有 85d。

6.5 松涛水库引水工程

松涛水库是一个以灌溉为主，结合发电、防洪，满足工业和居民生活用水等综合利用的大（1）型水利枢纽工程，是海南省南渡江流域中开发最早的大型水利枢纽工程，位于海南省儋州市南部，库区回水至白沙县城平义镇。

水库于 1958 年 7 月动工兴建，至 1959 年 9 月，大坝按临时断面筑到 170m 高程拦洪。1960 年继续填筑至 185m 高程，开始蓄水。1961 年 9 月大坝停工，劳动力转到开发灌区，至 1963 年 3 月，输水洞打通，尾水渠按临时断面通水。总干渠长 6.5km，以下分东西干渠，西干渠先挖至儋县沙河水库以后至乐园长 26km，东干渠前段 6km 及那大分干渠前段 6.5km 按临时断面挖通，开始发挥效益。1964 年大坝复工，至 1967 年 6 月按设计完成。1976 年 8 月，经校核把主副坝坝顶高程由 195.7m 加高到 197.1m，并在坝顶上游侧增建防浪墙高 1m，工程于 1970 年 12 月竣工。总计工程费 2.4 亿元，累计维修经费 487 万元。

库区枢纽工程由主坝 1 座，副坝 7 座，溢洪道 1 座，输水隧洞及导流洞各 1 座组成。水库蓄水后，库内有 300 座山岭变成了岛屿。水库设计灌溉面积 205 万亩，2000 年实灌面积 123.56 万亩，并担负着琼西北部开发区的城乡工业供水任务，目前年供水总量 13 亿 m³，是琼北、琼西北干旱区的重要灌溉水源，也是儋州市城乡和洋浦经济开发区可靠的生活生产用水水源。水库的滞洪作用，减轻了中下游地区和海口市河口的防洪压力。而且水库在改善生态环境方面有着重要的作用，对海南省的经济、社会、环境建设与发展做出了巨大的贡献，是海南省举足轻重的重要基础设施。

松涛水库是多年调节水库，正常蓄水位 190m，相应库容 25.95 亿 m³，按 1000 年一遇洪水设计，相应水位 191.90m，库容 28.78 亿 m³，"可能最大洪水"校核，相应水位 195.3m，库容 33.40 亿 m³。死库容 5.12 亿 m³，兴利库容 20.83 亿 m³，坝顶高程 197.1m，最大坝高 80.1m。

松涛水库的主要任务是跨流域引南渡江水解决海南岛北部灌溉用水问题。其配套的松涛灌区以南渡江左岸及其支流大塘河右岸、珠碧江为界，往北延伸至琼州海峡，东西长 131km，南北宽 64km，总面积 5550km²，包括儋县、临高、澄迈、琼山、海口 5 个地区。松涛灌区内含 19 个较大的灌溉系统，其中比较大的有黄竹分干渠、白莲东分干渠、白莲西分干渠、福山分干渠等。松涛水库通过白莲分干渠向海口市永庄、沙坡、玉凤中型水库以及美造、那卜、美崖、羊山、东城小型水库补水，通过黄竹分干渠，向海口琼山区的羊山地区、东山、新坡等灌区输水，以解决农田灌溉水不足的问题。

黄竹分干灌溉系统现有效灌溉面积 1.223 万 hm²，主要灌区包括海口市琼山区的羊山地区、东山、新坡等，同时黄竹分干渠为澄迈县美亭水库补水，并向美亭、瑞溪等地提供灌溉用水。黄竹分干灌溉系统已建有美亭、岭北等中型水库，美玉、大美、道兴、东寨等小（1）型水库，此外，还与一些小（2）型水库及引水等工程联合供水。

白莲东分干灌溉系统现有效灌溉面积 7493hm²，主要灌区包括海口市秀英至长流、荣山一带，以及琼山美安、永兴等地。白莲东分干灌溉系统内已建有永庄、沙坡、玉凤等中型水库，以及美造、那卜、美崖、羊山、东城等小（1）型水库，此外还有一些小（2）及引水工程联合供水。除玉凤水库和那甲引水与松涛渠道无水力联系外，其他水库均有水力联系。

2012 年，松涛水库向海口市总供水 6810 万 m³，其中农业用水 3310 万 m³（秀英区 2410 万 m³，龙华区 900 万 m³），永庄水库补水量 1700 万 m³，沙坡水库生态补水量 1800 万 m³，为海口市的生活、生产、生态提供了保障。

6.6　南渡江引水工程

6.6.1　工程建设意义

海口市现有供水水源供水能力有限，无法支撑城市的发展，预计 2030 年海口市总人口将达到 290 万人，主城区及产业园区仍将出现 2.46 亿 m³ 的供水缺口，急需规划建设新的城市供水水源，以满足城市用水增长需求。

南渡江为海南省第一大河流，水量丰沛，其水量最终流经海口市入海，龙塘断面实测多年平均径流量 52.56 亿 m³，枯水期 95% 的平均流量为 32.4m³/s，迈湾水库建成后，2030 年枯水期 95% 的平均流量可以提到 46.1m³/s，可以作为海口市的城市供水水源解决城市用水问题，保障供水安全。

南渡江引水工程的建设可使羊山地区新增灌溉面积 10.16 万亩，其中耕地 8.51 万亩，园地 1.65 万亩，项目实施后最大每年可新增灌溉效益 8837 万元，可极大地促进当地农业的发展，提高农民收入水平，符合社会主义新农村建设的需要。结合南渡江引水及五源河综合整治工程的实施，连通永庄水库与沙波水库，可以承泄部分涝水量，在综合改善城市水环境、提升人居环境、改善城市景观建设中起到积极的作用。总之，本工程建设对促进海口市国际旅游和生态城市建设、保障经济社会可持续发展具有十分重要的作用。

6.6.2　工程规划

海南省海口市南渡江引水工程是以城市供水、灌溉为主，兼顾改善生态环境的综合利用工程，工程建设符合国家产业政策和有关规划，工程建成运行后，将大大提高海口市的供水能力和供水安全的保障程度，后期配合迈湾水利枢纽工程，可从根本上解决海口市主城区供水及羊山地区农业用水，从而为保障海口市经济社会发展发挥重要作用。本工程施工及运行过程中在认真落实评价所提出的各项环境保护和监控措施的前提下，工程对环境及生态的不利影响可以减至最低，工程建设可以满足环境保护的要求，不会加重区域环境污染和生态破坏。

本书预计建设期安排施工总工期 48 个月，第一年 7—12 月为施工准备期，共 6 个月，期间完成施工场地填筑、交通、水电、通信等准备工作、导流工程等；第一年 11 月至第五年 3 月为主体工程施工期，共 41 个月，与施工准备期搭接 2 个月，施工东山取水泵站、闸坝，同时进行黄竹分干渠扩建及永兴泵站、取水灌溉泵站以及海口城市供水、灌区配套工程、五源河综合整治工程、永庄水库～沙坡水库连通工程等的施工，第五年 4—6 月为工程完建期，共 3 个月，在完建期，龙塘灌区灌溉泵站、管线、田间工程以及连通工程等已完成主体工程，具备通水条件，第五年 6 月竣工，施工总工期共 48 个月，总工期含施工准备期、主体工程施工期及工程完建期。

根据 GB 50201—94《防洪标准》、SL 252—2000《水利水电工程等级划分及洪水标准》和 SL 430—2008《调水工程设计导则》，海口市南渡江引水工程等别为Ⅱ等，工程规模为大（2）型，闸坝、提水、输水工程等主要建筑物级别为 2 级，设计洪水标准为 50 年一遇，并用更高一级的洪水标准进行校核，校核洪水标准为 200 年一遇。所有水文设施工程正常运行，达到预期目标并发挥整体效益的年份设计为 2030 年。主城区及产业园区城市生活、工业设计保证率为 95%，灌溉设计保证率为 90%。

6.6.3 工程建设内容

本书由水源工程、输配水工程、五源河综合整治工程组成，其中水源工程包括闸坝工程和提水工程。在南渡江东山镇设置提水泵站，通过输水管道提水到高地，然后穿岩凿洞沿输水箱涵顺坡而下，串连沿途诸座水库（含沙坡水库、永庄水库等），入五源河、连通城市水系，至后海村入海。

6.6.3.1 水源工程

(1) 闸坝工程。

东山闸坝（坝拦河闸板工程）选址位于东山镇上游约400m处，其建设规模为：东山闸坝坝正常高15.0m，坝顶全长401m，其中左岸连接段长52m，泄水冲沙闸坝段长260m，鱼道长9m，右岸连接坝段长80m。泄洪冲沙闸设13孔，单孔宽16.0m，闸底板高程10.0m。

东山闸坝作为南渡江引水工程的水源工程的主要功能是为保证城市供水和羊山灌区灌溉用水可靠的取水水位。东山闸坝设计运行水位15m，相应泄流量为387m³/s，闸坝下游河道生态流量为10m³/s。

东山闸坝主要是为保障抽水泵站维持可靠稳定的取水水位而设，闸坝正常运行水位15.0m，比坝址处零流量对应水位12.5m仅壅高2.5m，其泄洪规模较大，可基本维持天然泄洪状态，根据水库运行方式，当坝址来水量大于387m³/s时，闸坝敞泄。根据回水外包线，库区回水末端距坝里程为7.3km。

(2) 提水泵站工程。

提水工程共设置3个泵站，分别从东山闸坝和龙塘坝引水。在东山闸坝左岸设置1个泵站，从南渡江引水，供水对象主要为海口市中西部主城区（含791项目区、狮子岭工业园区）、美安科技新城和羊山新增灌区（含永兴片、昌旺片、龙泉片）。在龙塘坝址左、右岸分别设置1个泵站，从南渡江引水，其中龙塘右泵站供水对象主要为海口市东部主城区和云龙产业园供水，龙塘左泵站供水对象主要为羊山新增灌区龙塘片灌溉用水。

1) 东山泵站。东山泵站位于海口市东山镇上游南渡江干流河床左岸，东山坝址上游约200m处，为有坝取水，工程级别为2级，设计流量为11.78m³/s，设计运行水位为14.89m，设计洪水位23.76m。

东山泵站设计流量为供水、灌溉设计流量之和。其中东山泵站向永庄水库补水设计流量为6.92m³/s，向美安科技新城补水设计流量为1.58m³/s，向羊山新增灌区（永兴片、昌旺片、龙泉片）灌溉提水设计流量2.73m³/s，加大流量按设计流量20%计，为3.28m³/s。因此东山泵站设计流量为11.78m³/s。

2) 龙塘右泵站。龙塘右泵站位于南渡江下游龙塘坝上右岸，为有坝取水，龙塘右泵站不属于输水主管线工程，工程级别为3级，设计流量为3.06m³/s，设计洪水位为16.79m，设计运行水位为8.23m。

龙塘右泵站设计流量为海口市东部主城区和云龙产业园供水设计流量之和。其中龙塘右泵站向东部主城区供水流量为 $2.19m^3/s$，向云龙产业园供水设计流量为 $0.87m^3/s$。因此龙塘右泵站设计流量为 $3.06m^3/s$。

3）龙塘左泵站。龙塘左泵站位于南渡江下游龙塘坝上左岸，为有坝取水，龙塘左泵站不属于输水主管线工程，工程级别为3级，设计设计流量为 $2.18m^3/s$，设计洪水位为16.79m，设计水位为8.23m。

龙塘左泵站设计流量为龙塘片灌溉用水。龙塘片渠首设计流量为 $1.82m^3/s$，加大流量按设计流量加大20%计，为 $2.18m^3/s$。因此，龙塘左泵站设计流量为 $2.18m^3/s$。

6.6.3.2　输配水工程

输配水工程由3条城市供水灌溉干线、黄竹分干及各灌片干管、分干管、支管及水池（或水塔）、配套泵站等所组成。其中，黄竹美安分水泵站为供水灌溉相结合的提水泵站，接驳东山至昌旺水库线路输水，分别向美安科技新城、黄竹分干输水。

（1）输水管线。

1）供水管线。①东山—永庄水库供水管线：由东山闸坝引水至永庄水库，设计流量为 $6.92m^3/s$，线路全长26.94km，其中输水管道2.04km，输水箱涵11.92km，输水隧洞12.98km。②东山—美安科技新城供水管线：由美安分水泵站处引水至玉凤水库，供水对象为美安科技新城，设计流量为 $1.58m^3/s$，线路全长11.75km，其中管道6.80km，箱涵4.95km。③龙塘—云龙产业园—江东水厂供水管线：龙塘右泵站向江东水厂供水流量为 $1.48m^3/s$，龙塘右泵站向云龙产业园供水流量为 $0.58m^3/s$，合计 $3.06m^3/s$。龙塘右—昌德段输水管道2.49km，昌德—江东水厂段线路8.54km，昌德—云龙段线路1.28km，合计12.31km。

2）灌溉管线。南渡江引水工程新增灌区面积共10.16万亩，分为龙塘片、龙泉片、昌旺片、永兴片4片。灌区设引水渠首2处，灌溉方式采用泵站—管道—水塔（水池）—田间相互结合的灌溉方式，铺设灌溉总干管（DN1000玻璃夹砂钢管）9.22km，灌溉干管（DN700玻璃夹砂钢管）25.59km，灌溉支管（DN450玻璃夹砂钢管）42.40km，灌溉斗管（DN250 PVC管）108.96km，分区水塔（水池）17座，分块水池（水塔）246座。

3）输水主管线。本工程输水主管线为东山泵站—永庄水库输水线路，设计流量为供水、灌溉之和。经计算，东山泵站—美安黄竹分水泵站设计流量为 $11.78m^3/s$；美安黄竹分水泵站—永兴片设计流量为 $7.21m^3/s$；永兴片—永庄水库设计流量为 $6.92m^3/s$。

（2）灌溉泵站。

南渡江引水工程新增灌区设置灌溉泵站10座，设计流量 $8.11m^3/s$，其中黄竹美安分水泵站为供水灌溉相结合的提水泵站。黄竹美安分水泵站设计流量为供水、灌溉设计流量之和；其他灌溉设计流量由田间至支、干输水系统逐级考虑流量输水损失累加至提水泵站得到提水泵站设计流量，加大流量按设计流量加大20%计。

6.6.3.3　五源河整治工程

五源河是由发源于海口市秀英区永兴镇和石山镇的五条小溪汇集而成，规划在五源河下游贰金村附近修建清濒湖，湖区左边紧邻长流一号路。清濒湖水系包括清濒湖湖体和周边的五源河及贰金排涝沟。清濒湖是一个人工开挖为主的湖泊，原规划湖区水域面积约 1km²，平均水深 2m。清濒湖工程是集城市生态、景观旅游、区域防洪、水资源综合利用等多种功能于一体的综合性工程，也是海口新城区乃至整个海口市城市发展规划的点睛之笔。工程全面建成后，为使该地区的生态环境状况得到极大改善，地区的经济建设与环境建设得到同步协调发展，实现地区社会经济的可持续发展的总目标，将采取各种水环境保护措施，使清濒湖水系水环境质量达到 GB 3838—2002《地表水环境质量标准》中的Ⅳ类水标准。

清濒湖主要水源来自于五源河流域，根据五源河水环境质量评价，该河流水质为Ⅴ类。清濒湖在实施及运行过程中，将对清濒湖采取严格的水环境保护综合防治措施，包括闸门调控措施、截污措施、注水措施、挡污措施一级环湖带植被、清濒湖水体、进出口等生态系统配置措施以及水环境保护应急措施等，使得清濒湖水环境质量保持不劣于Ⅳ类水。该湖有毒有害物质浓度较少，比普通城市污水的水质要好得多，完全可以进行二次利用。但考虑到清濒湖形态为河道型湖泊，本身即为五源河下游河道的一部分，不可避免地受到一定的污染。因此，清濒湖水二次利用时，一定要对其水质进行实时监控，满足不同用水部门对水质的不同要求。

清濒湖水量较大，与城市污水相比水质也好，该水经处理后，其水质应该可以满足城市生活杂用及工业用水要求，完全可以作为城市生活杂用水、工业用水、城市河湖景观用水、农业灌溉以及地下水回灌水等。

（1）清濒湖成湖方案研究。

清濒湖是一个人工开挖为主的湖泊，根据《海口市防洪（潮）规划》资料，规划湖区水域面积约 1km²，平均水深 2m。这里利用 MIKE21 软件来模拟清濒湖的几种成湖方案的流场，并对添加设计小岛前后控制点的流速做了对比分析，确定合理的清濒湖成湖方案。初步拟定在原规范方案（方案一）基础上，增加三种成湖方案：①湖中修建一个小岛，面积约 4000m²，这里称为方案二；②西北部修建一小岛，面积约 1500m²，为方案三；③方案四为方案二与方案三的结合，即在中部和西北部各修建一小岛，如图 6.29 所示。

（2）模型设计及参数选择。

利用 MIKE21 水动力模块（HD）和对流扩散模块（AD）进行数值模拟，清濒湖二维数学模型采用矩形网格，网格大小为 10m×11m，研究区域约 1km²。

涡粘系数：根据 Smagorinsky 公式确定

$$E = C_s \Delta^2 \left[\left(\frac{\partial U}{\partial x} \right)^2 + \frac{1}{2} \left(\frac{\partial U}{\partial y} + \frac{\partial V}{\partial x} \right)^2 + \left(\frac{\partial V}{\partial y} \right)^2 \right] \tag{6.1}$$

式中：U，V 为 x，y 方向垂线平均流速；Δ 为网格间距；C_s 为计算参数，一般取

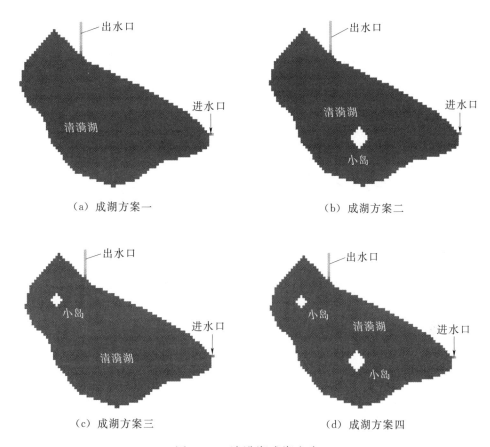

（a）成湖方案一　　　　　　　　　　　　（b）成湖方案二

（c）成湖方案三　　　　　　　　　　　　（d）成湖方案四

图 6.29　清漪湖成湖方案

$0.25 < C_s < 1.0$。在 MIKE21 水动力学模型中一般取 $0.5 < E < 1.0$。

干湿边界：为保证模型计算的连续性，采用"干湿判别"来确定计算区域由于水位涨落产生的动边界，当计算区域水深小于 0.2m 时，改计算区域为"干"，不参加计算；当水深大于等于 0.3m 时，该区域为"湿"，重新参加计算。

边界条件：①上游进水口采用 $5 m^3/s$ 的恒定流量边界，下游出水口处采用五源河下游河道景观用水要求的水位值 6.53m。②水质边界条件根据五源河水质现状和 GB 3838—2002《地表水环境质量标准》中 Ⅴ 类水标准给定，清漪湖进、出水口 COD 浓度值取恒定值 40mg/L。

扩散系数：选取扩散系数最好的方法是根据实测资料来验证水质以最终确定。但由于清漪湖尚处在规划阶段，并没有实测资料，因此参考相关文献和资料，取扩散系数为 $0.05 m^2/s$。

（3）计算结果分析。

1）水动力结果分析。

利用 MIKE21 对清漪湖流场水力条件进行流场模拟计算，如图 6.30 所示。模拟结果显示，方案一中的进出水口流场都比较紊乱，且在进水口附近产生漩涡。为使湖

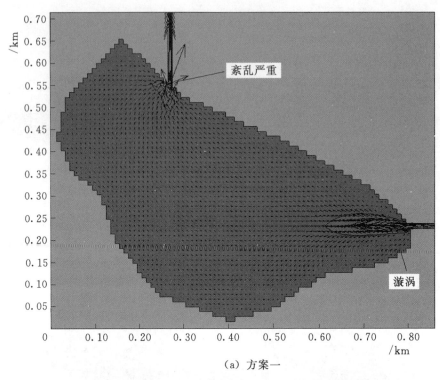

（a）方案一

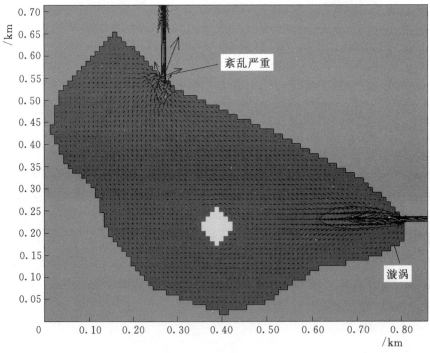

（b）方案二

图 6.30（一）　四种成湖方案

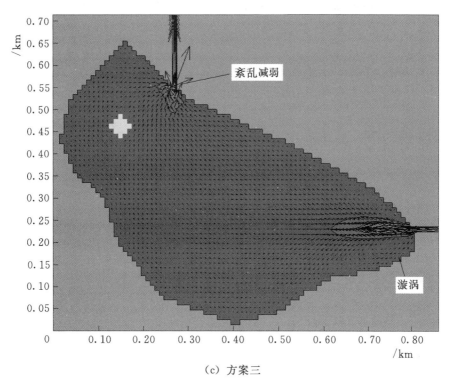

（c）方案三

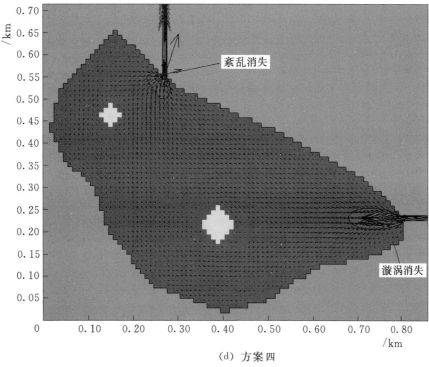

（d）方案四

图 6.30（二） 四种成湖方案

泊内水流平缓，从经济和水动力两方面考虑，在湖泊中添加小岛以改善湖泊中部及西北部死水区的水动力条件，因此设计了 4 种成湖方案。图 6.30（b）显示，当在湖中建一小岛后，进水口流场比原方案缓和了一点，漩涡虽然没消除，但在一定程度上减弱；在方案二与方案三基础上建立的方案四［见图 6.30（d）］显示，湖中小岛与西北部小岛对进出水口的流场都有明显的改善，进水口附近的漩涡消失了，出水口处的紊乱状态也没有了，湖内水流较原规划方案平缓了很多。为了对各方案的湖内流速进行对比分析，特在湖泊内取了 11 个计算控制点，如图 6.31 所示。

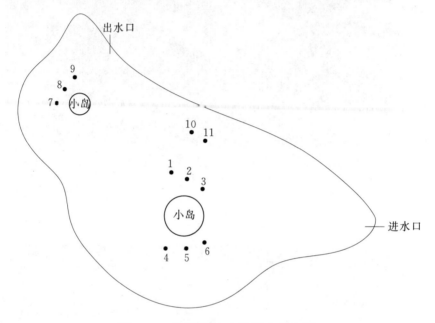

图 6.31　清漪湖流速控制点分布图

现对上述四种方案的湖内 11 个控制点的平均流速进行分析研究，见表 6.6。表中控制点位置如图 6.31 所示。

表 6.6　　　　　　　　　清漪湖四种成湖方案的平均流速对比分析表

区域	控制点	方案一	方案二		方案三		方案四	
		流速/(m/s)	流速/(m/s)	比方案一增加/%	流速/(m/s)	比方案一增加/%	流速/(m/s)	比方案一增加/%
中部	1	0.0171	0.0229	33.92	0.0171	0	0.0229	33.92
	2	0.0171	0.0255	49.12	0.0171	0	0.0255	49.12
	3	0.0171	0.0243	42.11	0.0171	0	0.0243	42.11
南部	4	0.0111	0.0147	32.43	0.0111	0	0.0147	32.43
	5	0.0116	0.0153	31.90	0.0116	0	0.0153	31.90
	6	0.0122	0.0157	28.69	0.0122	0	0.0157	28.69

续表

区域	控制点	方案一	方案二		方案三		方案四	
		流速 /(m/s)	流速 /(m/s)	比方案一 增加/%	流速 /(m/s)	比方案一 增加/%	流速 /(m/s)	比方案一 增加/%
西北部	7	0.0120	0.0118	−1.67	0.0171	42.50	0.0168	40.00
	8	0.0143	0.0142	−0.70	0.0148	3.50	0.0147	2.80
	9	0.0128	0.0127	−0.78	0.0179	39.84	0.0176	37.50
北部	10	0.0188	0.0204	8.51	0.0189	0.53	0.0205	9.04
	11	0.0188	0.0201	6.91	0.0188	0	0.0202	7.45
均值		0.0148	0.0180	20.95	0.0158	7.85	0.0189	28.63

从表 6.6 可以看出，原规划的清漪湖成湖方案水体流动性最差，方案四的湖泊中部及西北部死水区的水体流动性最好，11 个控制点的流速增加百分比均值达到 28.63%，其次为方案二。但方案二的西北部（点 7、点 8、点 9）区域流动性减弱了，根据水力学中的圆柱绕流现象分析可知，因为湖中建小岛后，西北部几个控制点很有可能位于湖中小岛的降速增压区，所以会出现比方案一小的现象。因此，在方案二基础上再修建西北部的小岛，对于整个清漪湖的水体流动性都有明显的改善，在一定程度上防止了湖内发生富营养化现象。

2）水质结果分析。

以方案四为例，从五源河调水进来，持续 1d 后湖泊 11 个控制点的水质变化（COD 浓度变化）结果如图 6.32 所示。

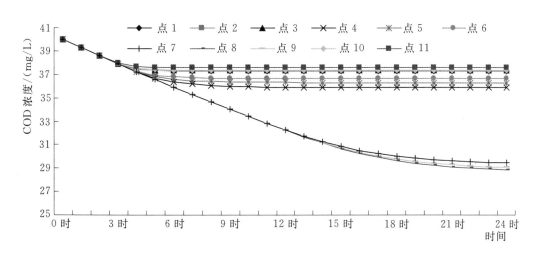

图 6.32 COD 浓度变化过程线

从图 6.32 可知：经一两天调水后，清漪湖中部、南部及北部的 8 个点（点 1～点 6、点 10 和点 11）的 COD 基本趋于一个稳定值，平均浓度约为 37mg/L，平均去除率为 7.5％，为Ⅴ类水标准，其主要原因是：①水质模型计算时，采用进水口的水质边界条件值为 40mg/L，也就是说进入清漪湖的水还是Ⅴ类水标准。②由于清漪湖面积比较大，水流进入湖内突然扩散，其流速立即减少很多，污染物的扩散速度也减少了很多，且随着湖内流速趋于稳定，其污染物浓度值也趋于稳定。③这 8 个控制点都离进水口较近，随着进水口的Ⅴ类水源源不断流进来，这 8 个点的浓度也一直维持在一个较高值。因此，想要使得清漪湖调水收到良好的效果，应先对五源河截污控源，保证引水源的水质，然后再调水进清漪湖。

而图 6.31 中的点 7～点 9 位于清漪湖西北部，离出水口较近，受进水口的Ⅴ类水影响较小，且这三个点位于西北部小岛的增速降压区，更有利于污水的流动，正因为这种特殊的地理位置，使其平均浓度值可以降至 29mg/L，达到Ⅳ类水标准。由此可知，要维护清漪湖水质的良好状态，需要定期进行换水，且调水的实施要以截污控源等综合措施为前提，严格控制调水水源的水质，这样才能达到理想的效果。

综上所述，清漪湖在原有规划方案下，进行了更深一步的探讨，从水动力学及经济性考虑，在湖的中部及西北部各建一个小岛，能使湖内水流流动顺畅，基本消除了进水口的漩涡，并从 11 个流速控制点的对比分析可知，方案四确实对湖内的平均流速有增加的作用。因此，在修建清漪湖时，建议采用成湖方案四；而当清漪湖发生富营养化时，采用调水措施来整治其水生态环境是一个可行的办法，但要结合截污控源等综合措施，才能发挥应有的效应。

6.7 海口市其他水系连通工程

6.7.1 永庄水库—秀英沟连通工程

海口市永庄水库于 1959 年建成，是城市饮用水源地，集雨面积达到 10.53km²，库容为 1015 万 m³，年平均径流量为 2369.25 万 m³，属于多年调节水库，主要为城乡生活供水。秀英沟发源于海口市叶里村，流域面积为 10.2km²，干流河长 4.55km，现状宽约 6～10m。秀英沟共有两条支沟，东支沟上游建有工业水库及引水渠，西支沟从向荣村向北沿现状沟下泄，东西两支沟在海榆西线南侧汇合，穿过海榆西线，在秀英港西侧入海，沟渠狭小，弯曲较多。

现状情况下，秀英沟为独立入海的河流，水环境较差，一方面，城市排污、农业面源及河湖内源污染较为严重；另一方面，城区河流径流主要为降雨补给，由于降雨汛枯分布不均，加之城区内河道枯水期缺水严重，水动力条件差，导致河道淤积、河湖萎缩、水体自净能力下降等水生态环境问题。水质现状均为劣Ⅴ类，局部存在黑臭水体现象，治理水质目标均为Ⅴ类，完成时间为 2019 年。

根据《海口市海秀片区控制性详细规划（2007—2020）》和《海秀公园规划》，秀英沟沿线将建设成一个带状的海秀公园，秀英沟及工业水库成为海秀公园内的水体，水面被拓宽，局部形成景观湖，环绕水体建设滨水景观带，共分为 11 个园区。在上述规划水面设计的基础上，通过利用现有废弃河道以及新开挖河道的方式，将永庄水库与秀英沟上游西支连通起来，以方便从永庄水库向秀英沟补水，保持秀英沟常流水状态，保障其水质达标。

本工程建设目的主要是通过利用现有废弃河道以及新开挖河道的方式，将永庄水库与秀英沟上游西支连通起来，提高水资源调配，从永庄水库为秀英沟补水，提高河流水动力条件，增强水资源水环境承载力，提高水体自净能力，保护水域生态环境。

建设内容包括水系连通工程、河道治理工程、水环境修复工程等，引水线路设计规模 1.5m³/s，新建引水渠道 2.1km，新建或加固堤防护岸 4.8km，河道疏浚改造长度 2.4km，清淤量为 14.4 万 m³，新建或改造涵闸 5 座。连通工程实施后，城区将增加新的水系通道，增加水面面积，平均每年枯水期可向秀英沟河道补水 36 万 m³，增加水面面积 0.08km²，防洪受益面积达到 2.07 万亩。通过河道治理工程，城区防洪标准达到 20 年一遇，排涝标准达到 10 年一遇。城区水生态安全得到保障，改善居民生活环境，提高水福利，促进海口市和谐发展。

6.7.2　潭览河—迈雅河—南渡江连通工程

潭览河、迈雅河位于海口市出海口处，现状水系较为复杂，下游分支入海，河道淤堵严重，发生洪水时滞洪区水位持久不下，居民所住地被淹没，直接影响到人民的生命财产安全。河道现状水质较差，水量较小，与南渡江没有连通，与江东发展休闲度假、建设国家级滨海生态旅游示范区的定位不符。规划连通潭览河—迈雅河、潭览河—南渡江、迈雅河—南渡江水系，并在南渡江新村下游 300m 建设景观闸，在枯水期关闸抬高南渡江水位，形成景观水位，并向迈雅河、潭览河补水。在汛期开闸泄洪，并向迈雅河、潭览河分洪，减少南渡江下游河口压力。

本书建设内容：在潭览河与迈雅河之间开挖连通河道，长度约 2.9km，宽度约 30～55m。将迈雅河、潭览河与南渡江连通，并在南渡江下游建设景观闸，连通河道长度约 3.4km，宽度约 30～55m。对河道进行整治、清淤，治理长度 9.1km。修建生态护岸、堤防工程约 12.6km，新建南渡江景观水闸 1 座。

连通工程实施后，可增加新的水系通道，提高河道的行洪能力，承担汛期南渡江的分洪压力，河道累计补水 459 万 m³，可增加水面面积 0.3km²。南渡江景观水闸工程建设后，形成稳定的景观水面，为海口市增添了一处水利风景区，为江东建设滨海旅游休闲度假区提供了生态条件。

6.7.3　松涛黄竹分干渠—羊山水库连通工程

松涛水库及灌区是海南省主要的水务工程，于 1958 年兴建，1970 年基本完建，总面积为 5866km²，占全省总面积的 17.3%。松涛水库是灌区的主要水源，渠首位于那大镇南面的南茶村附近，总干渠自渠首引水后北行 6.68km，分东、西两条输水干渠向东、西两个灌区供水。其中黄竹分干渠为东干渠，海口市境内长度 26.5km，有支、斗渠 13 支，长 41.4km，灌溉面积 1.414 万亩。

海口市羊山水库位于沙坡水库以南，于 1959 年建成，集水面积 10.9km²，总库容为 222 万 m³，年平均径流量为 520 万 m³，属于周调节水库，主要为农业灌溉供水。

现状情况下，羊山水库主要为农业灌溉供水，枯水期缺水严重，由于水动力条件差，导致下游河道淤积、河湖萎缩、水体自净能力下降等水生态环境问题。同时拟将羊山水库打造成水利风景区，与沙坡水库、白水塘湿地结合起来形成一处大型旅游度假节点，共同促进海口市旅游业的发展。所以在上述规划水面设计的基础上，通过利用现有或废弃的河道以及新开挖河道的方式，将黄竹分干渠与羊山水库连通起来，以方便从松涛水库向羊山水库补水，进而为下游河道补水。

本工程建设目的主要是通过新建河道，将松涛黄竹分干渠与羊山水库连通，从而松涛水库通过黄竹分干渠与羊山水库连通，补水羊山水库的同时进而补水给白水塘湿地，通过响水河排水入南渡江，形成连通格局，提高水资源调配，增强水资源水环境承载力，提高水体自净能力，保护水域生态环境。

建设内容包括水系连通工程、河道治理工程等，引水线路设计规模 3.0m³/s，新建引水渠道 12km，宽约 5～10m，新建或加固堤防护岸 12km，河道疏浚改造长度 12km，清淤量为 2.4 万 m³，新建或改造涵闸 3 座。

连通工程实施后，城区将增加新的水系通道，增加水面面积，平均每年枯水期可向羊山水库及下游河道补水 2100 万 m³，且通过河道治理工程，城区防洪标准达到 20 年一遇，排涝标准达到 10 年一遇，防洪除涝受益面积达 2.5 万亩。保障了城区水生态安全，改善了居民生活环境，提高了水福利，促进了海口市和谐发展。

6.7.4　灵山干渠—芙蓉河连通工程

芙蓉河现状下游段较宽，平均可达 50m，中游段也被修建为宽度较窄的渠道，宽度仅为 10～20m，河道两岸布满鱼塘、虾塘，水流不畅，河道被挤占现象严重，水流流通性不良，现状水质较差。上游段部分支汊被养殖鱼塘隔断挡流，与周围水系都不连通。

建设内容：在灵山干渠与芙蓉河之间开挖连通河道，长度约 3.1km，宽度约 10～20m，对河道进行整治、清淤，治理长度约 8.6km，修建生态护岸、堤防工程约 7.8km，新建涵闸 3 座。

连通工程实施后，提高了芙蓉河的水系连通性，河道整治工程提高了防洪标准，防洪受益面积达到 2.4 万亩，河道累计补水 135 万 m³，可增加水面面积 0.05km²。

6.7.5　道孟河—南渡江连通工程

道孟河位于海口市出海口，现状河道弯曲，河道宽度差异性较大，入海口处有较大范围的浅滩，水深较浅。上游河道几乎被人为填平，只剩下很小的沟道，不再与南渡江直接连通，由于河道流量小，河道过水面积急剧减小，影响了行洪排涝能力。沿河生活污水及养殖废水排入河中，河水水质较差，河道淤堵也较为严重。

建设内容：在道孟河与南渡江之间开挖连通河道，长度约 1.8km，宽度约 25～50m，对河道进行整治、清淤，治理长度约 9.3km，修建生态护岸、堤防工程约 7.2km，新建涵闸 3 座。

连通工程实施后，提高了南渡江与道孟河的水系连通，增强了水体的流动性，提高了水体自身净化能力。汛期道孟河可以承担南渡江的分洪压力，护岸和堤防工程的建设可以提高保护区的防洪标准，防洪除涝受益面积达到 1.4 万亩，河道累计补水 153 万 m³，可增加水面面积 0.1km²。

6.8 小结

为解决水资源分布不均问题，海口市陆续建设了一些水系连通工程，人为地改变了自然水系的连通格局。本章介绍了海口市重点河流、湖泊、水库等水系分布和基本特征，阐述了海口市河湖水系连通格局，着重介绍了江东水系和龙昆沟水系连通工程，并利用 MIKE 模型模拟评估了该工程建设对改善水动力条件和水质提升的效果。

第7章 海口市需水预测

准确合理地预测未来区域水量需求是分析水资源供求关系、合理配置水资源等的基础，也是水资源有效规划和高效管理的前提。其准确性直接决定了水资源供需关系的可靠性，是水资源配置合理性的基础，在整个水资源管理中占有重要地位。

7.1 系统动力学基本原理

系统动力学强调必须在了解掌握内部结构组成的前提下，挖掘系统各部门相互交叉作用，把握参数物理意义及合理取值范围，从内部寻找行为发生的原因和发展方向，以减少外部扰动对系统行为的影响，尤其擅长处理非线性、多重反馈关系、复杂时变的系统分析模拟问题。

系统动力学模型结构主要由"流（flow）""积量（level）""率量（rate）""辅助变量（auxiliary）"4 种类型元素组成。其中"流"包括了订单流、人员流、现金流、设备流、物流与信息流，表明系统运行过程中物质、信息、能量等流动方向，反映了系统组织的基本运作结构。"积量"又称作水平变量、状态变量，是"流"传递的物质、信息、能量等在时间间隔上的积累，常见的积量有人口、物资、财产等可见积量以及能量、压力、信息等不可见积量。"率量"即速率变量，主要反映"流"的速度，包括了流入速率和流出速率，如果说水平变量相当于不断接受和转移物质、信息、能量的容器，速率变量就是控制其出入容器的快慢的阀门。"辅助变量"是表达系统内部机理和变量相互关系的量化值，通常是常数项、状态变量、速率、其他参数值和测试函数的任意组合。在一定时间间隔内，水平变量的变化量等于流入流出速率差在时间上的积累，而通常复杂系统的"流"从输入到输出响应总存在一定时间上的延迟，可以说模型的本质是时滞一阶微分方程组。

系统动力学模型建模基本方法包括了因果关系图、系统流图、变量方程、计算机仿真等。因果关系图反映了系统组成要素相互之间的因果特征，用因果关系链的方向和极性分别描述了系统各要素之间的因果逻辑和正负相关关系，多条因果关系链相互连接构成了反馈系统，对外表现出历史行为对未来行为的影响。系统流图由积量、率量、流关系等符号构成，直观形象地归纳了系统运行所包含的基本结构和动态特征。因果关系图和系统流图都是系统结构的表达方法，概化了系统整体框架，变量方程则是用明确的参数和函数关系量化系统，通常有水平方程、速率方程、辅助方程三种，分别对应于水平变量、速率变量、辅助变量三种变量类型。

系统动力学建模过程有以下步骤：①认识了解系统过程，确定模型目标；②构建系统动力学过程；③明确系统因果关系，绘制因果关系图和流图；④进行参数估计或情景设置；⑤检查模型结构，进行模型运行测试；⑥模型运行计算。

7.2 需水预测系统介绍

需水预测是指根据区域经济社会发展及用水现状，推算未来区域总需水量，为水资源的规划管理、供需关系分析、水资源合理配置等工作提供依据。需水预测涉及经济社会的方方面面，通常按照用水户的性质分为居民生活、工业建筑业、第三产业、农业发展和生态维护五个板块，如图7.1所示。

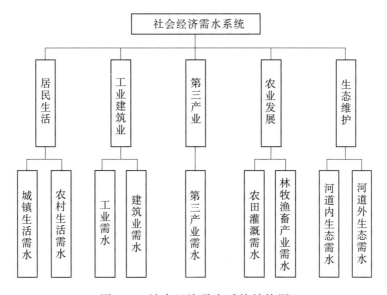

图 7.1　社会经济需水系统结构图

居民生活需水包括了城镇居民需水和农村居民需水两部分，区域发展带来的城乡差异，使得城镇与乡村在用水设施和节水意识上存在一定区别，二者在需水预测工作中需分开考虑。本书采用定额法分别对城镇和农村进行居民生活需水预测，该方法是综合考虑社会经济发展状况、生活消费水平、节水技术的推广应用、水资源管理水平、城镇化发展进程等多方面因素制定居民用水定额，采用人口与用水定额乘积作为区域居民生活需水量计算结果。

工业和建筑业是支撑区域城市化进展的重要基石。在需水系统中，通常用万元增加值用水量作为指标，考虑经济发展和用水效率相互作用下的水资源需求。首先根据城市资源条件、重点发展区域和城市综合规划,基于历史发展趋势和经济学者研究成果,把握区域发展特征,预测工业和建筑业的发展状况;再结合当前研究区域节水潜力评估结果和发达地区的第二产业用水效率发展轨迹,估计未来工业建筑业发展的水量水质要求。

第三产业即服务业,包括了物流交通、信息传输、文体娱乐、社会福利等非物质生产产业。第三产业需水通常使用与第二产业需水计算类似的方法,即是考虑产业用水效率和发展规模的共同影响结果。采用万元第三产业增加值用水量作指标,立足当下用水效率和节水潜力评估,同时考虑区域经济发展定位,预测未来第三产业的经济发展状况和水资源需求。

农业发展需水主要表现为农田灌溉需水和林牧渔畜产业发展需水,是通过蓄、引、提等工程设施把水输送给农田、林地、牧地、渔场,以满足作物和牲畜生长繁殖要求的水量。农田单位灌溉需水量除了与渠系输水和田间灌水过程中的蒸腾蒸发量、深层渗漏、地表径流损失有关,还与灌溉质量和农田水分生产效率有关。通常采用基于灌溉定额的需水预测方法,涉及指标为综合净灌溉定额、灌溉面积以及灌溉水利用系数。林牧渔产业发展主要取决于产业占地面积,需要综合考虑土地利用规划、林牧渔产业的现状单位需水量和节水措施的推广。牲畜的单位用水量变化空间较小,主要取决于产业发展规模。

生态需水包括河道内生态需水和河道外生态需水两部分。通常来说,河道内的生态基流量可以用最小月径流量法、典型年最枯月径流量法、多年平均汛期输沙流量等确定,对于海口市最重要的河流南渡江,目前已有较多生态需水研究,包括了南渡江河口水资源生态效应分析与高效利用,南渡江流域综合规划环境影响评价报告,南渡江引水工程环境影响报告等。本书综合考虑现有研究成果,根据南渡江的具体情况,采用河流多年平均年径流量的 30% 作为河道内汛期生态需水,取 10% 作为非汛期生态需水。城市生态维护除了满足维持河流河道基本功能和河口生态环境稳定外,还需要考虑城市河湖补水、绿地建设、环境卫生等需求,在计算河道外生态需水时,可根据用水类型采用定额预测法,或以城镇生活需水的一定比例作为需水结果,本书采用城镇生活需水的 15% 作为河道外生态需水量。

7.3 海口市需水预测系统动力学模型

7.3.1 模型构建

需水预测模型是一个复杂、庞大的结构系统,内部各要素之间相互联结,相互作用,为更好地反映模型内部结构关系、动态模拟系统运行情景、对比参数变动带来的结果差异,根据以上对海口市需水预测系统的介绍,利用系统动力学理论,构建经济社会-生态环境-水资源复合系统流图如图 7.2 所示。

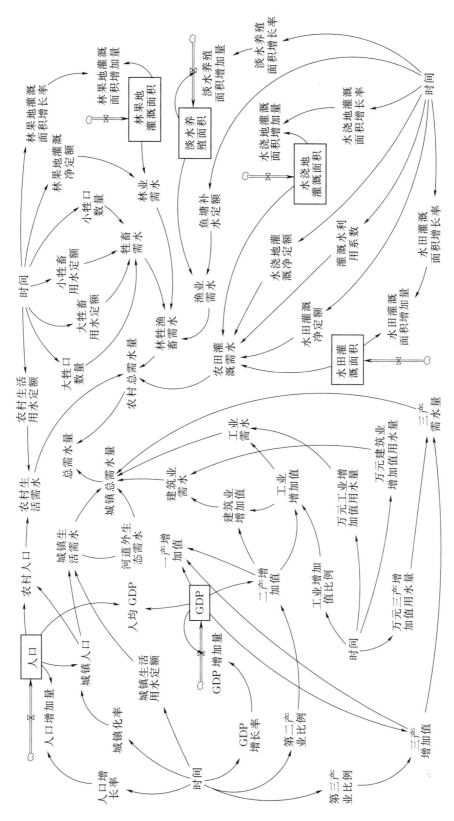

图 7.2　经济社会—生态环境—水资源复合系统动力学流图

7.3.2　参数估计

参数估计是系统动力学模型进行模拟计算关键的一步，参数准确可靠才能使得需水结果符合实际变化。而需水预测模型包含了经济社会、生态环境、水资源承载等多个子系统，涉及区域经济、社会习惯、人口变化、科技发展等多方面，更受政府管理、政策法规等人为因素影响颇深，在实际预测中很难精准地把握参数的变动。为更准确、科学估计未来水资源需求情况，在参数输入时，应紧密结合城市历史发展轨迹和未来规划、区域经济和产业发展战略、城镇建设目标和城市空间扩张、资源丰裕度和环境承载力等方面的研究成果，有根据地选择参数合理范围，尽可能减少建模者对需水预测模型的主观影响。

对于海口市需水预测模型，在参数估计时有以下需要注意的几个方面。

7.3.2.1　经济发展和产业结构

依托于海南岛国际旅游岛的目标定位，海口市目前大力发展旅游业，产业结构相对较为合理。但从产业类别效益和发达地区的发展经验来看，海口市农业基础薄弱，第二、第三产业具有一定优势，但竞争力较弱，特别是经济发展过分依赖房地产开发和旅游服务，第三产业结构层次单一，其飞速发展程度与民众经济收入不匹配。旅游业已成为海口市国民经济的支柱产业，但海口市旅游产业相对于其他产业，发展速度稍显缓慢。另外，旅游业扩张有利于城市经济规模的增长，但其作用有限，亦不可过分夸大旅游为海口市经济增长带来的效益。

从目前海口市经济增长轨迹及相关法规政策来看，近期海口市仍以旅游业作为主要发展方向，但为了减少对单一产业的依赖，海口市目前也有意调整经济结构，大力促进海口美安科技新城、永桂工业区、海南国际科技工业园等工业园区的发展。另外，虽然海口市的农业基础设施建设起步晚、现代农业设施投入不足，但其地理位置、水文气候、物质种类上优势明显，农业发展的潜力不可小觑。在经济发展和产业结构相关参数预计时，必须注意到海口市未来农业和工业存在的发展可能，调整各产业对海口经济的贡献比。

7.3.2.2　城市化发展和空间扩张

目前来说，海口市人口和经济的增长相对稳定，但居民生活、市政设施、科技创新等城市化发展水平还有待进一步提升。同时，基于城市生态学理论，城市生命和生态环境之间存在密切联系，根据生态城市可持续发展评价指标体系，对海口市生态可持续发展水平进行评价，发现经济社会呈现较强生命力，资源和环境因素对城市可持续发展制约效果明显。在相关参数估计时，必须注意到资源和环境分布对区域经济发展和人口密度局部差异的影响。

《海口市国民经济和社会发展第十二个五年规划纲要》中提出了海口市将按照国家主体功能区规划定位，努力打造区域中心城市，立足可持续发展和资源节约利用形成"东进、南优、西扩、北拓、中强"的新格局。东部将重点发展休闲度假、教育科研、空港物流等产业，以建设国家级滨海生态旅游示范区为目标。南部以生态农业发展为主，努力打造区域绿色生态休闲地。同时西海岸线新区将以商务会展、文化创意、科技研发、现代物流等生产性服务业，以建成高端人才生态宜居区和现代服务业核心集聚区为目标。而北部则充分利用琼州海峡的海洋资源，以游轮、游艇等休闲农业为主，发展高端旅游业。中部老城区则主要进行旧城改造和城市路网建设，进一步优化产业布局和完善基础措施。

海口市人民政府明确了各个区域的发展优势，加强了经济发展空间布局的控制力度，意味着各个行政区会依据其地理、资源等优势，有针对、有重点地发展各产业。这将改变区域经济发展速度和组成结构，耗水产业的分布也会牵扯计算区域的需水结构发生变化。在设置各计算单元发展参数时，应调查评估各单元各部门的发展空间和潜力，通过需水结构反映区域在人口密度、城市化水平、经济社会上的发展差异。

7.3.2.3 用水效率相关指标

用水效率指标是预测需水量的关键步骤，指标值设置过高，有可能造成供水过量，不利于节约型社会的建设要求，而指标值设置过低，也会难以满足社会经济发展需求。因此，用水效率指标的合理制定是需水预测模型结果合理可靠的基础。

用水效率指标与社会经济发展状况、生活消费习惯、节水技术的推广应用、生产力水平、水资源管理水平、城镇化发展进程等因素相关。通常根据区域用水规律和用水特点，基于统计数据给出用水指标或用水定额。为了更准确地把握海口部门用水消耗情况，本文在细读了历年海口市年鉴和统计公报调查结果、相似和相邻地区的用水定额、发达国家地区的用水指标变化轨迹、行业用水效率和节水潜力评估研究等成果后，参考海口市 2015 年度节水计划、海口市水务发展"十二五"规划、南渡江流域综合规划、海口市水系综合规划、海口市城市总体规划（2011—2020）等现有规划，在大量的数据调查基础上，对不同阶段的城市用水效率参数进行设置，尽可能符合实际需水情况。

7.3.3 模型检验

根据系统流图中的水平变量、速率变量、辅助变量、流和不同情景下的参数估计，利用 C♯ 编写基于系统动力学的变量方程，包括水平方程、速率方程和辅助方程。实现量化系统，反映各变量之间的因果关系。模型中的各类变量整理见表 7.1，其中城镇生活需水量、第二产业需水量、第三产业需水量、河道外生态需水量、农村生活需水量、林牧渔畜产业发展需水量和农田灌溉需水量是目标变量。

模型运行计算之前，有必要对模型进行合理性和有效性检验，以保证模型模拟运行成功且与实际系统行为相符。系统动力学模型检验通常包括了直观检验、运行检验和历史检验三个部分。①直观检验就是从系统内部要素的因果关系、变量定义、

表 7.1   模型中的各类变量

变量类型	变量名称
状态变量	人口、GDP、林果地灌溉面积、淡水养殖面积、水浇地灌溉面积、水田灌溉面积
速率变量	人口增加量、GDP增加量、林果地灌溉面积增加量、淡水养殖面积增加量、水浇地灌溉面积增加量、水田灌溉面积增加量
辅助变量	人口增长率、城镇化率、城镇人口、城镇生活用水定额、城镇生活需水量 GDP增长率、第二产业比例、第二产业增加值、工业增加值比列、工业增加值、建筑业增加值、万元工业增加值用水量、万元建筑业增加值用水量、工业需水、建筑业需水、第二产业需水量 第三产业比例、第三产业增加值、万元第三产业增加值用水量、第三产业需水量 河道外生态需水量 农村人口、农村生活用水定额、农村生活需水量 大牲口数量、大牲畜用水定额、小牲口数量、小牲畜用水定额、牲畜需水量 林果地灌溉面积增长率、林果地灌溉面积、林果地灌溉净定额、林业需水量 淡水养殖面积增长率、淡水养殖面积、鱼塘补水定额、渔业需水量 林牧渔畜产业发展需水量 水浇地灌溉面积、水浇地灌溉面积增长率、水浇地灌溉净定额、水田灌溉面积、水田灌溉面积增长率、水田灌溉净定额、灌溉水利用系数、农田灌溉需水量

方程量纲等方面，检查模型输入是否符合实际。②运行检验即检查模型代码的逻辑关系是否合理，主要是为了保证模型的顺利启动。③历史检验对比模型模拟结果与预期目标，查看结果与目标的偏差是否在可容忍范围内，以评估模型的可靠性。

C♯编写的需水预测模块成功运行，这样就自动实现了运行检验。在历史检验中，通常是采用模型模拟结果和历史数据对比进行检验，相对误差越小证明模型越符合实际情况。在海口需水预测模型中，采用 2015 年的预测结果和政府各部门公布人口、GDP 两个变量数据，进行对比（见表 7.2），结果显示模型结果与历史数据相差不大，各计算单元的偏差均在 5% 以内，可认为模型符合误差范围。

表 7.2   模型结果与历史检验结果

行政区	实际数据		经济社会高速发展情景				经济社会稳定发展情景			
	人口/万人	GDP/亿元	人口/万人	人口偏差/%	GDP/亿元	GDP偏差/%	人口/万人	人口偏差/%	GDP/亿元	GDP偏差/%
秀英	37.7	169.48	37.94	0.637	170.4	0.543	37.85	0.398	168.3	−0.696
龙华	65.54	494.34	65.61	0.107	491.1	−0.655	65.53	−0.015	489.8	−0.918

续表

行政区	实际数据		经济社会高速发展情景				经济社会稳定发展情景			
	人口/万人	GDP/亿元	人口/万人	人口偏差/%	GDP/亿元	GDP偏差/%	人口/万人	人口偏差/%	GDP/亿元	GDP偏差/%
琼山	50.18	111.02	50.45	0.538	107	−3.621	50.35	0.339	105.9	−4.612
美兰	68.88	287.5	69.23	0.508	291	1.217	69.13	0.363	285.9	−0.557
全市	222.3	1062.34	223.23	0.418	1059.5	−0.267	222.86	0.252	1049.9	−1.171

注 由于各行政区公布的 GDP 之和与市政府公布的全市 GDP 不一致，此处以各行政区数据为准。

7.4 海口市需水预测结果

7.4.1 预测结果

7.4.1.1 低用水情景

假设海口市未来经济保持现有稳定速度发展，并实行强化节水措施，预计未来海口市需水量见表 7.3。到 2020 年，海口市全市需水量有了一定程度的增加，$P=50\%$ 来水频率下，全市需水量从 2014 年的 73585.7 万 m^3 到 2020 年的 88567.8 万 m^3，增加了 20.36%；$P=75\%$ 来水频率下，2020 年全市需水量 93955.9 万 m^3，比 2014 年（78985.4 万 m^3）增加了 18.95%；$P=90\%$ 来水频率下，2020 年全市需水量 101208.1 万 m^3，比 2014 年（86325.6 万 m^3）增加了 17.24%。

表 7.3　　　　　　　低用水情景下海口市需水预测结果表　　　　　单位：万 m^3

行政区	指标	2014 年	2020 年	2025 年	2030 年
全市	城镇生活	14134.3	15627.2	15884.5	16656.1
	工业建筑业	12996.6	16588.4	17780.5	17015.9
	第三产业	10395.4	18032.1	20863.0	27076.5
	河道外生态	2120.1	2344.1	2382.7	2498.5
	农村生活	2029.0	2169.8	2058.2	2059.5
	农田灌溉 $P=50\%$	22713.8	23881.3	22259.8	21609.0
	林牧渔畜 $P=50\%$	9196.5	9925.1	10268.4	10545.3
	农田灌溉 $P=75\%$	26904.4	27952.1	26223.6	25457.5
	林牧渔畜 $P=75\%$	10405.6	11242.3	11634.2	11949.7
	农田灌溉 $P=90\%$	33368.9	34224.5	32326.4	31380.4
	林牧渔畜 $P=90\%$	11281.2	12222.1	12644.3	12983.2

续表

行政区	指　标	2014 年	2020 年	2025 年	2030 年
秀英	城镇生活	1889.4	2220.4	2336.1	2504.9
	工业建筑业	3572.8	4950.8	5681.6	5707.5
	第三产业	1155.6	2142.7	2578.0	3399.8
	河道外生态	283.4	333.1	350.4	375.7
	农村生活	545.1	566.1	515.2	489.2
	农田灌溉 $P=50\%$	3596.3	3904.0	3689.3	3611.2
	林牧渔畜 $P=50\%$	1852.6	1938.8	1996.3	2034.1
	农田灌溉 $P=75\%$	4263.7	4575.5	4351.6	4259.8
	林牧渔畜 $P=75\%$	2109.8	2208.0	2273.3	2316.1
	农田灌溉 $P=90\%$	5273.8	5589.1	5348.8	5235.3
	林牧渔畜 $P=90\%$	2244.9	2350.5	2420.9	2466.7
龙华	城镇生活	4822.1	5198.7	5209.1	5414.4
	工业建筑业	6997.5	8844.3	9197.3	8593.5
	第三产业	5131.5	8642.4	9404.7	11532.8
	河道外生态	723.3	779.8	781.4	812.2
	农村生活	332.0	355.5	340.5	345.8
	农田灌溉 $P=50\%$	2128.3	2204.2	2076.8	2022.0
	林牧渔畜 $P=50\%$	658.1	685.7	705.3	721.1
	农田灌溉 $P=75\%$	2536.3	2601.0	2463.8	2398.8
	林牧渔畜 $P=75\%$	752.2	783.3	805.4	823.0
	农田灌溉 $P=90\%$	3088.9	3138.1	2987.6	2908.7
	林牧渔畜 $P=90\%$	844.4	879.2	903.7	923.0
琼山	城镇生活	2724.0	2973.3	3018.5	3161.7
	工业建筑业	1534.2	1712.3	1701.7	1495.3
	第三产业	784.6	1344.3	1570.1	2028.0
	河道外生态	408.6	446.0	452.8	474.3
	农村生活	645.1	693.0	667.6	681.8
	农田灌溉 $P=50\%$	10477.3	11040.0	10327.2	10070.0
	林牧渔畜 $P=50\%$	3852.9	4366.4	4561.3	4724.4
	农田灌溉 $P=75\%$	12407.1	12916.8	12161.7	11858.3
	林牧渔畜 $P=75\%$	4362.9	4953.9	5176.5	5362.5
	农田灌溉 $P=90\%$	15400.2	15826.3	15005.0	14630.6
	林牧渔畜 $P=90\%$	4565.3	5231.0	5464.1	5658.6

续表

行政区	指　标	2014 年	2020 年	2025 年	2030 年
美兰	城镇生活	4698.8	5234.8	5320.8	5575.1
	工业建筑业	892.2	1081.0	1199.9	1219.6
	第三产业	3323.7	5902.7	7310.2	10115.9
	河道外生态	704.8	785.2	798.1	836.3
	农村生活	506.9	555.2	534.9	542.7
	农田灌溉 $P=50\%$	6511.9	6733.1	6166.5	5906.2
	林牧渔畜 $P=50\%$	2832.9	2934.2	3005.5	3065.8
	农田灌溉 $P=75\%$	7697.3	7858.8	7246.5	6940.6
	林牧渔畜 $P=75\%$	3180.7	3297.1	3379.0	3448.1
	农田灌溉 $P=90\%$	9606.0	9671.0	8985.0	8605.8
	林牧渔畜 $P=90\%$	3626.6	3761.4	3855.6	3934.9

到 2025 年，$P=50\%$ 来水频率下，全市需水量 91497.3 万 m³，比 2014 年（73585.7 万 m³）增加了 24.34%；$P=75\%$ 来水频率下，2025 年全市需水量 96826.8 万 m³，比 2014 年（78985.4 万 m³）增加了 22.59%；$P=90\%$ 来水频率下，2025 年全市需水量 103939.6 万 m³，比 2014 年（86325.6 万 m³）增加了 20.40%。

到 2030 年，$P=50\%$ 来水频率下，全市需水量从 2014 年的 73585.7 万 m³ 到 2030 年的 97460.8 万 m³，增加了 32.45%；$P=75\%$ 来水频率下，2030 年全市需水量 102713.6 万 m³，比 2014 年（78985.4 万 m³）增加了 30.04%；$P=90\%$ 来水频率下，2030 年全市需水量 109670.1 万 m³，比 2014 年（86325.6 万 m³）增加了 27.04%。

另外，四个行政区的各用户用水大多呈逐年增加变化，农村生活用水和农业灌溉用水呈现先增加后减小的走向，这主要是因为目前海口市农村节水措施有限，节水潜力较大，在经济发展的同时，农村居民的节水意识和农田灌溉水利用系数不断提高，相互作用下呈现出需水量先增加后减小的变化。

7.4.1.2　高用水情景

假设海口市经济社会进入发展新时期，经济社会和居民生活水平飞速发展，同时节水措施适度发展，预计未来海口市需水量见表 7.4。到 2020 年，$P=50\%$ 来水频率下，全市需水量为 93008.9 万 m³，比 2014 年（73585.7 万 m³）增加了 26.40%，增加量是低用水情景下的 1.30 倍；$P=75\%$ 来水频率下，2020 年全市需水量 98472.2 万 m³，比 2014 年（78985.4 万 m³）增加了 24.67%；$P=90\%$ 来水频率下，2020 年全市需水量 105829.4 万 m³，比 2014 年（86325.6 万 m³）增加了 22.59%。

到 2025 年，$P=50\%$ 来水频率下，全市需水量为 102942.7 万 m³，比 2014 年（73585.7 万 m³）增加了 39.89%，增加量是低用水情景下的 1.64 倍；$P=75\%$ 来水

频率下，2025 年全市需水量 108391.8 万 m³，比 2014 年（78985.4 万 m³）增加了 37.22%；$P = 90\%$ 来水频率下，2025 年全市需水量 115668.6 万 m³，比 2014 年（86325.6 万 m³）增加了 33.99%。

表 7.4 高用水情景下海口市需水预测结果表 单位：万 m³

行政区	指　标	2014 年	2020 年	2025 年	2030 年
全市	城镇生活	14134.3	15916.2	16751.6	17672.5
	工业建筑业	12996.6	18831.0	23350.7	27096.0
	第三产业	10395.4	19411.2	24922.0	33471.4
	河道外生态	2120.1	2387.4	2512.7	2650.8
	农村生活	2029.0	2204.8	2181.1	2190.7
	农田灌溉 $P = 50\%$	22713.8	24241.9	22811.1	22329.4
	林牧渔畜 $P = 50\%$	9196.5	10016.5	10413.6	10746.9
	农田灌溉 $P = 75\%$	26904.4	28374.4	26873.3	26306.3
	林牧渔畜 $P = 75\%$	10405.6	11347.3	11800.6	12180.5
	农田灌溉 $P = 90\%$	33368.9	34741.2	33126.9	32426.4
	林牧渔畜 $P = 90\%$	11281.2	12337.7	12823.8	13230.1
秀英	城镇生活	1889.4	2272.3	2471.7	2684.1
	工业建筑业	3572.8	5796.5	7878.9	9987.2
	第三产业	1155.6	2350.1	3238.9	4655.3
	河道外生态	283.4	340.8	370.8	402.6
	农村生活	545.1	576.2	545.9	519.9
	农田灌溉 $P = 50\%$	3596.3	3970.2	3797.7	3752.1
	林牧渔畜 $P = 50\%$	1852.6	1949.2	2014.6	2060.4
	农田灌溉 $P = 75\%$	4263.7	4653.2	4479.7	4426.2
	林牧渔畜 $P = 75\%$	2109.8	2219.8	2294.1	2345.9
	农田灌溉 $P = 90\%$	5273.8	5683.6	5505.7	5439.2
	林牧渔畜 $P = 90\%$	2244.9	2362.9	2442.6	2498.0
龙华	城镇生活	4822.1	5281.9	5469.0	5689.3
	工业建筑业	6997.5	9769.8	11612.1	12840.0
	第三产业	5131.5	8939.6	10747.9	13460.2
	河道外生态	723.3	792.3	820.3	853.4
	农村生活	332.0	360.2	359.3	366.0
	农田灌溉 $P = 50\%$	2128.3	2233.1	2122.6	2084.9

行政区	指 标	2014 年	2020 年	2025 年	2030 年
龙华	林牧渔畜 $P=50\%$	658.1	688.8	710.2	728.3
	农田灌溉 $P=75\%$	2536.3	2635.1	2518.2	2473.5
	林牧渔畜 $P=75\%$	752.2	786.9	811.0	831.3
	农田灌溉 $P=90\%$	3088.9	3179.2	3053.4	2999.3
	林牧渔畜 $P=90\%$	844.4	883.1	909.6	931.9
琼山	城镇生活	2724.0	3035.6	3162.3	3329.6
	工业建筑业	1534.2	1975.5	2270.6	2430.6
	第三产业	784.6	1454.0	1902.4	2593.9
	河道外生态	408.6	455.3	474.3	499.4
	农村生活	645.1	706.2	707.3	725.2
	农田灌溉 $P=50\%$	10477.3	11215.6	10581.8	10393.2
	林牧渔畜 $P=50\%$	3852.9	4435.8	4668.6	4871.8
	农田灌溉 $P=75\%$	12407.1	13122.4	12461.5	12239.3
	林牧渔畜 $P=75\%$	4362.9	5033.7	5299.7	5531.7
	农田灌溉 $P=90\%$	15400.2	16078.2	15375.0	15100.9
	林牧渔畜 $P=90\%$	4565.3	5319.6	5597.5	5839.3
美兰	城镇生活	4698.8	5326.4	5648.6	5969.5
	工业建筑业	892.2	1289.2	1589.1	1838.2
	第三产业	3323.7	6667.5	9032.8	12762.0
	河道外生态	704.8	799.0	847.3	895.4
	农村生活	506.9	562.2	568.6	579.6
	农田灌溉 $P=50\%$	6511.9	6823.0	6309.0	6099.2
	林牧渔畜 $P=50\%$	2832.9	2942.7	3020.2	3086.4
	农田灌溉 $P=75\%$	7697.3	7963.7	7413.9	7167.3
	林牧渔畜 $P=75\%$	3180.7	3306.9	3395.8	3471.6
	农田灌溉 $P=90\%$	9606.0	9800.2	9192.8	8887.0
	林牧渔畜 $P=90\%$	3626.6	3772.1	3874.1	3960.9

到 2030 年，海口市全市需水量有了大幅度的增加，$P=50\%$ 来水频率下，全市需水量为 116157.7 万 m^3，比 2014 年（73585.7 万 m^3）增加了 57.85%，增加量是低用水情景下的 1.78 倍；$P=75\%$ 来水频率下，2030 年全市需水量 121568.2 万 m^3，比 2014 年（78985.4 万 m^3）增加了 53.91%；$P=90\%$ 来水频率下，2030 年全市需

水量128737.9万m³，比2014年（86325.6万m³）增加了49.13%。

7.4.2 结果合理性检查

对于海口市经济社会-生态环境-水资源复合系统系统动力学模型的需水预测结果，本书将从经济发展、用水效率和用水结构三个方面，分析检验结果合理性。

7.4.2.1 经济发展

选择需水预测中无直接因果关系的变量，研究其比值关系，用于检验多因素影响下，需水预测模型结果是否合理。如选择分属于不同"流"的人口和GDP，研究两者的增长速度是否一致，防止出现人口增加过快但经济发展微弱的不合理情节。海口市选择了人均GDP量作为经济发展指标进行对比研究，结果见表7.5。

表7.5　　　　　　　　　　经济发展结果检验表

地　区	年份	人口/万人	GDP/亿元	人均GDP/万元
海口市	2014	220.07	1005.51	4.57
全国		136800	635910	4.65
海南省		903	3500.72	3.88
海口市 （低用水情景）	2020	237.41	1532.50	6.46
	2025	249.50	2086.50	8.36
	2030	259.55	2740.70	10.56
海口市 （高用水情景）	2020	239.75	1620.50	6.76
	2025	253.71	2296.30	9.05
	2030	264.93	3114.50	11.76

由结果可见，2014年海口市经济发展程度在海南省属中上水平，但放眼全国范围，海口市的经济发展略低于全国平均水平。在国际货币基金组织（IMF）发布的2015—2020年的世界各国人均GDP预测结果（2015年10月版）中，IMF预测中国在2020年人均GDP为12117美元，以目前汇率（2016年2月25日）转换为人民币为7.91万元，本书预测海口市在经济稳定发展和高速发展情景下，2020年人均GDP为6.46万元和6.76万元，略低于全国平均水平，结果相对合理。

7.4.2.2 用水效率

选择万元GDP用水量和人均用水量作为用水效率指标，与全国水资源公报、珠江片水资源公报、海南省水资源公报中的数据进行对比分析，结果见表7.6。

以$P=50\%$为例，2014年海口市万元GDP用水为75.6m³/万元，人均用水为334m³，低于全国平均水平。在强化节水（低用水情景）下，2030年两项指标分别为

35.6m³/万元和376m³，适度节水（高用水情景）下，分别为37.3m³/万元和438m³，用水效率有了大幅度提高。根据《最严格水资源管理制度》对用水效率的控制力度要求，考虑到区域发展程度的差异，该用水效率预测结果合理。

表 7.6   **用水效率结果检验表**

地区	年份	需水量 /亿 m³			万元 GDP 用水 /(m³/万元)			人均用水 /m³		
		P=50%	P=75%	P=90%	P=50%	P=75%	P=90%	P=50%	P=75%	P=90%
海口市		7.359	7.899	8.633	75.6	81.1	88.7	334	359	392
全国		6095			96			447		
东部地区		2194			58			389		
中部地区	2014	1929.9			115			451		
西部地区		1971			143			537		
珠江片		885.9			88			459		
海南省		45.02			129			498		
海口市（低用水情景）	2020	8.857	9.396	10.121	57.8	61.3	66.0	373	396	426
	2025	9.150	9.683	10.394	43.9	46.4	49.8	367	388	417
	2030	9.746	10.271	10.967	35.6	37.5	40.0	376	396	423
海口市（高用水情景）	2020	9.301	9.847	10.583	57.4	60.8	65.3	388	411	441
	2025	10.294	10.839	11.567	44.8	47.2	50.4	406	427	456
	2030	11.616	12.157	12.874	37.3	39.0	41.3	438	459	486

7.4.2.3 用水结构

城市建设与水资源分配相互约束也相互配合，需水预测结果应能反映各部门各用户发展结构。以 P=50% 为例，根据图 7.1 中需水系统结构，农业需水包括了农田灌溉和林牧渔畜，居民生活需水包括了城镇和农村两方面，本系统预测结果的需水结构对比分析如图 7.3 所示。

相比于 2014 年，2020 年、2030 年需水预测结果中，居民生活、河道外生态需水、工业建筑业的占比变化不大，其他用户需水结构发生了一定的变化。2014 年农业是最主要的用水户，在城市化发展进程影响下，农业收入对国民经济的贡献相对减小，加上灌溉技术和节水措施的发展，海口市农业需水占总需水量的比值大幅度减小。虽然工业和建筑业等产业在城市建设需求中飞速发展，但目前海口市城市建设耗水率较大，工程水资源利用率不高，考虑到科学应用和工程技术的发展成熟会使工程用水效率大大提高，两者相互作用下需水占比变化不大，同时未来海口市第三产业对水资源需求大幅度提高，需水量占比翻倍，符合海口市以旅游业和服务业为主的发展定位，总体上产业结构变化较为合理。

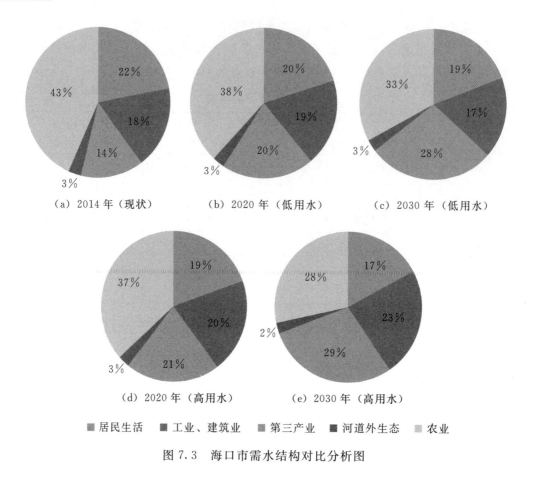

(a) 2014 年（现状） (b) 2020 年（低用水） (c) 2030 年（低用水）

(d) 2020 年（高用水） (e) 2030 年（高用水）

■居民生活 ■工业、建筑业 ■第三产业 ■河道外生态 ■农业

图 7.3 海口市需水结构对比分析图

7.5 小结

本章基于系统动力学理论，对海口市进行了水资源需求预测。首先介绍了系统动力学原理理论和模型结构基本情况，介绍了需水预测系统结构和计算理论，并据此结合海口市现状，确定海口市城镇居民生活、工业建筑业发展、第三产业发展、河道外生态维护、农村居民生活、农田灌溉和林牧渔畜产业发展需水的合适方法，并结合发展的现状、规划、潜力等科研成果和报告，给出了海口市现状（2014 年）到未来（2020 年和 2030 年）在经济稳定发展且采用强化节水措施和经济高速发展且采用适度节水措施两种用水情景下，不同来水频率（$P=50\%$，$P=75\%$，$P=90\%$）的需水模拟成果。并经过结果合理性分析，认为本次需水预测结果可行。

第8章 海口市来水预测

河道的来水量是做好水资源有效规划和高效管理的前提，是水资源配置的重要部分。南渡江是海口市众多引水工程和水源的取水口，本系统以海口市南渡江龙塘水文站的日出流量作为配置部分河道的来水量。在水文预报中，采用国内应用最为广泛的新安江三水源模型，适用于湿润地区与半湿润地区的湿润季节。

8.1 新安江模型基本原理

原华东水利学院赵人俊教授于 1963 年首次提出湿润地区以蓄满产流为主的观点，主要根据是次洪的降雨径流关系与雨强无关，而只有用蓄满产流概念才能解释这一现象。20 世纪 70 年代国外对产流问题展开了理论研究，最有代表性的著作是 1978 年出版的《山坡水文学》，它的结论与赵人俊的观点基本一致：传统的超渗产流概念只适用于干旱地区，而在湿润地区，地面径流的机制是饱和坡面流，壤中流的作用很明显。20 世纪 70 年代初建立的新安江模型采用蓄满概念是正确的。但对于湿润地区，由于没有划出壤中流，导致汇流的非线性程度偏高，效果不好。80 年代初引进吸收了山坡水文学的概念，提出三水源的新安江模型。

新安江模型是分散性模型，可用于湿润地区与半湿润地区的湿润季节。当流域面积较小时，新安江模型采用集总模型，当面积较大时，采用分块模型。它把全流域分为许多块单元流域，对每个单元流域做产汇流计算，得出单元流域的出口流量过程。再进行出口以下的河道洪水演算，求得流域出口的流量过程。把每个单元流域的出流过程相加，就求得了流域的总出流过程。

该模型按照三层蒸散发模式计算流域蒸散发，按蓄满产流概念计算降雨产生的总径流量，采用流域蓄水曲线考虑下垫面不均匀对产流面积变化的影响。在径流成分划分方面，对三水源情况，按《山坡水文学》产流理论用一个具有有限容积和测孔、底孔的自由水蓄水库把总径流划分成饱和地面径流、壤中水径流和地下水径流。在汇流计算方面，单元面积的地面径流汇流一般采用单位线法，壤中水径流和地下水径流的汇流则采用线性水库法。河网汇流一般采用分段连续演算的 Muskingum 法或滞时-演算法，但它一般不作为新安江模型的主体。

概念性模型的结构应该反映客观水文规律，参数应该代表流域的水文特征，把模型设计成为分散性的，主要是为了考虑降雨分布不均的影响，其次也便于考虑下垫面条件的不同及其变化。降雨分布不均,不但对汇流产生明显的影响,而且对产流也产生明显的影响。如果采用集总性模型,应用面平均雨量来进行计算,误差可能很大,而且是系统性的。

新安江模型按泰森多边形法分块,以一个雨量站为中心划一块。这种分法便于考虑降雨分布不均,不考虑其他的分布不均。

8.2 南渡江流域资料

根据海南省的 DEM 文件 [数据来源于中国科学院计算机网络信息中心国际科学数据镜像网站 (http://www.gscloud.cn),SRTM 数据 (Shuttle Radar Topography Mission),由美国太空总署 (NASA) 和国防部国家测绘局 (NIMA) 联合测量],利用 ArcGIS 进行数据处理,将南渡江流域内龙塘水文站以上松涛水库以下均匀分布的 17 个雨量站点的坐标导入 ArcGIS 并采用 ArcSWAT 进行分水岭的计算,绘制出所求流域的边界,利用泰森多边形法计算出各雨量站点的控制面积。各雨量站点的控制面积见表 8.1。

表 8.1　　　　　　　　　　各雨量站点的控制面积

站点名称	控制面积/km²	站点名称	控制面积/km²
南方	543	南扶	213
昆仑	693	流长	300
墩雅	568	春内	243
加潭	513	居丁	124
美亭	261	永丰	145
岭北	440	风圯	144
清滩	491	铁炉	206
中建	235	新德	39
龙塘（定安）	290	总面积	5448

8.3 新安江模型构建

新安江三水源模型的流程图如图 8.1 所示,图中输入为实测降雨 P 和实测蒸散发能力 EM,输出为流域出口断面流量 Q 和流域蒸散发量 E。方框内是状态变量,方框外是常数常量。模型主要由四部分组成,即蒸散发计算、产流量计算、水源划分和汇流计算。

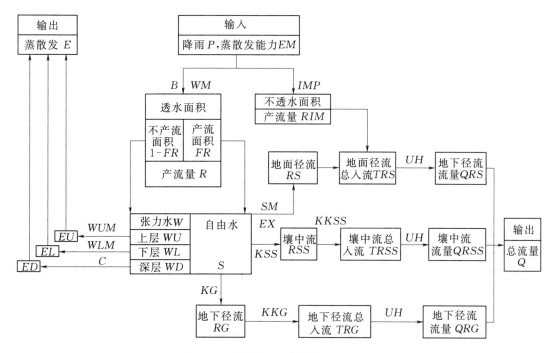

图 8.1　新安江三水源模型流程图

8.3.1　蒸散发计算

新安江三水源模型中的蒸散发计算采用的是三层蒸发计算模式，输入的是蒸发器实测水面蒸发和流域蒸散发能力的折算系数 K，模型的参数是上、下、深三层的蓄水容量 WUM、WLM、WDM（$WM=WUM+WLM+WDM$）和深层蒸散发系数 C。输出的是上、下、深各层的流域蒸散发量 EU、EL 和 ED（$E=EU+EL+ED$）。计算中包括三个时变参量，即各层土壤含水量 WU、WL 和 WD（$W=WU+WL+WD$）。以上的 WM、E、W 分别表示总的流域蓄水容量、蒸散发量、土壤含水量。各层蒸散发的计算原则是，上层按蒸散发能力蒸发，上层含水量蒸发量不够蒸发时，剩余蒸散发能力从下层蒸发，下层蒸发与蒸散发能力及下层含水量成正比，与下层蓄水容量成反比。要求计算的下层蒸发量与剩余蒸散发能力之比不小于深层蒸散发系数 C。否则，不足部分由下层含水量补给，当下层水量不够补给时，用深层含水量补。其中 $PE=P-E$。所用公式如下：

当 $P-E+WU \geqslant EP$ 时，有

$$EU=EP，EL=0，ED=0 \tag{8.1}$$

当 $P-E+WU<EP$ 时，有

$$EU=P-E+WU \tag{8.2}$$

若 $WL \geqslant C \times WLM$，则

$$EL = (EP - EU) \times \frac{WL}{WLM}, \quad ED = 0 \tag{8.3}$$

若 $WL < C \times WLM$ 且 $WL \geqslant C \times (EP-EU)$，则

$$EL = C \times (EP - EU), \quad ED = 0 \tag{8.4}$$

若 $WL < C \times WLM$ 且 $WL < C \times (EP-EU)$，则

$$EL = WL, \quad ED = C \times (EP - EU) - WL \tag{8.5}$$

以上各式中，$EP = K \times EM$。其中 EM 为实测蒸发量。

8.3.2 产流计算

产流量计算系根据蓄满产流理论得出的。所谓蓄满，是指包气带的含水量达到田间持水量。在土壤湿度未达到出间持水量时不产流，所有降雨都被土壤吸收，成为张力水。而当土壤湿度达到田间持水量后，所有降雨（减去同期蒸发）都产流。

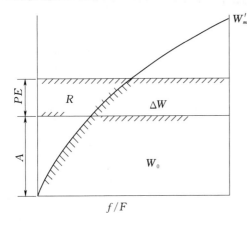

图 8.2 流域蓄水容量曲线图

一般说来，流域内各点的蓄水容量并不相同，新安江三水源模型把流域内各点的蓄水容量概化成如图 8.2 所示的一条抛物线，即

$$\frac{f}{F} = 1 - \left(1 - \frac{W'_m}{W'_{mm}}\right)^B \tag{8.6}$$

式中：W'_{mm} 为流域内最大的点蓄水容量；W'_m 为流域内某一点的蓄水容量；f 为蓄水容量 $\leqslant W'_m$ 值时的流域面积；F 为流域面积；B 为抛物线指数。

据此可求得流域平均蓄水容量为

$$WM = \int_0^{W'_{mm}} \left(1 - \frac{f}{F}\right) dW'_m = \frac{W'_{mm}}{B+1} \tag{8.7}$$

与流域初始平均蓄水量 W_0 相应的纵坐标（A）为

$$A = W'_{mm}\left[1 - \left(1 - \frac{W_0}{WM}\right)^{\frac{1}{B+1}}\right] \tag{8.8}$$

当 $PE = P - E > 0$ 时，则产流；否则不产流。

产流时，当 $PE + A < W'_{mm}$，则

$$R = PE - WM + W_0 + WM\left(1 - \frac{PE + A}{W'_{mm}}\right)^{1+B} \tag{8.9}$$

当 $PE+A \geqslant W'_{mm}$，则

$$R = PE - (WM - W_0) \tag{8.10}$$

做产流计算时，模型的输入为 PE，参数包括流域平均蓄水容量 WM 和抛物线指数 B；输出为流域产流量 R 及流域时段末土壤平均蓄水量 W。

8.3.3　水源划分

新安江三水源模型用自由水蓄水库的结构代替原先 FC 的结构，以解决水源划分问题。按蓄满产流模型求出的产流量 R。先进入自由水蓄量 S，再划分水源，如图 8.3 所示。此水库有两个出口，一个底孔形成地下径流 RG，一个边孔形成壤中流 RSS，其出流规律均按线性水库出流。由于新安江模型考虑了产流面积 FR 问题，所以这个自由水蓄水库只发生在产流面积上，其底宽 FR 是变化的，产流量 R 进入水库即在产流面积上，使得自由水蓄水库增加蓄水深，当自由水蓄水深 S 超过其最大值 SM 时，超过部分成为地面径流 RS。模型认为，蒸散发在张力水中消耗，自由水蓄水库的水量全部为径流。

底孔出流量 RG 和边孔出流量 RSS 分别进入各自的水库，并按线性水库的退水规律流出，分别成为地下水总入流 TRG 和壤中流总入流 $TRSS$。并认为地面径流的坡地汇流时间可以忽略不计。

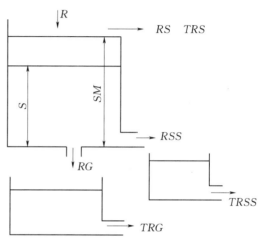

图 8.3　自由水蓄水库的结构图

S—自由水蓄水库的蓄水深；SM—自由水蓄水库的蓄水容量；FR—产流面积

所以地面径流 RS 可认为与地面径流的总入流 TRS 相同。

由于产流面积 FR 上自由水的蓄水容量还不能认为是均匀分布的，即 SM 为常数不太合适，要考虑 SM 的面积分布。这实际上就是饱和坡面流的产流面积不断变化的问题。

模仿张力水分布不均匀的处理方式，把自由水蓄水能力在产流面积上的分布也用一条抛物线来表示，如图 8.4 所示。即

$$\frac{FS}{FR} = 1 - \left(1 - \frac{SMF'}{SMMF}\right)^{EX} \tag{8.11}$$

式中：SMF' 为产流面积 FR 上某一点的自由水容量；$SMMF$ 为产流面积 FR 上最大一点的自由水蓄水容量；FS 为自由水蓄水能力 $\leqslant SMF'$ 值的流域面积；FR 为产流面积；EX 为流域自由水蓄水容量曲线的指数。

产流面积上的平均蓄水容量深（SMF）为

$$SMF = \frac{SMMF}{1 + EX} \tag{8.12}$$

在自由水蓄水容量曲线上 S 相应的纵坐标 AU 为

$$AU = SMMF\left[1 - \left(1 - \frac{S}{SMF}\right)^{\frac{1}{1+EX}}\right] \tag{8.13}$$

式中：S 为流域自由水蓄水容量曲线上的自由水在产流面积上的平均蓄水深；AU 为 S 对应的纵坐标。

显然，$SMMF$ 和 SMF 都是产流面积 FR 的函数，是无法确定的变量。这里假定 $SMMF$ 与产流面积 FR 及全流域上最大一点的自由水蓄水容量 SMM 的关系仍为抛物线分布。

$$FR = 1 - \left(1 - \frac{SMMF}{SMM}\right)^{EX} \tag{8.14}$$

则

$$SMMF = \left[1 - (1 - FR)^{\frac{1}{EX}}\right]SMM \tag{8.15}$$

$$SMM = SM(1 + EX) \tag{8.16}$$

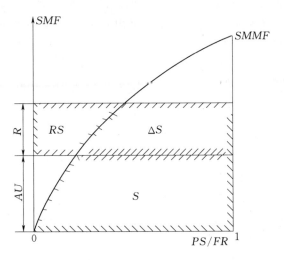

图 8.4　流域自由水蓄水容量曲线图

流域的平均自由水容量 SM 和抛物线指数 EX 对于一个流域来说是固定的，属于模型率定的参数。已知 SM 和 EX，就可以得到 $SMMF$。

已知上时段的产流面积 FR_0 和产流面积上的平均自由水深 S_0，根据时段产流量 R，计算时段地面径流、壤中流、地下径流及本时段产流面积 FR 和 FR 上的平均自由水深 S。

当 $PE + AU \geqslant SMMF$ 时，则

$$RS = FR(PE + S - SMF) \tag{8.17}$$

$$RSS = SMF \times KSS \times FR \tag{8.18}$$

$$RG = SMF \times KG \times FR \tag{8.19}$$

$$S = SMF - (RSS + RG)/FR \tag{8.20}$$

当 $0 < PE + AU < SMMF$ 时，则

$$RS = FR \times \left[PE - SMF + S + SMF\left(1 - \frac{PE + AU}{SMMF}\right)^{EX+1}\right] \tag{8.21}$$

$$RSS = KSS \times FR(PE + S - RS/FR) \tag{8.22}$$

$$RG = KG \times FR(PE + S - RS/FR) \tag{8.23}$$

$$S = S + PE - (RS + RSS + RG)/FR \tag{8.24}$$

式中：KSS 和 KG 分别为壤中流与地下径流的日出流系数。

在对自由水蓄水库作水量平衡计算中，有一个差分计算的误差问题，常用的计算程序，把产流量放在时段初进入水库，而实际上它是在时段内均匀进入的，这就造成了向前差分误差。这种误差有时很大，要设法消去。处理的方法是：每时段的入流，按 5mm 为一段分成 G 段，并取整数，各时段的 G 值都可不同，即以 $\Delta t/G$ 为时段长进行计算。这样，差分误差就很小了。当时段长改变后，出流系数 KSS 和 KG 要做相应的改变。

8.3.4 汇流计算

流域汇流计算包括坡地和河网两个汇流阶段。

坡地汇流是指水体在坡面的汇集过程，水流不但发生了水平运动，而且还有垂向运动。在流域的坡面上，地面径流的调蓄作用不大，地下径流受到大的调蓄，壤中流所受调蓄介于两者之间。

河网汇流是指水流由坡面进入河槽后，继续沿河网的汇集过程。在河网汇流阶段，汇流特性受制于河槽水力学条件，各种水源是一致的，新安江三水源模型中的河网汇流，仅指各单元面积上的水体从进入河槽汇至单元出口的过程。而不包括单元出口到流域出口处的河网汇流阶段。

8.3.4.1 坡地汇流计算

新安江三水源模型中把经过水源划分得到的地面径流 RS 直接进入河网，成为地面径流对河网的总入流 TRS。壤中流 RSS 流入壤中流水库，经过壤中流蓄水库的消退（壤中流水库的消退系数为 $KKSS$），成为壤中流对河网总入流 $TRSS$。地下径流 RG 进入地下蓄水库，经过地下蓄水库的消退（地下蓄水库的消退系数为 KKG），成为地下水对河网的总入流（TRG）。其计算公式为

$$TRS(t) = RS(t) \times U \tag{8.25}$$

$$TRSS(t) = TRSS(t-1) \times KKSS + RSS(t) \times (1 - KKSS) \times U \tag{8.26}$$

$$TRG(t) = TRG(t-1) \times KKG + RG(t) \times (1 - KKG) \times U \tag{8.27}$$

$$TR(t) = TRS(t) + TRS(St) + TRG(t) \tag{8.28}$$

式中：U 为单位转换系数，可将径流深（mm）转化为流量（m³/s），$U = \dfrac{F}{3.6\Delta t}$ 其中 F 为流域面积；Δt 为时段长；TR 为河网总入流，m³/s。

8.3.4.2 河网汇流计算

新安江三水源模型中用无因次单位线模拟水体从进入河槽到单元出口的河网汇流。在本流域或临近流域，找一个有资料的、面积与单元流域大体相近的流域，分析

出地面径流单位线，就可作为初值应用。

计算公式为

$$Q(t) = \sum_{i=1}^{N} UH(i) \times TR(t-i+1) \tag{8.29}$$

式中：$Q(t)$ 为单元出口处 t 时刻的流量值；UH 为无因次时段单位线；N 为单位线的历时时段数。

由于单位线确定较为困难，经常采用滞后演算法进行河网汇流计算。即

$$Q(t) = CS \times Q(t-1) + (1-CS) \times TR(t-L) \tag{8.30}$$

流域汇流计算的输入是单元上的地面径流 RS、壤中流 RSS、地下径流 RG 及计算开始时刻的单元面积上壤中流流量和地下径流流量值。输出为单元出口的流量过程。

8.3.5 参数率定

新安江模型的参数可分为 4 层。第 1 层蒸散发计算：K、WUM、WLM、C；第 2 层产流量计算：WM、B、IM；第 3 层分水源计算：SM、EX、KG、KSS；第 4 层汇流计算：KKG、$KKSS$、CS。由于各类参数之间的独立性比较好，调试参数是按顺序由低层到高层逐层进行的。日模型参数率定按照以下步骤分别进行：

（1）定出各参数的初始值。

（2）比较多年总径流。这是最基本的水量平衡校核。如有误差，要首先修改 K 值，K 是影响蒸发计算最大的参数。

（3）多年总水量基本平衡后，再比较每年的径流，看很干旱年份与湿润年份有无系统误差。如有应调整 WUM、WLM 和 C。减小 WUM 将使少雨季节的蒸发减少，而对于很干旱的季节则无影响。WLM 的作用与此相仿。加大 C 值将使很干旱的季节的蒸散发增大，而对于有雨季节则无此影响。在北方半湿润地区可以找到干旱年份与湿润年份之间的系统误差，而在南方湿润地区则不易找到。

（4）如上述差别并不明显，则应比较年内干旱季与湿润季之间的差别。在南方，主要是伏旱季的蒸散发计算是否正确的问题。如果在计算中发现 W 值在久旱后出现负值，则应加大 WM，不改变 WUM 和 WLM。在计算中当 W 为负值时以零处理是不对的，它破坏了产流量计算的前提。

（5）比较枯季地下径流。如有系统偏大偏小，则应调整 KSS、KG，调整地下径流、壤中流的比重。如有系统偏快偏慢，则应调整，以改变汇流速度。

将 2000—2005 年的 17 个雨量站点的日降雨量和日蒸发资料、各站点面积和初始参数值代入模型进行计算，将预测的日径流量结果与龙塘水文站的实测流量对比，进行参数率定。其中 2000 年的预测结果用来稳定初始状态参数，不作为预测结果，将 2001—2005 年的预测值与实测值进行对比，进行参数的率定，各参数值见表 8.2，预测结果如图 8.5 所示。

表 8.2   参 数 率 定 结 果

参 数 名 称	参数值	参 数 名 称	参数值
上层张力水容量 WUM/mm	20	自由水容量分布曲线指数 EX	1.5
下层张力水容量 WLM/mm	80	地下水出流系数 KG	0.4
深层张力水容量 WDM/mm	30	壤中流出流系数 KSS	0.4
蒸散发折算系数 K	1.7	地下水消退系数 KKG	0.992
深层蒸散发系数 C	0.16	壤中流消退系数 KKSS	0.6
蓄水容量分布曲线指数 B	0.25	河网水流消退系数 CS	0.7
不透水面积比例 IMP	0.095	河网汇流滞时 L	0
自由水容量 SM/mm	30		

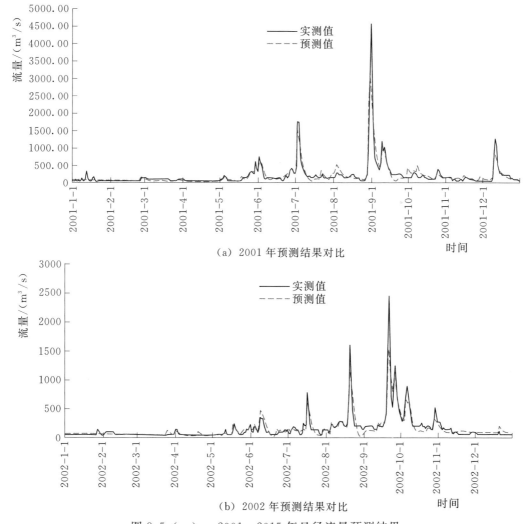

（a）2001 年预测结果对比

（b）2002 年预测结果对比

图 8.5（一）   2001—2015 年日径流量预测结果

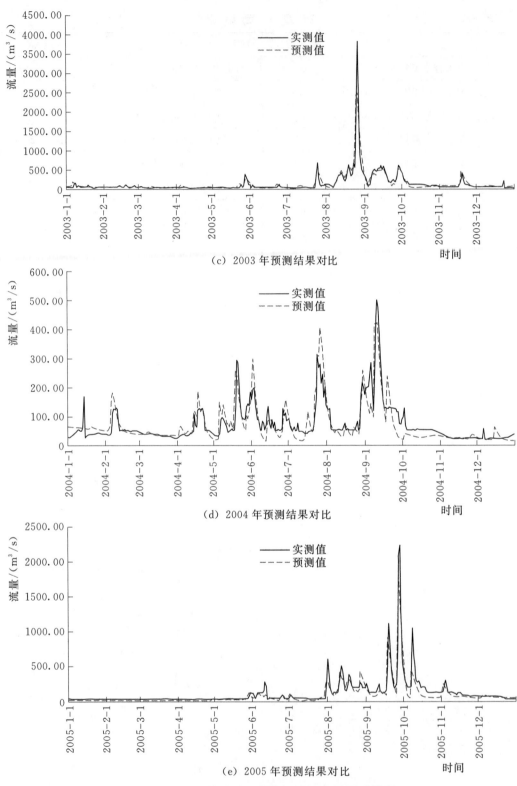

（c）2003 年预测结果对比

（d）2004 年预测结果对比

（e）2005 年预测结果对比

图 8.5（二） 2001—2015 年日径流量预测结果

模型拟合效果方面，选用 Nash – Sutcliffe 效率系数（*NS*）和相对误差（*Re*）作为评价模拟值和观测值的拟合效果的评价指标。

Nash – Sutcliffe 效率系数可用来反映模拟值和实测值在量上的统计差异程度，其计算公式为

$$NS = 1 - \frac{\sum_{i=1}^{n}(Q_{obs,\,i} - Q_{sim,\,i})^2}{\sum_{i=1}^{n}(Q_{obs,\,i} - \overline{Q_{obs,\,i}})^2} \tag{8.31}$$

相对误差 *Re* 表示模拟值与实测值的偏差程度，其计算公式为

$$Re = \frac{\sum_{i=1}^{n}Q_{sim,\,i} - \sum_{i=1}^{n}Q_{obs,\,i}}{\sum_{i=1}^{n}Q_{obs,\,i}} \times 100\% \tag{8.32}$$

式中：n 为模拟序列长度；$Q_{obs,i}$ 为实测径流量，m^3/s；$\overline{Q_{obs,i}}$ 为模拟序列长度内平均实测径流量，m^3/s；$Q_{sim,i}$ 为拟径流量，m^3/s；

根据 Moriasi D N 等对水文模型模拟精度的分级评价标准，效率系数的理论取值范围为 $-\infty \sim 1$，$NS < 0$，表明结果是不可信的，$NS \geqslant 0$，表明结果在可信范围内，其中，$0 \leqslant NS \leqslant 0.5$，表明结果不满意，$0.5 < NS \leqslant 0.65$，表明结果满意，$0.65 < NS \leqslant 0.75$，表明结果好，$0.75 < NS \leqslant 1$ 表明结果非常好。

8.4　海口市来水预测结果

将 2006—2015 年的 17 个雨量站点的日降雨量和日蒸发资料代入完成的新安江模型进行计算，预测的日径流量结果与龙塘水文站的实测值对比，进行合理性分析（见表 8.3），预测结果如图 8.6 所示。

表 8.3　　　　　　　　　　模 型 的 拟 合 效 果

年　份	实测径流总量 /亿 m^3	预测径流总量 /亿 m^3	相对误差 *Re*	效率系数 *NS*
2001	24252	24639	0.02	—
2002	18540	18194	0.02	—
2003	15829	16515	0.04	—
2004	8601	8407	0.02	—
2005	13653	10464	0.23	—
2001—2005	80875	78219	0.03	0.87

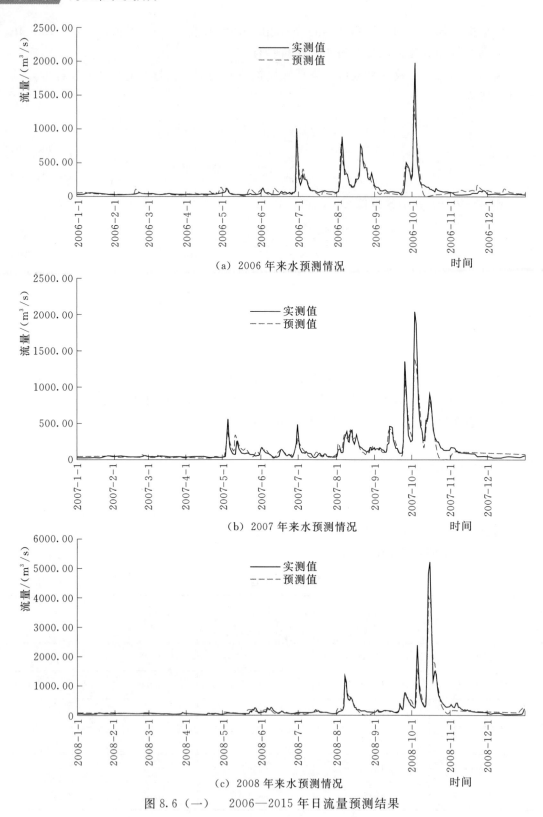

（a）2006 年来水预测情况

（b）2007 年来水预测情况

（c）2008 年来水预测情况

图 8.6（一） 2006—2015 年日流量预测结果

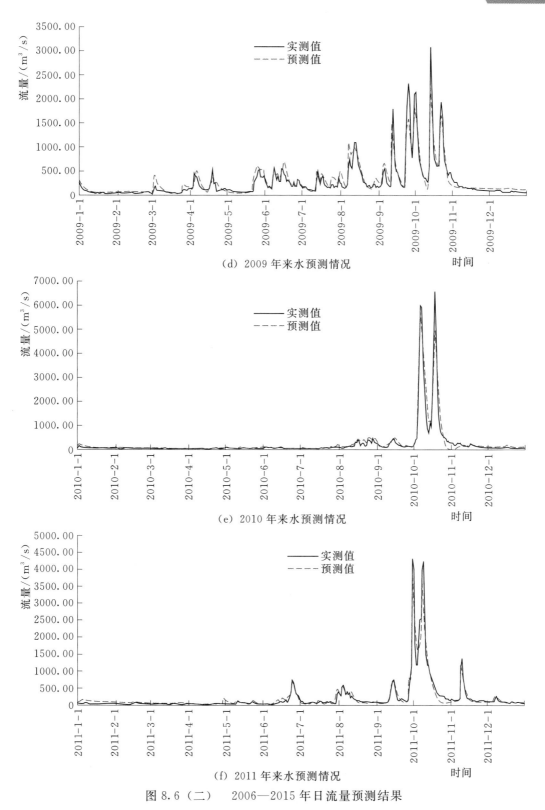

（d）2009 年来水预测情况

（e）2010 年来水预测情况

（f）2011 年来水预测情况

图 8.6（二）　2006—2015 年日流量预测结果

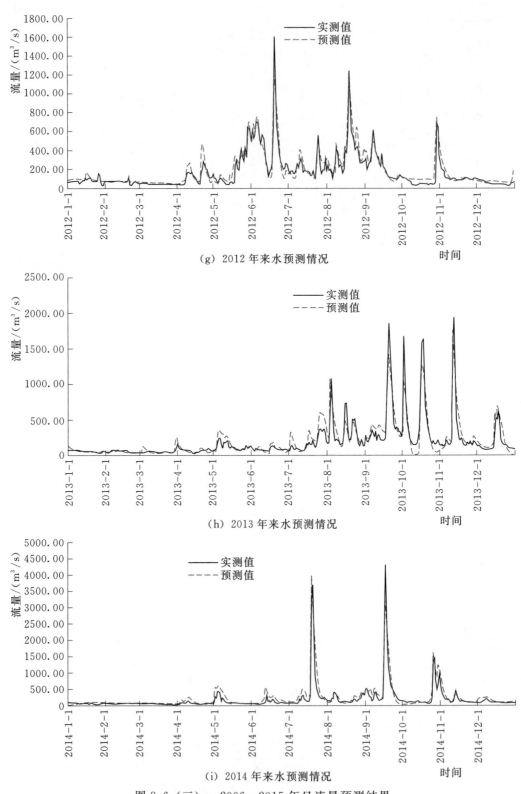

（g）2012 年来水预测情况

（h）2013 年来水预测情况

（i）2014 年来水预测情况

图 8.6（三）　2006—2015 年日流量预测结果

(j) 2015 年来水预测情况

图 8.6（四）　2006—2015 年日流量预测结果

8.5　小结

本章介绍了海口市南渡江的来水预测方法，新安江模型的原理，新安江模型的结构、计算过程和参数率定。根据南渡江（松涛水库下游）均匀分布的 17 个雨量站点 16 年的降雨和蒸发资料，建立新安江模型，确定龙塘水文站的日径流量过程。以 2000 年的结果稳定初始状态参数，2001—2005 年的预测结果做校核，给出南渡江 2006—2015 年的来水过程，结合龙塘水文站的实测流量数据，经过结果合理性分析（见表 8.4），认为预报模型合理可行。

表 8.4　　　　　　　　　　　　来　水　预　测　的　效　果

模拟年份	实测径流总量 /亿 m³	预测径流总量 /亿 m³	相对误差 Re	效率系数 NS
2006	12145	12308	0.01	—
2007	15567	15444	0.01	—
2008	23129	22763	0.02	—
2009	32570	35320	0.08	—
2010	29348	32112	0.09	—
2011	26631	26609	0.00	—
2012	20172	22262	0.10	—
2013	23239	24526	0.06	—
2014	22686	28294	0.26	—
2015	8129	10901	0.34	—
2006—2015	213617	230736	0.07	0.92

第9章　海口市水资源合理配置

　　水资源配置是通过工程与非工程措施在各用水户之间进行的科学分配，完成对水资源的有效管理，实现人水和谐关系及水资源可持续发展。

　　海口市南渡江引水工程预计 2020 年完工，并于 2030 年发挥工程的最大效益，届时海口市的河湖水系连通格局将发生明显变化，将带动水资源系统变化。根据水资源系统变化，对区域水资源进行合理配置，分析变化前后的供需平衡关系，可以探讨分析河湖水系连通对水资源配置的效益。

　　本章选择 2014 年、2020 年和 2030 年作为关键的时间节点，根据海口市水资源系统的概化结果，建立海口市水量、水质、效益三位一体的水资源合理配置模型，研究海口市现状和未来的水资源供需关系，尝试对比分析河湖水系连通对水资源配置的效益。

9.1　水资源合理配置理论

9.1.1　配置内涵

　　随着社会进步发展和人们认识水平的提高，自然资源并非"取之不尽，用之不竭"逐渐被广泛认知，一切自然资源都是有限的，毫无节制地向自然索取只会自食其果。水资源是自然资源的重要组成部分，是人赖以生存的基础，但自然界中的水资源是有限的，从社会长远发展来看，人类的无限需求与水资源的有限供给之间的矛盾，将会限制经济社会持续稳定发展。人类只有尊重水资源，寻求人水和谐，才能保障自身社会系统的稳定性。

　　目前解决人与资源的矛盾的途径有两种：一是实施可持续发展战略，使资源环境利用与经济社会发展相协调；二是在此基础上对有限的资源进行科学有效地配置和使用，提高资源利用率，减少资源浪费。根据水利部印发的《全国水资源综合规划工作大纲》中对水资源合理配置的定义，水资源合理配置是指在流域或特定区域范围内，遵循有效性、公平性、可持续性的原则，利用各种工程与非工程措施，按照市场经济的规律和资源配置准则，通过合理抑制需求、保障有效供给、维护和改善生态环境质量等手段和措施，对多种可利用水源在区域间和各用水部门间的配置。

　　水资源合理配置的目的，是兼顾水资源开发利用的长远利益和当前利益，是调节不同地区和部门发展的用水矛盾，是解决水资源时空分布不均带来的区域发展失衡问题，更是寻求社会经济-生态环境-水资源复合系统的和谐关系。

水资源配置的基本功能可以从水需求和水供给两个方面概况。在需求方面，通过调整产业结构，提高节水意识，采取节水措施，从经济社会发展层面，建设节水型社会并调整生产力布局以适应较为不利的水资源条件。在供给方面，调查不同时间和区域中各用水单位的竞争关系，建设蓄、提、引、调水工程改变水资源的天然时空分布，通过调整水资源分布格局来适应生产力布局。

9.1.2　配置模式

随着人类对自然的认识水平和科学技术进一步提高，水资源配置的实践经验不断丰富，水资源配置模式也随之不断发生变化。从我国水资源开发利用的发展实际来看，水资源配置主要有以需定供、以供定需和供需综合考虑的可持续发展三种模式。

9.1.2.1　以需定供模式

在中华人民共和国成立初期，国民生产力水平低下，人们对水资源的管理意识不高，而水资源相对比较丰富且开发利用难度系数较低，为适应国家经济恢复发展和人口快速膨胀的用水需求，国家大力兴建水利工程，加强水资源开发力度。以需定供模式建立在"水资源取之不尽，用之不竭"的理论基础上，过分突出需水要求，强调通过工程措施从大自然索取水资源。以需定供模式容易造成河流断流、湖泊干涸、地面沉降等生态环境问题，同时节水措施和节水意识没有配套发展，会导致社会性水浪费，阻碍水资源的可持续利用。

9.1.2.2　以供定需模式

随着水资源开发利用程度不断上升，水资源开发利用的难度和成本相应增加，管理体制和投资体制的改革使得计划经济向市场经济转变，需水增长受到各方面因素的约束，以供定需模式就诞生在这样的背景下。以供定需模式强调了产业结构要适应资源分布，有利于水资源和生态环境保护。但它分离了可供水量分析与地区发展规划，忽略了水资源开发和区域发展的动态协调关系，有可能因低估区域可供水量而限制区域经济充分发展。

9.1.2.3　可持续发展模式

水资源开发与区域经济相协调，以实现共同的可持续发展的水资源配置理论，是前两种配置模式的升华，是在总结审视我国水资源开发实践经验教训的基础上发展起来的。可持续发展模式的重点在于寻求人水关系的和谐，在区域经济发展水平的同时，注意将水资源开发与国民经济紧密联系，基于水生态保护和水环境恢复的理念，考虑水资源可再生能力，促进水资源的高效利用，保障经济社会的可持续发展。

9.1.3　配置原则

水资源配置牵扯到不同地区、不同部门等多个决策主体，涉及目前、近期和远期多个规划阶段，还要考虑生活、工业、农业、生态等多个用水户的用水竞争矛盾，是一个多层次、多目标、多阶段的复杂问题，在具体的配置过程中应遵循有效性、公平性、和谐性和可持续性的基本原则。

（1）有效性原则。水资源在社会经济行为中具有商品属性，配置有效性原则不仅是指经济层面上的有效，还包括了对社会效益和环境效益的追求，在保证经济、环境和社会协调发展的同时，力求水资源开发利用对环境生态的负面影响最小。

（2）公平性原则。受水文气候、地形地貌影响，天然水资源在自然界中分布不均匀，这就使得不同用水地区和部门之间存在一定的竞争关系，公平性原则就是要协调区域和用户之间的用水矛盾，谋求资源合理分配和区域经济协调发展，实现不同地区或同一区域不同用户的资源公平分配。

（3）和谐性原则。和谐性原则是指在水资源系统分析中，权衡各要素之间、各子系统之间的相互关系，从定性和定量两个角度，在自然供水和社会需水之间、在社会效益和生态效益之间、在当前效益和长远效益之间寻找相对平衡点，使经济、社会与环境和谐发展的综合利用效益最高。

（4）可持续性原则。可持续发展是既能满足当代人需求而又不损害后代需求的发展，水资源配置的可持续性原则就是在实现水资源分配过程中，既兼顾一时得失又不忘长远利益，开发利用中斟酌水资源更新速度以保持水资源良性循环，实现近期和远期的水资源协调发展和公平合理分配。

9.2　海口市水资源合理配置模型

9.2.1　目标函数

水资源配置是流域水资源规划的重要组成部分，合理科学的水资源配置方案能够有效支撑区域经济社会的可持续发展。本书主要是在海口市水资源系统概化结果的基础上，在一定的用水目标条件下（例如缺水率最小、环境污染最小、经济效益最大等），进行的水资源合理配置。由于具有明确的配置目标，配置模型更能充分发挥水资源边际效益的时空差异性，实现多目标综合效益的最大化。

9.2.1.1　社会公平目标

社会公平是指在水资源配置中，考虑地区间水资源条件的差异，尽量满足各地区的水需求，减少区域缺水对社会发展和稳定的影响。在本书中，采用时段缺水量达到最小来表示社会效益，即

$$f_1 = \min\left(\sum_{t=1}^{T}\sum_{i=1}^{m} CL_i^t + VL_i^t\right) \tag{9.1}$$

$$CL_i^t = CX_i^t - CG_i^t \tag{9.2}$$

$$VL_i^t = VX_i^t - VG_i^t \tag{9.3}$$

式中：CL_i^t、VL_i^t 分别为 i 子区在 t 时段城市和农村缺水量（在计算单元内部，分为城镇生活、工业建筑业、第三产业、城镇生态、农村生活、农业灌溉、林牧渔畜 7 个用水户，其中前 4 个为城镇用户，后 3 个为农村用户）；CX_i^t、CG_i^t、VX_i^t、VG_i^t 分别为 i 子区 t 时段内的城镇需水、城镇供水、农村需水、农村供水。

9.2.1.2 生态环境目标

生态环境目标是指水资源利用中尽量减少对自然环境的破坏，通常用污染物排放量来衡量，可以在当地污水所含的污染物中选取代表污染物，以其最小排量来表示。生态环境效益目标采用用户排放指标污染物 COD 的总量最小来表示，即

$$f_2 = \min\left(\sum_t \sum_l DW_l^t\right) \tag{9.4}$$

$$DW_l^t = \sum_i \sum_k ((1 - \alpha_{i,k}) \times d_{i,k} + \alpha_{i,k} \times d'_{i,k}) \times \eta_{i,k} \times W_{i,k}^t \tag{9.5}$$

式中：DW_l^t 为在 t 时段 l 和 $l+1$ 节点间入河污染物量；$\alpha_{i,k}$、$\eta_{i,k}$ 分别为 i 子区 k 用户的污水处理率和排放率；$d_{i,k}$、$d'_{i,k}$ 分别为处理前后的污水污染物浓度；$W_{i,k}^t$ 为 i 子区 t 时段 k 用户的供水量。

9.2.1.3 经济效益目标

经济效益目标是指水资源供给分配最为经济高效，考虑因素包括了供水距离、水源开发、供水成本、供水效益等，受资料收集限制，在本书中，采用总供水成本最小作为反映区域水资源配置的经济效益的指标，即

$$f_3 = \min\left(\sum_t \sum_i \sum_j \sum_k co_{i,j,k} \times W_{i,j,k}^t\right) \tag{9.6}$$

式中：$co_{i,j,k}$ 为 j 水源向 i 子区 k 用户的供水成本；$W_{i,j,k}^t$ 为 j 水源在 t 时段向 i 子区 k 用户的供水量，包括了城镇供水和农村供水两个部分。

9.2.2 约束条件

（1）水库约束：包括了水库水量平衡约束、水库库容约束、水库下泄流量约束、水库供水能力约束。

1）水库水量平衡约束：时段内水库保持入库和出库水量平衡，表现为时段始末水库水量差等于时段内来水量扣除水库蒸发损失、渗漏损失、泄水建筑物泄流量和水库总供水。

$$V_p^t = V_p^{t-1} + R_p^t - Ws_p^t - Wx_p^t - \sum_{i=1} \sum_{k=1} Wa_{i,p,k}^t \tag{9.7}$$

式中：V_p^t 为 t 时段末 p 水库的库容；R_p^t 为 t 时段内 p 水库来水量；Ws_p^t、Wx_p^t 分别为 t 时段内 p 水库的损失水量和下泄水量；$Wa_{i,p,k}^t$ 为 t 时段 p 水库对 i 子区 k 用户的

供水量。

2）水库库容约束：水库库容约束就是对于正常水库，水位都应高于死水位，在汛期时小于等于水库防洪限制水位，同时水库水量在任意时段都不高于水库总库容。

$$V_{\min p} \leqslant V_p^t \leqslant V_{\max p} \qquad (9.8)$$

式中：$V_{\min p}$ 为取水库死库容；$V_{\max p}$ 为在汛期取汛限库容，非汛期时取水库总库容。

3）水库下泄流量约束：水库下泄流量受泄水建筑物的泄流能力限制，同时泄流量应能够满足下游河道正常生态、航运、发电等需求。

$$Qx_p^t \geqslant Wx_p^t \geqslant qx_p^t \qquad (9.9)$$

式中：Qx_p^t 为 p 水库泄水建筑物允许的最大泄流量；qx_p^t 为保证水库下游河道正常功能的流量，取下游河道生态、航运、发电需水量的最大值。

4）水库供水能力约束：对于水库型水源，水库供水量受取水口容量、渠道尺寸等限制，总供水量应小于等于水库允许的最大取水量。

$$\sum_i \sum_k Wa_{i,p,k}^t \leqslant W_{\max p}^t \qquad (9.10)$$

式中：$W_{\max p}^t$ 为 t 时段 p 水库允许的最大取水量。

（2）河道约束：河道分为若干个节点，节点间河道可视为一小水库，类似地，河道约束包括了河道节点水量平衡、节点河道流量约束、河道取水口供水能力限制。

1）河道节点水量平衡约束：两个节点间河道段水量平衡，时段始末的水量差等于区间来水与河道取水的差值。

$$Q_l^t = Q_{l-1}^t + Rr_l^t - \sum_h \sum_i \sum_k Wb_{i,k,h}^t \qquad (9.11)$$

式中：Q_l^t 为 t 时段末节点间水量；Rr_l^t 为 t 时段内节点区间天然来水和人工排放的总水量；$Wb_{i,k,h}^t$ 为 h 取水点供给 i 子区 k 用户的水量；$\sum_h \sum_i \sum_k Wb_{i,k,h}^t$ 就是该段河道所有取水点的总供水量。

2）节点河道流量约束：为维持河流生态系统不严重退化，保持河道对污染物的稀释自净能力，保证水生生物生长繁殖，实现河床冲刷与泥沙淤积的动态平衡，满足河道正常的航运功能，河流节点流量应大于河道的生态环境和航运功能所需水量。

$$Q_l^t \geqslant q_l^t \qquad (9.12)$$

式中：Q_l^t 为 t 时段该节点处的河道流量；q_l^t 取该处生态基流量和航运需水量的较大值。

3）取水口供水能力约束：对于每一个河道取水口，其供水量受取水口泵站、输水管道容量限制。

$$\sum_{i=1} \sum_{k=1} Wb_{i,k,h}^{t} \leqslant Wq_{\mathrm{maxh}}^{t} \tag{9.13}$$

式中：Wq_{maxh}^{t} 为 h 取水点最大供水能力。

（3）地下水约束：在水资源开发利用时，地下水过度开采容易导致地面沉降，在水资源合理配置中，地下水源的供水量应小于可开采量。

$$\sum_{i=1} \sum_{k=1} Wc_{i,g,k}^{t} \leqslant G_{g}^{t} \tag{9.14}$$

式中：$Wc_{i,g,k}^{t}$ 为 t 时段地下水 g 开采口向 i 子区 k 用户的供水量；G_{g}^{t} 为 t 时段 g 开采口的可开采量。

（4）用水单元约束：对于某用水单元，所有用户的总供水量应与各水源对该单元的供水量相等。

$$CG_{i}^{t} + VG_{i}^{t} = \sum_{k} \left(\sum_{p} Wa_{i,p,k}^{t} + \sum_{h} Wb_{i,h,k}^{t} + \sum_{g} Wc_{i,g,k}^{t} \right) \tag{9.15}$$

式中：CG_{i}^{t}、VG_{i}^{t} 分别为 i 子区城镇用户和农村用户的总供水量；$Wa_{i,p,k}^{t}$、$Wb_{i,h,k}^{t}$、$Wc_{i,g,k}^{t}$ 分别为水库、河道、地下水对各用户的供水量。

（5）非负约束：整个配置模型中的所有变量均大于零。

9.3　海口市水资源合理配置模型求解

9.3.1　数据输入

水资源配置涉及经济社会发展、生态环境纳污、水文水利统计、城乡供需水量等各方面，求解模型需要以下几个方面的基本资料和数据：

（1）蓄提引调水工程资料。海口市水资源配置中选择永庄、沙坡等 10 个中型水库及全市 25 个小型水库的水库特征值和调节参数，如水位-库容关系、水库特征水位、供水对象等。河道提引水工程主要以龙塘水源地和南渡江引水工程东山泵站的取水为主，所需工程资料包括工程的取水特征值、供水流量、供水能力、供水对象等。引水工程则主要是以松涛水库向永庄、沙坡水库的补水量和南渡江引水工程的工程特征值为主。

（2）径流及供水资料。包括了南渡江龙塘水文站的 1951—2013 年共 63 年的长系列径流量资料，新安江模型下的来水预测，不同来水频率下，10 座中型水库典型年的逐月入库径流量，小型水库及引提水工程的现状和规划水平年的供水能力，计算单元的地下水资料，包括可开采量、开采能力以及其他供水资料，包括各行政区不同水平年规划污水处理能力等。

（3）经济社会需水资料。海口市现状年（2014 年）、未来水平年（2020 年）和未来水平年（2030 年）不同发展情景下的需水资料，此需水数据来源于基于系统动力学的需水预测模型。

（4）其他资料。各供水水源向 4 个计算单元 7 个用水户供水产生的供水成本，包括各供水机构的水价、水资源费资料，灌溉效益计算、污水处理技术、农业用水成本等研究成果。

9.3.2 求解方法

Holland 教授通过模仿生物界的自然选择、杂交和变异等遗传机制，提出的仿生类优化算法——遗传算法为求解这些复杂函数提供了一种有力的工具，大量的理论分析和实际应用都表明遗传算法求解此类问题的有效性，复杂函数的优化正是其最成熟的应用领域。

9.3.2.1 遗传算法的特点

遗传算法基于生物进化论和遗传学说的思想，它与传统的优化算法不一样。绝大部分的古典优化算法是对单一的度量函数（评估函数）进行优化，并且通过对度量函数进行梯度或者高次统计，最终能够产生一组由确定的试验解构成的序列，遗传算法不依赖梯度信息，而是利用编码技术作用于数字串上，这种字串被称为染色体，通过模拟这些染色体的进化过程搜索得到最优的解。遗传算法的特点具体如下：

（1）遗传算法具有很好的自组织性、智能性与自适应性。基于自然选择中适者生存的策略，适应度较大的个体带有更加适应环境的基因结构，经过自然的选择和基因的重组突变等操作，就能够产生更加优化的基因，从而产生更适应环境的后代。自然选择为算法的设计清除了一个最大的障碍，这个障碍是事先要对问题的所有特点进行描述，同时也需要介绍针对问题的不同特征所要采取的不同措施。该算法自组织与自适应的特点，同时也使它拥有了自动发现环境特性与规律的能力，而这种能力是参照环境的变化来实现的。因此，遗传算法能够解决非结构化中的一些复杂的问题。

（2）遗传算法具有并行性。在种群中，遗传算法不是按照一个单点进行搜索的，而是按照并行的方式进行搜索的。它的并行性主要表现在：内含并行性和内在并行性。遗传算法与传统的优化算法不同，它进行搜索的起点是一个种群，并且能够向不同的方向同时进行搜索。它的这种并行性，使该算法的全局搜索能力得到了很大的提高，同时也减少了陷入局部最优解的可能性。

（3）遗传算法采用概率搜索技术。在搜索过程中，遗传算法使用了概率的变迁规则指引搜索的方向，并没有使用确定性的规则。在优化的过程中，能够让搜索的每一步都更接近最终结果的机制或者智能性就是所谓的搜索的启发性或者搜索的探索性。遗传算法的搜索过程是由适应度函数与概率来指导的。遗传算法并不像表面上看到的那样，是盲目的搜索算法，实际它被称为导向随机搜索算法。

（4）遗传算法的搜索信息是目标函数值。遗传算法只需要借助目标函数值就能够确定下一步的搜索方向以及范围，并不需要把目标函数求导或者是一些其他的辅助知识。该算法的这个特性消除了目标函数求导这个障碍，大大扩展了其应用范围，并且可以把搜索范围集中到适应度较高的那部分搜索空间，从而提高了搜索的效率，缩短了搜索的时间。

（5）遗传算法的容错能力极强。在遗传算法的初始串集中会包含许多跟最优解相差比较大的信息，经过选择、交叉以及变异三个基本操作后，可以快速地把与最优解相差非常大的串排除掉。

总之，遗传算法不是从单个点，而是从点的群体开始搜索，对初始点集的要求不高；遗传算法不是直接在参变量集上实施，而是利用参变量集的某种编码；遗传算法利用适应值信息，无需导数或其他辅助信息，这就使得它在搜索过程中不容易陷入局部最优，即使在所定义的适应度函数是不连续的、非规则的或有噪声的情况下，它也能以较大的概率找到整体最优解，实践表明，遗传算法求解函数优化问题的计算效率比较高、适用范围相当广。与传统的优化方法相比，遗传算法具有简单通用、鲁棒性强、适于并行处理以及高效、实用等显著优点。

9.3.2.2　遗传算法的基本概念

遗传算法是一种直接搜索的优化算法，它产生的依据是生物进化论以及遗传学说。因此，在该算法中会涉及生物进化论与遗传学中的一些概念。

（1）基因：基因是一个 DNA 片段，它是染色体的主要组成部分，控制着生物性状，是遗传物质的基础。

（2）染色体：染色体是基因的物质载体，它有基因型和表现型两种表示模式。

（3）种群：种群就是个体的集合。其中个体是带有染色体特征的实体。

（4）种群大小：种群大小等于种群中的个体数。

（5）适应度：适应度就是个体能够适应环境的程度。适应度是衡量种群中个体优劣程度的一个数量值。

（6）选择：达尔文的物竞天择、适者生存法则说明，在自然环境中，对周围的生存环境适应能力强的个体生存下来的机会比较大，同时把其优良的性状遗传到下一代的机会也比较大。遗传算法中选择操作的目的就是选择优良的个体，让它们作为父代直接遗传到下一代或者经过交叉、变异操作遗传到下一代。

（7）交叉：交叉操作的目的是为了产生新的个体，更适应周围的生存环境，它有利于种群的进化。

（8）变异：任何物种的性状在自然进化过程中都不是一成不变的，它会随着生存环境的变化而变化。变异操作就是效仿生物的变异而设计的，它是产生新个体的一种辅助方法，同时它也促使遗传算法拥有一定的搜索能力。

9.3.2.3　遗传算法的基本步骤

遗传算法的基本步骤包括编码生成初始种群、计算各染色体的适应度值、选择、交叉、变异。遗传算法的基本流程图如图 9.1 所示。

（1）编码和产生初始群体。根据问题选择相应的编码方法，并随机产生一个确定

长度的 N 个染色体组成的初始群体：

$$pop_i(t), t=1, I=1, 2, 3, \cdots, N \qquad (9.16)$$

（2）计算适应度值。对群体 $pop(t)$ 中的每一个染色体 $pop_i(t)$ 计算它的适应度：

$$f_i = fitness[pop_i(t)] \qquad (9.17)$$

（3）判断算法收敛准则是否满足。若满足输出搜索结果，否则继续执行以下步骤；

（4）选择操作。根据各个个体的适应度值计算选择概率：

$$P_i = \frac{f_i}{\sum\limits_{i=1}^{N} f_i}, i=1, 2, 3, \cdots, N \qquad (9.18)$$

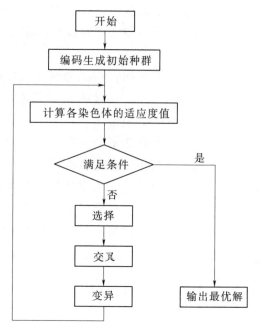

图 9.1　遗传算法的基本流程图

并以式（9.18）的概率分布从当前一代群体 $pop_i(t)$ 中随机选择一些染色体遗传到下一代群体中构成一个新种群：

$$newpop(t+1) = \{pop_j(t) | j=1, 2, \cdots, N\} \qquad (9.19)$$

（5）交叉操作。以概率 P_c 交配，得到一个有 N 个染色体组成的群体 $crosspop(t+1)$。

（6）变异操作。用某一较小的概率 P_m 使染色体的基因发生变异，形成新的群体 $mutpop(t+1)$；该新的群体即为完成一次遗传操作后的子代记为 $pop(t) = mutpop(t+1)$，同时它又作为下一次遗传操作的父代，计算适应度值。

算法终止条件中，最简单的终止条件是规定最大遗传（迭代）代数，当其运行到最大的进化代数后就停止运行，并将当前群体中的最佳个体作为所求问题的最优解输出。另一种判断的方法，利用某种判定准则判定出群体已经进化成熟，且不再有进化趋势时终止算法运行，如群体中所有个体适应度的方差或连续几代个体平均适应度的差异小于某一极小的阈值或最优值满足所需的精度等来终止算法运行。

对一个需要进行优化计算的实际应用问题，通常按下述步骤来构造求最优解的遗传算法。

（1）确定决策变量及其各种约束条件，即确定出个体的表现型和问题的解空间。

（2）建立优化模型，即确定出目标函数的类型（求最大值还是最小值）及其数学描述形式或量化方法。

（3）确定表示可行解的染色体编码方法，即确定出个体的基因型和遗传算法的搜索空间。

（4）确定解码方法，即确定由个体基因型到个体表现型的对应关系或转换关系。

（5）确定个体适应度的量化评价方法，即确定出由目标函数到个体适应度的转换规则。

（6）设计遗传算子，即确定出选择、交叉、变异等算子的具体操作方法。

（7）确定遗传算法的有关运行参数，即确定出遗传算法的参数。

其中可行解的编码方法、适应度函数和遗传算子的设计是构造遗传算法时需要考虑的主要问题。对不同的优化问题需要使用不同的编码方法和不同的遗传操作算子，这与所求解的具体问题密切相关。

9.3.2.4　遗传算法的 MATLAB 实现

遗传算法在应用过程中必须要编制大量的程序进行优化计算，利用 MATLAB 遗传算法优化工具箱编程是最有效的方法和途径。使用该工具箱可以扩展优化工具箱在处理优化问题方面的能力，可以处理传统优化技术难以解决的问题，包括难以定义或不方便数学建模的问题，还可以解决目标函数复杂的问题，比如目标函数不连续或具有高度的非线性、随机性以及目标函数不可微的情况。

MATLAB 遗传工具箱的主要函数：

（1）初始化种群创建函数（Creation function）。MATLAB 遗传工具箱提供了 3 种创建初始种群的方法，它们为二进制编码、实值编码和整数编码函数，用户还可以自定义初始化函数。创建初始种群的主要参数是数据类型（population type）、变量的维数（size of variables）、种群的大小（size of population），初始种群取值的范围（initial range）等。

（2）适应度函数（Fitness function）。适应度是遗传算法引导搜索的主要依据，改变种群内部结构的遗传操作均要通过评价函数加以控制。原适应度函数根据实际问题由用户自定义，遗传算法工具箱总是使目标函数或适应度函数最小化即 $\min f(x)$，若要求函数 $f(x)$ 的最大值，则要进行变换，取 $g(x) = -f(x)$，转而求 $g(x)$ 的最小值。工具箱提供了适应度的尺度变换函数，如排列（Rank）、比率（Proportional）、线性变换（Shift linear），也可以自定义。

（3）选择操作函数（Selection function）。选择操作决定哪些个体可以进入下一代。MATLAB 遗传工具箱提供了随机均匀分布选择法（Stochastic uniform）、赌轮盘选择法（Roulette）、剩余（Remainder）选择法、锦标赛选择法（Tournament），也可以自定义。

（4）交叉操作函数（Crossover function）。交叉操作是选取 2 个个体作为父代 parent1 和 parent2，产生出 2 个新的子代个体 child1 和 child2。GAOT 中提供的交叉函数有：离散重组（Scattered）、线性重组（Sheuristic）、单点交叉（Simple point）等 5 种交叉方式，也可以自定义。交叉操作还需设置交叉概率。

（5）变异函数（Mutation function）。变异操作有利于保持种群的多样性、跳出局部极值，防止未成熟收敛。MATLAB 遗传工具箱中提供的变异函数有高斯变异（Gaussian）、均匀变异（Uniform），也可以自定义。变异操作还需设置变异概率。

（6）停止条件（Stopping conditions）。停止条件定义了算法终止的条件，GAOT 中设置的参数有最大代数（Generation）、停止执行前的最大时间（Time limited）、适应度限（Fitness limited）、停滞代数（Stall generation）、停滞时间（Stall time）。

（7）主程序函数（Main function）。主程序函数的作用是调用相应的遗传操作函数，完成遗传优化。主程序既可编写为 M 文件，然后在 MATLAB 的 Command 窗口运行，也可从命令行运行遗传算法函数 ga。

ga 函数的用法为：

$[x$，fval，exitflag，output，population，scores$]$ = ga（@ fitnessfcn，nvars，A，b，Aeq，beq，LB，UB，nonlcon，options）；

其中，常用的输出参数：x 为返回的最终点即最后变量值；fval 为适应度函数在 x 点的值即最优值。输入参数：@fitnessfcn 为计算适应度函数值的函数；nvars 为适应度函数中独立变量的个数；A 为线性不等式约束矩阵；b 为线性不等式约束向量；Aeq 为线性等式约束矩阵；beq 为线性等式约束向量；LB 为各变量的下限；UB 为各变量的上限；nonlcon 为非线性约束函数；options 为参数结构体。在输入参数中除了 @fitnessfcn 和 nvars 外，其他可以默认，默认项用"$[\;]$"表示。在输出变量中，除了常用的 x 和 fval 两个输出变量外，其他增加了 4 个输出变量：exitflag，算法停止的原因；output，算法每一代的性能；population，最后种群；scores，最后得分值。将目标函数和约束条件写入 ga 函数，所求变量 $x(i, j, k)$ 为 j 水源供给 i 行政区 k 用户的水量，得到海口市水资源优化配置模型并进行求解。

9.4　海口市水资源供需关系分析

水资源供需平衡关系是反映水资源配置效益的重要指标。在进行供需关系分析时，结合水资源系统概化结果，考虑海口市供水、给水和用水特征，排除不合理的跨区域调水，尽量真实地反映城市水传输系统。依据供水保证率的高低次序，优先满足城镇居民和农村居民生活用水，其次考虑工业、建筑业、第三产业和农业用水需求。同时为保护地下水资源，优先采用蓄提引调水工程的水量，尽量减少对地下水的依赖。

9.4.1　基准年供需关系分析

通过基准年供需关系分析，研究目前水系连通格局下，水资源对城市社会、经济、环境系统运作的支撑，从中发现不足并及时调整城市用水结构，以实现人与水资源的和谐发展。

选取 2014 年作为基准年，来水频率分别为 50%、75%、90% 三个典型年作为一般水平年、一般枯水年和特别枯水年，分析现阶段不同来水量下，海口市 4 个单元 7 个用户的水资源供需关系，结果见表 9.1，各水源供水量的配置见表 9.2。

表 9.1　　　　　　　　　　基准年供需关系分析表　　　　　　　单位：万 m³

区域	用户	一般水平年（P=50%）			一般枯水年（P=75%）			特别枯水年（P=90%）		
		需水	供水	缺水	需水	供水	缺水	需水	供水	缺水
秀英	城镇生活	1889	1889	0	1889	1889	0	1889	1889	0
	工业建筑业	3573	3573	0	3573	3573	0	3573	3573	0
	第三产业	1156	1156	0	1156	1156	0	1156	1156	0
	河道外生态	283	283	0	283	283	0	283	283	0
	农村生活	545	545	0	545	545	0	545	545	0
	农田灌溉	3596	3596	0	4264	3339	925	5274	2953	2321
	林牧渔畜	1853	1853	0	2110	2110	0	2245	2245	0
	总量	12895	12895	0	13820	12895	925	14965	12644	2321
龙华	城镇生活	4822	4822	0	4822	4822	0	4822	4822	0
	工业建筑业	6998	6998	0	6998	6998	0	6998	6998	0
	第三产业	5132	5132	0	5132	5132	0	5132	5132	0
	河道外生态	723	723	0	723	723	0	723	723	0
	农村生活	332	332	0	332	332	0	332	332	0
	农田灌溉	2128	2128	0	2536	2536	0	3089	3089	0
	林牧渔畜	658	658	0	752	752	0	844	844	0
	总量	20793	20793	0	21295	21295	0	21940	21939	0
琼山	城镇生活	2724	2724	0	2724	2724	0	2724	2724	0
	工业建筑业	1534	1534	0	1534	1534	0	1534	1534	0
	第三产业	785	785	0	785	785	0	785	785	0
	河道外生态	409	409	0	409	409	0	409	409	0
	农村生活	645	645	0	645	645	0	645	645	0
	农田灌溉	10477	10477	0	12407	9346	3061	15400	4984	10416
	林牧渔畜	3853	3853	0	4363	4363	0	4565	4565	0
	总量	20427	20427	0	22867	19805	3061	26062	15646	10416
美兰	城镇生活	4699	4699	0	4699	4699	0	4699	4699	0
	工业建筑业	892	892	0	892	892	0	892	892	0
	第三产业	3324	3324	0	3324	3324	0	3324	3324	0
	河道外生态	705	705	0	705	705	0	705	705	0
	农村生活	507	507	0	507	507	0	507	507	0
	农田灌溉	6512	6512	0	7697	6226	1471	9606	2284	7322
	林牧渔畜	2833	2833	0	3181	3181	0	3627	2283	1344
	总量	19471	19471	0	21004	19533	1471	23359	14693	8666

表 9.2 基准年水源供水量的配置 单位：万 m³

水源	受水用户	一般水平年 ($P=50\%$) 供水量	一般枯水年 ($P=75\%$) 供水量	特别枯水年 ($P=90\%$) 供水量
地下水	龙华城镇生活	791.49	908.63	909.72
	龙华工业建筑业	641.90	753.98	800.63
	龙华第三产业	533.34	645.97	614.32
	龙华生态	0.00	0.00	0.00
	龙华农村生活	331.97	331.97	331.97
	龙华农田灌溉	0.00	143.92	250.71
	龙华林牧渔畜	0.00	0.00	0.00
永庄	龙华城镇生活	1614.08	1561.82	1406.65
	龙华工业建筑业	1363.86	1351.34	1296.50
	龙华第三产业	815.85	800.78	773.33
	龙华生态	0.00	0.00	0.00
	龙华农村生活	0.00	0.00	0.00
	龙华农田灌溉	29.40	139.51	249.87
	龙华林牧渔畜	0.00	0.00	0.00
米铺	龙华城镇生活	2416.56	2351.68	2505.76
	龙华工业建筑业	2166.30	2140.52	2393.23
	龙华第三产业	1616.19	1592.65	1872.39
	龙华生态	141.99	166.70	416.69
	龙华农村生活	0.00	0.00	0.00
	龙华农田灌溉	829.27	932.04	1349.38
	龙华林牧渔畜	109.18	181.97	477.09
新坡	龙华城镇生活	0.00	0.00	0.00
	龙华工业建筑业	0.00	0.00	0.00
	龙华第三产业	109.50	109.50	109.50
	龙华生态	0.00	0.00	0.00
	龙华农村生活	0.00	0.00	0.00
	龙华农田灌溉	0.00	0.00	0.00
	龙华林牧渔畜	0.00	0.00	0.00

续表

水源	受水用户	一般水平年 （P=50%） 供水量	一般枯水年 （P=75%） 供水量	特别枯水年 （P=90%） 供水量
龙华区 小水库	龙华工业建筑业	222.00	222.00	222.00
	龙华第三产业	0.00	0.00	0.00
	龙华生态	0.00	0.00	0.00
	龙华农田灌溉	0.00	0.00	0.00
	龙华林牧渔畜	0.00	0.00	0.00
龙华区 中水库	龙华工业建筑业	2603.48	2529.71	2285.18
	龙华第三产业	2056.64	1982.61	1761.97
	龙华生态	581.33	556.62	306.63
	龙华农田灌溉	1269.62	1320.82	1238.89
	龙华林牧渔畜	548.93	570.24	367.32
地下水	秀英城镇生活	532.03	617.26	698.09
	秀英工业建筑业	373.29	982.61	1560.22
	秀英第三产业	0.00	292.45	456.41
	秀英生态	0.00	29.67	54.41
	秀英农村生活	545.07	545.07	545.07
	秀英农田灌溉	863.57	0.00	0.00
	秀英林牧渔畜	0.00	0.00	0.00
永庄	秀英城镇生活	1357.37	1272.14	1191.31
	秀英工业建筑业	953.86	1410.84	1939.55
	秀英第三产业	296.90	584.82	699.15
	秀英生态	0.00	253.74	229.00
	秀英农村生活	0.00	0.00	0.00
	秀英农田灌溉	824.03	410.39	0.00
	秀英林牧渔畜	530.02	0.00	0.00
东山	秀英城镇生活	0.00	0.00	0.00
	秀英工业建筑业	73.00	73.00	73.00
	秀英第三产业	0.00	0.00	0.00
	秀英生态	0.00	0.00	0.00
	秀英农村生活	0.00	0.00	0.00
	秀英农田灌溉	0.00	0.00	0.00
	秀英林牧渔畜	0.00	0.00	0.00

续表

水源	受水用户	一般水平年 (P=50%) 供水量	一般枯水年 (P=75%) 供水量	特别枯水年 (P=90%) 供水量
秀英区 小水库	秀英工业建筑业	675.31	1106.32	0.00
	秀英第三产业	19.02	278.28	0.00
	秀英生态	0.00	0.00	0.00
	秀英农田灌溉	544.29	105.39	921.28
	秀英林牧渔畜	251.38	0.00	568.72
秀英区 中水库	秀英工业建筑业	1497.31	0.00	0.00
	秀英第三产业	839.64	0.00	0.00
	秀英生态	283.41	0.00	0.00
	秀英农田灌溉	1364.43	2823.20	2031.80
	秀英林牧渔畜	1071.21	2109.80	1676.20
地下水	琼山城镇生活	861.97	871.93	673.19
	琼山工业建筑业	610.05	618.80	377.63
	琼山第三产业	64.64	69.08	0.00
	琼山生态	47.26	56.01	0.00
	琼山农村生活	645.08	645.08	645.08
	琼山农田灌溉	0.00	0.00	0.00
	琼山林牧渔畜	0.00	0.00	0.00
云龙	琼山城镇生活	182.50	182.50	182.50
	琼山工业建筑业	0.00	0.00	0.00
	琼山第三产业	0.00	0.00	0.00
	琼山生态	0.00	0.00	0.00
	琼山农村生活	0.00	0.00	0.00
	琼山农田灌溉	0.00	0.00	0.00
	琼山林牧渔畜	0.00	0.00	0.00
儒俊	琼山城镇生活	1548.08	1538.12	1736.86
	琼山工业建筑业	924.13	915.37	1156.54
	琼山第三产业	719.91	715.48	784.56
	琼山生态	361.34	352.58	408.59
	琼山农村生活	0.00	0.00	0.00
	琼山农田灌溉	775.78	517.45	0.00
	琼山林牧渔畜	0.00	0.00	0.00

续表

水源	受水用户	一般水平年 ($P=50\%$) 供水量	一般枯水年 ($P=75\%$) 供水量	特别枯水年 ($P=90\%$) 供水量
九尾高黄	琼山城镇生活	131.40	131.40	131.40
	琼山工业建筑业	0.00	0.00	0.00
	琼山第三产业	0.00	0.00	0.00
	琼山生态	0.00	0.00	0.00
	琼山农村生活	0.00	0.00	0.00
	琼山农田灌溉	0.00	0.00	0.00
	琼山林牧渔畜	0.00	0.00	0.00
琼山区 小水库	琼山工业建筑业	0.00	0.00	0.00
	琼山第三产业	0.00	0.00	0.00
	琼山生态	0.00	0.00	0.00
	琼山农田灌溉	4308.33	3961.86	2949.42
	琼山林牧渔畜	1382.67	1729.14	2741.58
琼山区 中水库	琼山工业建筑业	0.00	0.00	0.00
	琼山第三产业	0.00	0.00	0.00
	琼山生态	0.00	0.00	0.00
	琼山农田灌溉	5393.17	4866.28	2034.73
	琼山林牧渔畜	2470.27	2633.72	1823.68
地下水	美兰城镇生活	663.26	733.27	579.89
	美兰工业建筑业	0.00	0.00	0.00
	美兰第三产业	302.03	372.39	220.75
	美兰生态	0.00	0.00	0.00
	美兰农村生活	506.91	506.91	506.91
	美兰农田灌溉	0.00	0.00	0.00
	美兰林牧渔畜	0.00	0.00	0.00
大致坡	美兰城镇生活	292.00	292.00	292.00
	美兰工业建筑业	0.00	0.00	0.00
	美兰第三产业	0.00	0.00	0.00
	美兰生态	0.00	0.00	0.00
	美兰农村生活	0.00	0.00	0.00
	美兰农田灌溉	0.00	0.00	0.00
	美兰林牧渔畜	0.00	0.00	0.00

续表

水源	受水用户	一般水平年 （$P=50\%$） 供水量	一般枯水年 （$P=75\%$） 供水量	特别枯水年 （$P=90\%$） 供水量
米铺	美兰城镇生活	2286.79	2178.23	2175.28
	美兰工业建筑业	861.84	788.13	708.33
	美兰第三产业	1926.23	1818.10	1814.94
	美兰生态	704.82	692.65	614.88
	美兰农村生活	0.00	0.00	0.00
	美兰农田灌溉	1217.50	1198.91	35.75
	美兰林牧渔畜	122.33	357.43	35.29
儒俊	美兰城镇生活	1456.76	1495.31	1651.64
	美兰工业建筑业	30.31	104.02	183.82
	美兰第三产业	1095.47	1133.25	1288.04
	美兰生态	0.00	12.17	89.94
	美兰农村生活	0.00	0.00	0.00
	美兰农田灌溉	388.21	516.25	0.00
	美兰林牧渔畜	0.00	0.00	0.00
美兰区 小水库	美兰工业建筑业	0.00	0.00	0.00
	美兰第三产业	0.00	0.00	0.00
	美兰生态	0.00	0.00	0.00
	美兰农田灌溉	1293.09	1166.87	744.50
	美兰林牧渔畜	195.91	322.13	744.50
美兰区 中水库	美兰工业建筑业	0.00	0.00	0.00
	美兰第三产业	0.00	0.00	0.00
	美兰生态	0.00	0.00	0.00
	美兰农田灌溉	3613.06	3343.84	1503.45
	美兰林牧渔畜	2514.60	2501.16	1503.27

　　如结果所示，海口市各个区域在一般水平年时，基本能实现各用户供需平衡。当来水较少的一般枯水年时，除了龙华区仍能保证供需平衡外，秀英、琼山和美兰区的农业用水出现了一定程度的缺口，主要是农田灌溉，秀英区灌溉缺水 925 万 m^3，占灌溉需水量的 21.7%，琼山区灌溉缺水 3061 万 m^3，占灌溉需水量的 24.7%，美兰区灌溉缺水 1471 万 m^3，占灌溉需水量的 19.1%。当遇到特别枯水年时，来水量大幅度减少，农作物补水量增加，农业缺水更严重，还是以农田灌溉为主，龙华区仍

能实现供水率100%，秀英区灌溉缺水2321万 m^3，占灌溉需水量的44.0%，琼山区灌溉缺水10416万 m^3，占灌溉需水量的67.6%，美兰区灌溉缺水7322万 m^3，占灌溉需水量的76.2%。秀英、琼山、美兰三个区域的农业发展出现了不同程度的缺水，琼山和美兰区的灌溉缺水程度均超过了50%。

以上分析可得，一般情况下，海口市均能满足各行政区各用户的用水需求，当遇上来水量较少的情况，极有可能出现水资源供不应求，限制城市经济特别是农业的发展。

海口市地处海南岛北部海湾，有全岛最大河流南渡江穿城而过，地下水资源蕴藏量丰富，热带海洋性气候带来的多年平均降雨量为1660.43mm，总体上水量充沛。但海口市目前缺乏足够的水资源配置工程，可利用水资源无法有效配置到需水区域，引发局部缺水现象，现状缺水属于工程型缺水。为此，海口市积极开展像龙塘坝下游至出海口江水综合利用、南渡江下游流域综合开发利用等多个水资源利用研究项目，以及采用各种工程措施，包括新建江东水厂、农村饮水提质增效工程项目、南渡江引水工程等，解决海口市目前局部缺水的问题。

从水源的供水配置结果可以看出，可供水量比较紧张，水厂主要负责供水给城镇生活、城镇第二产业、第三产业和生态用水，多的用来补给其他用户，地下水优先供水给农村生活，剩余补给其他用户，各区域的中小水库集中供水农田灌溉和林牧渔畜，剩余补给其他用户，比较符合实际供水情况。

9.4.2　2020年供需关系分析

根据第一章海口市经济社会和需水预测结果，按照稳定发展且强化节水、积极发展且适度节水两种情景下的需水结果，研究2020年南渡江引水工程建成下水系连通格局变化后，海口市水资源供需关系，进行河湖水系连通格局对水资源配置的效益分析。

9.4.2.1　低用水情景

结合2020年水资源系统概化结果，预测经济社会稳定发展且采用强化节水措施情景下，各单元各用户供需关系分析见表9.3，各水源供水量的配置见表9.4。

表9.3　　　　　　　低用水情景下2020年供需关系分析表　　　　单位：万 m^3

区域	用户	一般水平年（$P=50\%$）			一般枯水年（$P=75\%$）			特别枯水年（$P=90\%$）		
		需水	供水	缺水	需水	供水	缺水	需水	供水	缺水
秀英	城镇生活	2220	2220	0	2220	2220	0	2220	2220	0
	工业建筑业	4951	4951	0	4951	4951	0	4951	4951	0
	第三产业	2143	2143	0	2143	2143	0	2143	2143	0
	河道外生态	333	333	0	333	333	0	333	333	0
	农村生活	566	566	0	566	566	0	566	566	0

续表

区域	用户	一般水平年（$P=50\%$）			一般枯水年（$P=75\%$）			特别枯水年（$P=90\%$）		
		需水	供水	缺水	需水	供水	缺水	需水	供水	缺水
秀英	农田灌溉	3904	3904	0	4576	4576	0	5589	5589	0
	林牧渔畜	1939	1939	0	2208	2208	0	2351	2351	0
	总量	16056	16056	0	16997	16997	0	18153	18153	0
龙华	城镇生活	5199	5199	0	5199	5199	0	5199	5199	0
	工业建筑业	8844	8844	0	8844	8844	0	8844	8844	0
	第三产业	8642	8642	0	8642	8642	0	8642	8642	0
	河道外生态	780	780	0	780	780	0	780	780	0
	农村生活	356	356	0	356	356	0	356	356	0
	农田灌溉	2204	2204	0	2601	2601	0	3138	3138	0
	林牧渔畜	686	686	0	783	783	0	879	879	0
	总量	26711	26711	0	27205	27205	0	27838	27838	0
琼山	城镇生活	2973	2973	0	2973	2973	0	2973	2973	0
	工业建筑业	1712	1712	0	1712	1712	0	1712	1712	0
	第三产业	1344	1344	0	1344	1344	0	1344	1344	0
	河道外生态	446	446	0	446	446	0	446	446	0
	农村生活	693	693	0	693	693	0	693	693	0
	农田灌溉	11040	11040	0	12917	12917	0	15826	15826	0
	林牧渔畜	4366	4366	0	4954	4954	0	5231	5231	0
	总量	22575	22575	0	25040	25040	0	28226	28226	0
美兰	城镇生活	5235	5235	0	5235	5235	0	5235	5235	0
	工业建筑业	1081	1081	0	1081	1081	0	1081	1081	0
	第三产业	5903	5903	0	5903	5903	0	5903	5903	0
	河道外生态	785	785	0	785	785	0	785	785	0
	农村生活	555	555	0	555	555	0	555	555	0
	农田灌溉	6733	6733	0	7859	7859	0	9671	9671	0
	林牧渔畜	2934	2934	0	3297	3297	0	3761	3761	0
	总量	23226	23226	0	24715	24715	0	26991	26991	0

表 9.4   **低用水情景下 2020 年水源供水量的配置**   单位：万 m³

水源	受水用户	一般水平年 (P=50%) 供水量	一般枯水年 (P=75%) 供水量	特别枯水年 (P=90%) 供水量
地下水	龙华城镇生活	1336.30	1209.26	963.44
	龙华工业建筑业	1310.03	1226.56	974.04
	龙华第三产业	1252.46	1188.28	932.80
	龙华生态	0.00	0.00	0.00
	龙华农村生活	0.00	0.00	0.00
	龙华农田灌溉	7.39	0.00	0.00
	龙华林牧渔畜	0.00	0.00	0.00
永庄	龙华城镇生活	1931.34	1939.81	2196.09
	龙华工业建筑业	1904.09	1955.29	2205.14
	龙华第三产业	1845.31	1916.93	2168.60
	龙华生态	245.21	260.30	363.41
	龙华农村生活	177.97	177.35	312.10
	龙华农田灌溉	599.65	730.83	1053.11
	龙华林牧渔畜	220.88	261.35	397.58
米铺	龙华城镇生活	1931.07	1940.14	1929.68
	龙华工业建筑业	1902.18	1955.37	1939.25
	龙华第三产业	1847.58	1917.01	1901.89
	龙华生态	245.80	261.52	96.75
	龙华农村生活	177.52	178.14	43.39
	龙华农田灌溉	600.49	728.96	784.68
	龙华林牧渔畜	222.90	261.08	132.59
新坡	龙华城镇生活	0.00	109.50	109.50
	龙华工业建筑业	0.00	0.00	0.00
	龙华第三产业	109.50	0.00	0.00
	龙华生态	0.00	0.00	0.00
	龙华农村生活	0.00	0.00	0.00
	龙华农田灌溉	0.00	0.00	0.00
	龙华林牧渔畜	0.00	0.00	0.00

续表

水源	受水用户	一般水平年（$P=50\%$）供水量	一般枯水年（$P=75\%$）供水量	特别枯水年（$P=90\%$）供水量
龙华区 小水库	龙华工业建筑业	125.04	116.08	115.89
	龙华第三产业	96.96	105.92	106.11
	龙华生态	0.00	0.00	0.00
	龙华农田灌溉	0.00	0.00	0.00
	龙华林牧渔畜	0.00	0.00	0.00
龙华区 中水库	龙华工业建筑业	1902.40	1955.00	2161.24
	龙华第三产业	1846.82	1914.84	2122.87
	龙华生态	245.39	257.99	319.65
	龙华农田灌溉	599.15	729.14	1007.16
	龙华林牧渔畜	223.51	260.89	349.08
东山泵站 2	龙华工业建筑业	1700.55	1636.00	1448.74
	龙华第三产业	1643.78	1599.42	1410.13
	龙华生态	43.41	0.00	0.00
	龙华农田灌溉	397.55	412.07	293.17
	龙华林牧渔畜	18.37	0.00	0.00
地下水	秀英城镇生活	319.72	230.37	0.00
	秀英工业建筑业	421.11	344.59	55.42
	秀英第三产业	0.00	0.00	0.00
	秀英生态	0.00	0.00	0.00
	秀英农村生活	0.00	0.00	0.00
	秀英农田灌溉	246.78	281.90	161.17
	秀英林牧渔畜	0.00	0.00	0.00
永庄	秀英城镇生活	913.53	957.22	1155.00
	秀英工业建筑业	1016.64	1073.33	1288.80
	秀英第三产业	537.92	581.81	735.89
	秀英生态	112.89	110.67	153.32
	秀英农村生活	283.60	283.49	345.50
	秀英农田灌溉	841.79	1010.35	1391.44
	秀英林牧渔畜	497.94	592.30	782.17

续表

水源	受水用户	一般水平年 （P=50%） 供水量	一般枯水年 （P=75%） 供水量	特别枯水年 （P=90%） 供水量
东山	秀英城镇生活	73.00	73.00	32.57
	秀英工业建筑业	0.00	0.00	13.63
	秀英第三产业	0.00	0.00	0.00
	秀英生态	0.00	0.00	0.00
	秀英农村生活	0.00	0.00	0.00
	秀英农田灌溉	0.00	0.00	26.80
	秀英林牧渔畜	0.00	0.00	0.00
秀英区 小水库	秀英工业建筑业	664.07	631.68	610.95
	秀英第三产业	187.73	138.37	58.49
	秀英生态	0.00	0.00	0.00
	秀英农田灌溉	490.69	568.74	715.73
	秀英林牧渔畜	147.50	151.22	104.83
秀英区 中水库	秀英工业建筑业	1016.96	1073.75	1286.74
	秀英第三产业	540.16	579.16	735.28
	秀英生态	111.55	110.48	152.27
	秀英农田灌溉	841.93	1011.47	1392.22
	秀英林牧渔畜	497.47	594.50	782.35
东山泵站1	秀英城镇生活	914.16	959.81	1032.84
	秀英工业建筑业	1017.44	1072.41	1164.26
	秀英第三产业	540.39	580.43	613.05
	秀英生态	108.63	111.91	27.47
	秀英农村生活	282.46	282.57	220.56
	秀英农田灌溉	842.26	1010.94	1267.24
	秀英林牧渔畜	499.27	595.12	657.27
东山泵站2	秀英工业建筑业	814.60	755.06	531.01
	秀英第三产业	336.52	262.96	0.00
	秀英生态	0.00	0.00	0.00
	秀英农田灌溉	640.59	692.07	634.47
	秀英林牧渔畜	296.60	274.83	23.85

续表

水源	受水用户	一般水平年 （P=50%） 供水量	一般枯水年 （P=75%） 供水量	特别枯水年 （P=90%） 供水量
地下水	琼山城镇生活	737.59	825.59	914.04
	琼山工业建筑业	0.00	0.00	0.00
	琼山第三产业	0.00	0.00	0.00
	琼山生态	0.00	0.00	0.00
	琼山农村生活	82.74	124.85	257.54
	琼山农田灌溉	1221.97	1448.30	2003.63
	琼山林牧渔畜	269.06	329.08	487.80
云龙	琼山城镇生活	182.50	182.50	182.50
	琼山工业建筑业	0.00	0.00	0.00
	琼山第三产业	0.00	0.00	0.00
	琼山生态	0.00	0.00	0.00
	琼山农村生活	0.00	0.00	0.00
	琼山农田灌溉	0.00	0.00	0.00
	琼山林牧渔畜	0.00	0.00	0.00
儒俊	琼山城镇生活	1074.91	1135.41	1059.91
	琼山工业建筑业	203.34	122.46	81.66
	琼山第三产业	127.80	48.98	5.92
	琼山生态	0.00	0.00	0.00
	琼山农村生活	418.24	437.48	406.90
	琼山农田灌溉	1557.13	1758.58	2147.44
	琼山林牧渔畜	604.92	639.55	634.98
九尾高黄	琼山城镇生活	131.40	0.00	131.40
	琼山工业建筑业	0.00	0.00	0.00
	琼山第三产业	0.00	0.00	0.00
	琼山生态	0.00	0.00	0.00
	琼山农村生活	0.00	0.00	0.00
	琼山农田灌溉	0.00	131.40	0.00
	琼山林牧渔畜	0.00	0.00	0.00

续表

水源	受水用户	一般水平年（P＝50%）供水量	一般枯水年（P＝75%）供水量	特别枯水年（P＝90%）供水量
琼山区小水库	琼山工业建筑业	461.75	543.77	693.79
	琼山第三产业	388.65	469.43	619.33
	琼山生态	193.44	223.22	365.48
	琼山农田灌溉	1818.08	2177.29	2764.76
	琼山林牧渔畜	862.17	1059.66	1247.65
琼山区中水库	琼山工业建筑业	460.26	543.77	328.60
	琼山第三产业	387.30	469.74	253.98
	琼山生态	193.63	222.77	0.00
	琼山农田灌溉	1817.55	2179.07	2394.95
	琼山林牧渔畜	863.49	1058.44	880.88
龙塘右泵站1	琼山城镇生活	846.88	829.77	685.42
	琼山工业建筑业	0.00	0.00	0.00
	琼山第三产业	0.00	0.00	0.00
	琼山生态	0.00	0.00	0.00
	琼山农村生活	191.99	130.65	28.53
	琼山农田灌溉	1329.24	1451.08	1770.51
	琼山林牧渔畜	375.52	332.13	259.17
龙塘左泵站	琼山工业建筑业	328.17	277.68	200.66
	琼山第三产业	254.93	204.22	128.13
	琼山生态	58.92	0.00	0.00
	琼山农田灌溉	1683.48	1912.31	2267.81
	琼山林牧渔畜	730.71	793.36	754.78
东山泵站2	琼山工业建筑业	258.79	224.62	407.59
	琼山第三产业	185.60	151.91	336.92
	琼山生态	0.00	0.00	80.51
	琼山农田灌溉	1612.42	1858.74	2477.22
	琼山林牧渔畜	660.56	741.64	965.70

续表

水源	受水用户	一般水平年 （$P=50\%$） 供水量	一般枯水年 （$P=75\%$） 供水量	特别枯水年 （$P=90\%$） 供水量
地下水	美兰城镇生活	881.51	824.23	789.32
	美兰工业建筑业	0.00	0.00	0.00
	美兰第三产业	445.36	393.43	453.05
	美兰生态	0.00	0.00	0.00
	美兰农村生活	0.00	0.00	0.00
	美兰农田灌溉	562.46	670.47	980.85
	美兰林牧渔畜	30.52	28.08	151.90
大致坡	美兰城镇生活	177.39	166.26	88.03
	美兰工业建筑业	0.00	0.00	0.00
	美兰第三产业	49.48	45.27	59.55
	美兰生态	0.00	0.00	0.00
	美兰农村生活	0.00	0.00	0.00
	美兰农田灌溉	62.30	75.84	118.35
	美兰林牧渔畜	2.83	4.63	26.06
米铺	美兰城镇生活	1477.75	1553.61	1756.93
	美兰工业建筑业	294.26	335.80	562.89
	美兰第三产业	1039.66	1124.65	1418.94
	美兰生态	229.17	261.40	440.05
	美兰农村生活	271.69	276.85	324.39
	美兰农田灌溉	1156.21	1398.66	1949.52
	美兰林牧渔畜	623.18	758.63	1118.04
儒俊	美兰城镇生活	1219.59	1135.46	937.64
	美兰工业建筑业	36.16	0.00	0.00
	美兰第三产业	781.62	704.57	598.54
	美兰生态	0.00	0.00	0.00
	美兰农村生活	13.54	0.00	0.00
	美兰农田灌溉	899.40	979.40	1128.98
	美兰林牧渔畜	363.35	338.11	298.02

续表

水源	受水用户	一般水平年 ($P=50\%$) 供水量	一般枯水年 ($P=75\%$) 供水量	特别枯水年 ($P=90\%$) 供水量
美兰区 小水库	美兰工业建筑业	0.00	0.00	0.00
	美兰第三产业	597.52	526.04	418.60
	美兰生态	0.00	0.00	0.00
	美兰农田灌溉	713.56	802.15	951.72
	美兰林牧渔畜	177.91	160.81	118.68
美兰区 中水库	美兰工业建筑业	293.86	337.88	52.68
	美兰第三产业	1040.98	1123.90	908.38
	美兰生态	230.04	262.66	0.00
	美兰农田灌溉	1157.58	1399.53	1438.97
	美兰林牧渔畜	622.85	757.67	606.69
龙塘右 泵站 2	美兰城镇生活	1478.59	1555.25	1662.89
	美兰工业建筑业	294.28	338.02	465.47
	美兰第三产业	1039.48	1126.16	1325.04
	美兰生态	228.76	261.17	345.17
	美兰农村生活	269.95	278.34	230.80
	美兰农田灌溉	1156.27	1399.84	1853.53
	美兰林牧渔畜	623.80	758.18	1023.49
龙塘 左泵站	美兰工业建筑业	162.48	69.34	0.00
	美兰第三产业	908.61	858.70	720.60
	美兰生态	97.24	0.00	0.00
	美兰农田灌溉	1025.27	1132.91	1249.08
	美兰林牧渔畜	489.73	491.03	418.49

　　由结果可见，海口市在社会经济稳定发展，同时实行强化节水措施下，2020 年 4 个单元所有用户，在来水频率分别为 50%、75% 和 90% 的情况下，均能实现水资源供需平衡，局部性缺水问题得到解决。

　　从水源的供水配置结果可以看出，可供水量有了很大的提高，水资源的配置更加灵活，先充分利用供水量较大的水源，比较均匀的供给各用户，仍不能满足的用户再通过供水量较小的相应的水源补充，比较符合水资源的调度原则。

9.4.2.2 高用水情景

　　结合 2020 年水资源系统概化结果，预测经济社会高速发展且采用适度节水措施情景下，各单元各用户供需关系分析见表 9.5，各水源供水量的配置见表 9.6。

表 9.5　　　　　　　　高用水情景下 2020 年供需关系分析表　　　　　　　　单位：万 m³

区域	用户	一般水平年（P=50%）			一般枯水年（P=75%）			特别枯水年（P=90%）		
		需水	供水	缺水	需水	供水	缺水	需水	供水	缺水
秀英	城镇生活	2272	2272	0	2272	2272	0	2272	2272	0
	工业建筑业	5797	5797	0	5797	5797	0	5797	5797	0
	第三产业	2350	2350	0	2350	2350	0	2350	2350	0
	河道外生态	341	341	0	341	341	0	341	341	0
	农村生活	576	576	0	576	576	0	576	576	0
	农田灌溉	3970	3970	0	4653	4653	0	5684	5684	0
	林牧渔畜	1949	1949	0	2220	2220	0	2363	2363	0
	总量	17255	17255	0	18209	18209	0	19382	19382	0
龙华	城镇生活	5282	5282	0	5282	5282	0	5282	5282	0
	工业建筑业	9770	9770	0	9770	9770	0	9770	9770	0
	第三产业	8940	8940	0	8940	8940	0	8940	8940	0
	河道外生态	792	792	0	792	792	0	792	792	0
	农村生活	360	360	0	360	360	0	360	360	0
	农田灌溉	2233	2233	0	2635	2635	0	3179	3179	0
	林牧渔畜	689	689	0	787	787	0	883	883	0
	总量	28066	28066	0	28566	28566	0	29206	29206	0
琼山	城镇生活	3036	3036	0	3036	3036	0	3036	3036	0
	工业建筑业	1976	1976	0	1976	1976	0	1976	1976	0
	第三产业	1454	1454	0	1454	1454	0	1454	1454	0
	河道外生态	455	455	0	455	455	0	455	455	0
	农村生活	706	706	0	706	706	0	706	706	0
	农田灌溉	11216	11216	0	13122	13122	0	16078	16078	0
	林牧渔畜	4436	4436	0	5034	5034	0	5320	5320	0
	总量	23278	23278	0	25783	25783	0	29024	29024	0
美兰	城镇生活	5326	5326	0	5326	5326	0	5326	5326	0
	工业建筑业	1289	1289	0	1289	1289	0	1289	1289	0
	第三产业	6668	6668	0	6668	6668	0	6668	6668	0
	河道外生态	799	799	0	799	799	0	799	799	0
	农村生活	562	562	0	562	562	0	562	562	0
	农田灌溉	6823	6823	0	7964	7964	0	9800	9800	0
	林牧渔畜	2943	2943	0	3307	3307	0	3772	3772	0
	总量	24410	24410	0	25915	25915	0	28217	28217	0

表 9.6　　　　　　　高用水情景下 2020 年水源供水量的配置　　　　　单位：万 m³

水源	受水用户	一般水平年 （P=50%） 供水量	一般枯水年 （P=75%） 供水量	特别枯水年 （P=90%） 供水量
地下水	龙华城镇生活	1262.22	1165.16	758.83
	龙华工业建筑业	1412.96	1321.85	931.67
	龙华第三产业	1289.65	1201.62	810.18
	龙华生态	0.00	0.00	0.00
	龙华农村生活	0.00	0.00	0.00
	龙华农田灌溉	0.00	0.00	0.00
	龙华林牧渔畜	0.00	0.00	0.00
永庄	龙华城镇生活	1954.99	2003.57	2654.73
	龙华工业建筑业	2105.97	2160.54	2825.65
	龙华第三产业	1985.91	2038.56	2704.96
	龙华生态	264.52	263.73	630.44
	龙华农村生活	180.23	179.34	360.20
	龙华农田灌溉	631.68	765.02	1466.26
	龙华林牧渔畜	230.40	261.46	676.89
米铺	龙华城镇生活	1955.22	2003.69	1758.87
	龙华工业建筑业	2107.69	2161.93	1933.12
	龙华第三产业	1984.65	2041.07	1811.47
	龙华生态	263.29	264.58	0.00
	龙华农村生活	179.96	180.86	0.00
	龙华农田灌溉	632.45	763.51	574.00
	龙华林牧渔畜	229.72	262.03	0.00
新坡	龙华城镇生活	109.50	109.50	109.50
	龙华工业建筑业	0.00	0.00	0.00
	龙华第三产业	0.00	0.00	0.00
	龙华生态	0.00	0.00	0.00
	龙华农村生活	0.00	0.00	0.00
	龙华农田灌溉	0.00	0.00	0.00
	龙华林牧渔畜	0.00	0.00	0.00

续表

水源	受水用户	一般水平年 （P=50%） 供水量	一般枯水年 （P=75%） 供水量	特别枯水年 （P=90%） 供水量
龙华区 小水库	龙华工业建筑业	222.00	222.00	222.00
	龙华第三产业	0.00	0.00	0.00
	龙华生态	0.00	0.00	0.00
	龙华农田灌溉	0.00	0.00	0.00
	龙华林牧渔畜	0.00	0.00	0.00
龙华区 中水库	龙华工业建筑业	2107.12	2163.77	2358.42
	龙华第三产业	1987.47	2039.80	2235.59
	龙华生态	264.48	263.98	161.85
	龙华农田灌溉	632.60	763.54	997.97
	龙华林牧渔畜	228.68	263.42	206.17
东山泵站 2	龙华工业建筑业	1814.02	1739.68	1498.91
	龙华第三产业	1691.96	1618.58	1377.44
	龙华生态	0.00	0.00	0.00
	龙华农田灌溉	336.37	343.01	140.96
	龙华林牧渔畜	0.00	0.00	0.00
地下水	秀英城镇生活	276.91	186.27	0.00
	秀英工业建筑业	506.97	427.03	0.00
	秀英第三产业	0.00	0.00	0.00
	秀英生态	0.00	0.00	0.00
	秀英农村生活	0.00	0.00	0.00
	秀英农田灌溉	206.11	239.38	0.00
	秀英林牧渔畜	0.00	0.00	0.00
永庄	秀英城镇生活	971.85	1026.39	1287.90
	秀英工业建筑业	1201.44	1264.01	1665.58
	秀英第三产业	616.88	664.91	884.04
	秀英生态	113.67	117.44	170.94
	秀英农村生活	288.21	295.09	438.44
	秀英农田灌溉	900.42	1076.23	1626.93
	秀英林牧渔畜	536.18	638.68	888.29

续表

水源	受水用户	一般水平年（P＝50％）供水量	一般枯水年（P＝75％）供水量	特别枯水年（P＝90％）供水量
东山	秀英城镇生活	51.79	46.71	0.00
	秀英工业建筑业	21.21	24.77	0.00
	秀英第三产业	0.00	0.00	0.00
	秀英生态	0.00	0.00	0.00
	秀英农村生活	0.00	0.00	0.00
	秀英农田灌溉	0.00	1.53	73.00
	秀英林牧渔畜	0.00	0.00	0.00
秀英区小水库	秀英工业建筑业	759.73	725.75	762.53
	秀英第三产业	176.35	125.56	0.00
	秀英生态	0.00	0.00	0.00
	秀英农田灌溉	458.20	538.27	727.47
	秀英林牧渔畜	95.71	100.42	0.00
秀英区中水库	秀英工业建筑业	1201.34	1263.12	1666.26
	秀英第三产业	618.20	666.72	884.29
	秀英生态	113.05	119.53	169.91
	秀英农田灌溉	899.99	1077.54	1628.66
	秀英林牧渔畜	536.29	638.69	887.94
东山泵站1	秀英城镇生活	971.77	1012.95	984.41
	秀英工业建筑业	1199.34	1248.99	1363.79
	秀英第三产业	617.13	649.83	581.75
	秀英生态	114.13	103.87	0.00
	秀英农村生活	288.03	281.16	137.81
	秀英农田灌溉	900.50	1061.97	1328.29
	秀英林牧渔畜	536.37	623.91	586.64
东山泵站2	秀英工业建筑业	906.43	842.78	338.29
	秀英第三产业	321.51	243.06	0.00
	秀英生态	0.00	0.00	0.00
	秀英农田灌溉	604.95	658.22	299.22
	秀英林牧渔畜	244.68	218.14	0.00

续表

水源	受水用户	一般水平年 （P＝50%） 供水量	一般枯水年 （P＝75%） 供水量	特别枯水年 （P＝90%） 供水量
地下水	琼山城镇生活	752.46	841.93	977.52
	琼山工业建筑业	0.00	0.00	15.70
	琼山第三产业	0.00	0.00	0.00
	琼山生态	0.00	0.00	0.00
	琼山农村生活	81.61	125.48	304.15
	琼山农田灌溉	1209.88	1440.74	2069.12
	琼山林牧渔畜	241.66	302.80	531.56
云龙	琼山城镇生活	182.50	182.50	182.50
	琼山工业建筑业	0.00	0.00	0.00
	琼山第三产业	0.00	0.00	0.00
	琼山生态	0.00	0.00	0.00
	琼山农村生活	0.00	0.00	0.00
	琼山农田灌溉	0.00	0.00	0.00
	琼山林牧渔畜	0.00	0.00	0.00
儒俊	琼山城镇生活	1103.19	1161.49	1052.57
	琼山工业建筑业	219.49	136.96	92.20
	琼山第三产业	114.63	33.29	0.00
	琼山生态	0.00	0.00	0.00
	琼山农村生活	429.52	446.87	379.93
	琼山农田灌溉	1560.14	1762.07	2143.95
	琼山林牧渔畜	591.99	627.09	606.56
九尾高黄	琼山城镇生活	131.40	0.00	131.40
	琼山工业建筑业	0.00	0.00	0.00
	琼山第三产业	0.00	0.00	0.00
	琼山生态	0.00	0.00	0.00
	琼山农村生活	0.00	0.00	0.00
	琼山农田灌溉	0.00	131.40	0.00
	琼山林牧渔畜	0.00	0.00	0.00

续表

水源	受水用户	一般水平年（$P=50\%$）供水量	一般枯水年（$P=75\%$）供水量	特别枯水年（$P=90\%$）供水量
琼山区小水库	琼山工业建筑业	564.60	655.77	730.18
	琼山第三产业	459.76	550.45	627.39
	琼山生态	219.18	227.76	302.20
	琼山农田灌溉	1904.83	2278.61	2783.88
	琼山林牧渔畜	935.85	1142.13	1247.34
琼山区中水库	琼山工业建筑业	562.74	653.74	347.69
	琼山第三产业	459.83	550.48	244.76
	琼山生态	221.30	227.58	0.00
	琼山农田灌溉	1903.93	2279.46	2401.38
	琼山林牧渔畜	936.35	1143.67	864.59
龙塘右泵站1	琼山城镇生活	866.09	849.72	691.65
	琼山工业建筑业	0.00	0.00	0.00
	琼山第三产业	0.00	0.00	0.00
	琼山生态	0.00	0.00	0.00
	琼山农村生活	195.06	133.85	22.11
	琼山农田灌溉	1326.23	1447.43	1783.90
	琼山林牧渔畜	356.26	312.63	245.97
龙塘左泵站	琼山工业建筑业	358.64	295.23	205.65
	琼山第三产业	253.93	191.20	101.78
	琼山生态	14.87	0.00	0.00
	琼山农田灌溉	1699.34	1921.47	2260.03
	琼山林牧渔畜	731.31	783.03	722.35
东山泵站2	琼山工业建筑业	269.99	233.75	584.03
	琼山第三产业	165.85	128.60	480.08
	琼山生态	0.00	0.00	153.14
	琼山农田灌溉	1611.24	1861.20	2635.97
	琼山林牧渔畜	642.33	722.31	1101.29
地下水	美兰城镇生活	853.89	790.27	844.74
	美兰工业建筑业	0.00	0.00	0.00
	美兰第三产业	504.51	451.03	616.34

水源	受水用户	一般水平年 （P=50%） 供水量	一般枯水年 （P=75%） 供水量	特别枯水年 （P=90%） 供水量
地下水	美兰生态	0.00	0.00	0.00
	美兰农村生活	0.00	0.00	0.00
	美兰农田灌溉	526.17	631.44	1056.62
	美兰林牧渔畜	0.00	0.00	208.57
大致坡	美兰城镇生活	174.83	163.53	71.15
	美兰工业建筑业	0.00	0.00	0.00
	美兰第三产业	57.41	54.11	72.34
	美兰生态	0.00	0.00	0.00
	美兰农村生活	0.00	0.00	0.00
	美兰农田灌溉	59.75	74.35	121.51
	美兰林牧渔畜	0.00	0.00	27.00
米铺	美兰城镇生活	1547.70	1628.58	1847.24
	美兰工业建筑业	367.91	410.90	712.54
	美兰第三产业	1197.31	1289.04	1615.42
	美兰生态	251.39	267.04	499.59
	美兰农村生活	280.91	280.54	383.38
	美兰农田灌溉	1220.13	1471.08	2056.16
	美兰林牧渔畜	670.46	810.57	1207.21
儒俊	美兰城镇生活	1201.60	1111.83	919.30
	美兰工业建筑业	22.94	0.00	0.00
	美兰第三产业	851.84	770.92	689.58
	美兰生态	0.00	0.00	0.00
	美兰农村生活	0.00	0.00	0.00
	美兰农田灌溉	876.40	954.56	1130.74
	美兰林牧渔畜	328.25	294.92	285.17
美兰区 小水库	美兰工业建筑业	0.00	0.00	0.00
	美兰第三产业	666.78	594.03	485.68
	美兰生态	0.00	0.00	0.00
	美兰农田灌溉	684.73	776.42	926.30
	美兰林牧渔畜	137.49	118.55	77.02

水源	受水用户	一般水平年 （$P=50\%$） 供水量	一般枯水年 （$P=75\%$） 供水量	特别枯水年 （$P=90\%$） 供水量
美兰区 中水库	美兰工业建筑业	367.66	412.46	65.98
	美兰第三产业	1199.20	1288.92	969.35
	美兰生态	250.60	266.99	0.00
	美兰农田灌溉	1219.09	1471.69	1408.86
	美兰林牧渔畜	669.07	813.32	562.52
龙塘右 泵站2	美兰城镇生活	1548.35	1632.17	1643.95
	美兰工业建筑业	368.47	412.64	510.71
	美兰第三产业	1198.26	1289.65	1414.49
	美兰生态	250.89	264.93	299.36
	美兰农村生活	281.25	281.62	178.78
	美兰农田灌溉	1221.59	1472.72	1853.56
	美兰林牧渔畜	671.54	815.33	1005.55
龙塘左泵站	美兰工业建筑业	162.23	53.23	0.00
	美兰第三产业	992.15	929.76	804.27
	美兰生态	46.07	0.00	0.00
	美兰农田灌溉	1015.12	1111.42	1246.46
	美兰林牧渔畜	465.89	454.20	399.02

　　与低用水情景相似，海口市在社会经济高速发展，同时实行适度节水措施下，2020 年 4 个单元所有用户，在来水频率分别为 50%、75% 和 90% 的情况下，均能实现水资源供需平衡，有效解决了局部缺水问题，水资源可以得到合理的配置，大大提高了水资源的利用率。

　　从水源的供水配置结果可以看出，与低用水情景相似，可供水量有了很大的提高，水资源的配置更加灵活，先充分利用供水量较大的水源，比较均匀的供给各用户，仍不能满足的用户再通过供水量较小的相应的水源补充，比较符合水资源的调度原则。

9.4.3　2030 年供需关系分析

　　根据第一章海口市经济社会和需水预测结果，按照稳定发展且强化节水、积极发展且适度节水两种情景下的需水结果，研究 2030 年南渡江引水工程发挥最大效益，同时经济发展一段时间后需水量达到了一个新的高度，进行河湖水系连通格局对水资源配置的效益分析。

9.4.3.1　低用水情景

结合 2030 年水资源系统概化结果，预测经济社会稳定发展且采用强化节水措施情景下，各单元各用户供需关系分析见表 9.7，各水源供水量的配置见表 9.8。

表 9.7　　　　　　　低用水情景下 2030 年供需关系分析表　　　　单位：万 m³

区域	用户	一般水平年（P=50%）			一般枯水年（P=75%）			特别枯水年（P=90%）		
		需水	供水	缺水	需水	供水	缺水	需水	供水	缺水
秀英	城镇生活	2505	2505	0	2505	2505	0	2505	2505	0
	工业建筑业	5708	5708	0	5708	5708	0	5708	5708	0
	第三产业	3400	3400	0	3400	3400	0	3400	3400	0
	河道外生态	376	376	0	376	376	0	376	376	0
	农村生活	489	489	0	489	489	0	489	489	0
	农田灌溉	3611	3611	0	4260	4260	0	5235	5235	0
	林牧渔畜	2034	2034	0	2316	2316	0	2467	2467	0
	总量	18122	18122	0	19053	19053	0	20179	20179	0
龙华	城镇生活	5414	5414	0	5414	5414	0	5414	5414	0
	工业建筑业	8594	8594	0	8594	8594	0	8594	8594	0
	第三产业	11533	11533	0	11533	11533	0	11533	11533	0
	河道外生态	812	812	0	812	812	0	812	812	0
	农村生活	346	346	0	346	346	0	346	346	0
	农田灌溉	2022	2022	0	2399	2399	0	2909	2909	0
	林牧渔畜	721	721	0	823	823	0	923	923	0
	总量	29442	29442	0	29921	29921	0	30530	30530	0
琼山	城镇生活	3162	3162	0	3162	3162	0	3162	3162	0
	工业建筑业	1495	1495	0	1495	1495	0	1495	1495	0
	第三产业	2028	2028	0	2028	2028	0	2028	2028	0
	河道外生态	474	474	0	474	474	0	474	474	0
	农村生活	682	682	0	682	682	0	682	682	0
	农田灌溉	10070	10070	0	11858	11858	0	14631	14631	0
	林牧渔畜	4724	4724	0	5363	5363	0	5659	5659	0
	总量	22636	22636	0	25062	25062	0	28130	28130	0
美兰	城镇生活	5575	5575	0	5575	5575	0	5575	5575	0
	工业建筑业	1220	1220	0	1220	1220	0	1220	1220	0

区域	用户	一般水平年（P=50%）			一般枯水年（P=75%）			特别枯水年（P=90%）		
		需水	供水	缺水	需水	供水	缺水	需水	供水	缺水
美兰	第三产业	10116	10116	0	10116	10116	0	10116	10116	0
	河道外生态	836	836	0	836	836	0	836	836	0
	农村生活	543	543	0	543	543	0	543	543	0
	农田灌溉	5906	5906	0	6941	6941	0	8606	8606	0
	林牧渔畜	3066	3066	0	3448	3448	0	3935	3935	0
	总量	27262	27262	0	28678	28678	0	30830	30830	0

表 9.8　　　　　　　低用水情景下 2030 年水源供水量的配置　　　　　单位：万 m³

水源	受水用户	一般水平年（P=50%）供水量	一般枯水年（P=75%）供水量	特别枯水年（P=90%）供水量
地下水	龙华城镇生活	1270.50	1187.78	607.12
	龙华工业建筑业	1126.05	1041.16	465.20
	龙华第三产业	1691.63	1607.06	1032.04
	龙华生态	0.00	0.00	0.00
	龙华农村生活	0.00	0.00	0.00
	龙华农田灌溉	0.00	0.00	0.00
	龙华林牧渔畜	0.00	0.00	0.00
永庄	龙华城镇生活	2071.45	2144.95	3208.37
	龙华工业建筑业	1927.33	2000.83	3067.06
	龙华第三产业	2493.79	2565.55	3630.59
	龙华生态	270.10	292.62	812.16
	龙华农村生活	172.15	204.09	345.84
	龙华农田灌溉	594.89	740.00	1789.08
	龙华林牧渔畜	240.04	294.94	889.73
米铺	龙华城镇生活	2072.42	2081.64	1598.88
	龙华工业建筑业	1928.99	1938.97	1454.30
	龙华第三产业	2492.19	2504.90	2018.66
	龙华生态	271.59	227.97	0.00
	龙华农村生活	173.69	141.75	0.00
	龙华农田灌溉	594.15	679.03	176.55
	龙华林牧渔畜	240.06	233.34	0.00

续表

水源	受水用户	一般水平年 (P=50%) 供水量	一般枯水年 (P=75%) 供水量	特别枯水年 (P=90%) 供水量
新坡	龙华城镇生活	0.00	0.00	0.00
	龙华工业建筑业	109.50	109.50	109.50
	龙华第三产业	0.00	0.00	0.00
	龙华生态	0.00	0.00	0.00
	龙华农村生活	0.00	0.00	0.00
	龙华农田灌溉	0.00	0.00	0.00
	龙华林牧渔畜	0.00	0.00	0.00
龙华区 小水库	龙华工业建筑业	0.00	0.00	0.00
	龙华第三产业	222.00	222.00	222.00
	龙华生态	0.00	0.00	0.00
	龙华农田灌溉	0.00	0.00	0.00
	龙华林牧渔畜	0.00	0.00	0.00
龙华区 中水库	龙华工业建筑业	1929.41	2000.91	2212.96
	龙华第三产业	2494.84	2567.09	2778.69
	龙华生态	270.46	291.56	0.00
	龙华农田灌溉	594.05	738.91	935.09
	龙华林牧渔畜	240.96	294.73	33.26
东山泵站 2	龙华工业建筑业	1572.20	1502.10	1284.45
	龙华第三产业	2138.38	2066.24	1850.85
	龙华生态	0.00	0.00	0.00
	龙华农田灌溉	238.88	240.82	7.97
	龙华林牧渔畜	0.00	0.00	0.00
地下水	秀英城镇生活	274.70	207.03	0.00
	秀英工业建筑业	426.14	354.38	0.00
	秀英第三产业	42.26	0.00	0.00
	秀英生态	0.00	0.00	0.00
	秀英农村生活	0.00	0.00	0.00
	秀英农田灌溉	75.55	117.33	0.00
	秀英林牧渔畜	0.00	0.00	0.00

续表

水源	受水用户	一般水平年（$P=50\%$）供水量	一般枯水年（$P=75\%$）供水量	特别枯水年（$P=90\%$）供水量
永庄	秀英城镇生活	1079.84	1165.73	1431.13
	秀英工业建筑业	1229.15	1312.75	1799.22
	秀英第三产业	844.50	923.58	1228.13
	秀英生态	125.66	155.61	188.09
	秀英农村生活	244.73	290.93	459.57
	秀英农田灌溉	882.16	1073.53	1684.53
	秀英林牧渔畜	581.67	708.60	966.00
东山	秀英城镇生活	73.00	57.77	73.00
	秀英工业建筑业	0.00	15.23	0.00
	秀英第三产业	0.00	0.00	0.00
	秀英生态	0.00	0.00	0.00
	秀英农村生活	0.00	0.00	0.00
	秀英农田灌溉	0.00	0.00	0.00
	秀英林牧渔畜	0.00	0.00	0.00
秀英区小水库	秀英工业建筑业	718.41	680.03	725.30
	秀英第三产业	334.56	292.79	153.11
	秀英生态	0.00	0.00	0.00
	秀英农田灌溉	368.90	441.15	611.59
	秀英林牧渔畜	68.13	76.03	0.00
秀英区中水库	秀英工业建筑业	1229.17	1311.80	1798.03
	秀英第三产业	845.10	926.33	1224.61
	秀英生态	124.85	156.58	187.64
	秀英农田灌溉	880.18	1074.09	1684.89
	秀英林牧渔畜	581.57	707.30	964.36
东山泵站1	秀英城镇生活	1077.35	1074.35	1000.75
	秀英工业建筑业	1229.94	1220.24	1367.67
	秀英第三产业	844.43	831.02	793.99
	秀英生态	125.22	63.54	0.00
	秀英农村生活	244.46	198.26	29.63
	秀英农田灌溉	879.77	980.48	1254.30
	秀英林牧渔畜	580.41	614.80	536.35

续表

水源	受水用户	一般水平年（P＝50％）供水量	一般枯水年（P＝75％）供水量	特别枯水年（P＝90％）供水量
东山泵站2	秀英工业建筑业	874.64	813.01	17.22
	秀英第三产业	488.99	426.12	0.00
	秀英生态	0.00	0.00	0.00
	秀英农田灌溉	524.69	573.18	0.00
	秀英林牧渔畜	222.27	209.33	0.00
地下水	琼山城镇生活	771.48	812.74	1052.96
	琼山工业建筑业	0.00	0.00	0.00
	琼山第三产业	0.00	0.00	0.00
	琼山生态	0.00	0.00	0.00
	琼山农村生活	48.65	91.09	288.14
	琼山农田灌溉	995.87	1225.52	1762.72
	琼山林牧渔畜	231.41	299.41	501.01
云龙	琼山城镇生活	182.50	182.50	182.50
	琼山工业建筑业	0.00	0.00	0.00
	琼山第三产业	0.00	0.00	0.00
	琼山生态	0.00	0.00	0.00
	琼山农村生活	0.00	0.00	0.00
	琼山农田灌溉	0.00	0.00	0.00
	琼山林牧渔畜	0.00	0.00	0.00
儒俊	琼山城镇生活	1131.67	1143.72	1087.43
	琼山工业建筑业	71.05	0.00	0.00
	琼山第三产业	179.50	95.09	0.00
	琼山生态	0.00	0.00	0.00
	琼山农村生活	409.19	419.95	322.15
	琼山农田灌溉	1354.24	1554.04	1797.33
	琼山林牧渔畜	593.56	625.57	533.51
九尾高黄	琼山城镇生活	131.40	131.40	0.00
	琼山工业建筑业	0.00	0.00	0.00
	琼山第三产业	0.00	0.00	0.00
	琼山生态	0.00	0.00	0.00

水源	受水用户	一般水平年 (P=50%) 供水量	一般枯水年 (P=75%) 供水量	特别枯水年 (P=90%) 供水量
九尾高黄	琼山农村生活	0.00	0.00	0.00
	琼山农田灌溉	0.00	0.00	131.40
	琼山林牧渔畜	0.00	0.00	0.00
琼山区小水库	琼山工业建筑业	516.94	613.70	645.48
	琼山第三产业	621.95	723.39	788.35
	琼山生态	236.82	236.58	262.04
	琼山农田灌溉	1796.92	2182.63	2629.87
	琼山林牧渔畜	1032.99	1257.01	1365.26
琼山区中水库	琼山工业建筑业	515.40	616.11	252.91
	琼山第三产业	622.17	725.07	395.71
	琼山生态	237.44	237.68	0.00
	琼山农田灌溉	1796.82	2184.70	2235.72
	琼山林牧渔畜	1031.87	1256.07	974.07
龙塘右泵站1	琼山城镇生活	944.66	891.36	838.83
	琼山工业建筑业	0.00	0.00	0.00
	琼山第三产业	0.00	0.00	0.00
	琼山生态	0.00	0.00	0.00
	琼山农村生活	224.00	170.79	71.54
	琼山农田灌溉	1168.88	1304.80	1548.09
	琼山林牧渔畜	406.09	376.68	285.17
龙塘左泵站	琼山工业建筑业	232.26	150.39	0.00
	琼山第三产业	337.13	261.55	103.43
	琼山生态	0.00	0.00	0.00
	琼山农田灌溉	1513.90	1721.33	1942.95
	琼山林牧渔畜	748.95	792.48	682.98
东山泵站2	琼山工业建筑业	159.61	115.07	596.88
	琼山第三产业	267.25	222.91	740.52
	琼山生态	0.00	0.00	212.22
	琼山农田灌溉	1442.95	1685.24	2582.56
	琼山林牧渔畜	679.48	755.31	1316.65

水源	受水用户	一般水平年（P=50%）供水量	一般枯水年（P=75%）供水量	特别枯水年（P=90%）供水量
地下水	美兰城镇生活	860.99	814.84	958.82
	美兰工业建筑业	0.00	0.00	0.00
	美兰第三产业	951.00	906.25	1180.64
	美兰生态	0.00	0.00	0.00
	美兰农村生活	0.00	0.00	0.00
	美兰农田灌溉	358.77	460.39	966.83
	美兰林牧渔畜	0.00	0.00	309.53
大致坡	美兰城镇生活	160.12	151.90	49.01
	美兰工业建筑业	0.00	0.00	0.00
	美兰第三产业	98.76	94.80	122.01
	美兰生态	0.00	0.00	0.00
	美兰农村生活	0.00	0.00	0.00
	美兰农田灌溉	33.12	45.31	98.31
	美兰林牧渔畜	0.00	0.00	22.67
米铺	美兰城镇生活	1663.84	1709.73	1947.20
	美兰工业建筑业	375.94	370.39	769.21
	美兰第三产业	1754.71	1804.56	2168.51
	美兰生态	278.21	243.72	578.49
	美兰农村生活	271.64	248.30	431.43
	美兰农田灌溉	1160.80	1356.27	1959.05
	美兰林牧渔畜	751.91	858.43	1296.71
儒俊	美兰城镇生活	1222.87	1143.37	994.64
	美兰工业建筑业	0.00	0.00	0.00
	美兰第三产业	1309.51	1235.52	1217.32
	美兰生态	0.00	0.00	0.00
	美兰农村生活	0.00	0.00	0.00
	美兰农田灌溉	718.03	789.43	1003.00
	美兰林牧渔畜	310.37	293.33	344.62

续表

水源	受水用户	一般水平年（P=50%）供水量	一般枯水年（P=75%）供水量	特别枯水年（P=90%）供水量
美兰区小水库	美兰工业建筑业	0.00	0.00	0.00
	美兰第三产业	1027.44	960.42	849.54
	美兰生态	0.00	0.00	0.00
	美兰农田灌溉	433.74	513.05	639.46
	美兰林牧渔畜	27.82	15.52	0.00
美兰区中水库	美兰工业建筑业	374.83	433.24	0.00
	美兰第三产业	1752.58	1863.75	1364.50
	美兰生态	279.21	305.67	0.00
	美兰农田灌溉	1162.28	1419.14	1150.43
	美兰林牧渔畜	753.44	920.85	491.78
龙塘右泵站2	美兰城镇生活	1667.31	1755.30	1625.46
	美兰工业建筑业	376.72	415.98	450.40
	美兰第三产业	1753.42	1848.44	1849.15
	美兰生态	278.86	286.87	257.78
	美兰农村生活	271.07	294.41	111.28
	美兰农田灌溉	1161.67	1400.87	1636.80
	美兰林牧渔畜	753.43	904.50	975.51
龙塘左泵站	美兰工业建筑业	92.11	0.00	0.00
	美兰第三产业	1468.51	1402.19	1364.27
	美兰生态	0.00	0.00	0.00
	美兰农田灌溉	877.81	956.19	1151.87
	美兰林牧渔畜	468.87	455.42	494.06

由结果可见，借助已知工程性措施的效益，海口市在社会经济稳定发展一段时间后，同时实行强化节水措施下，需水量有了较大的提高，2030年四个单元所有用户，在来水频率分别为50%、75%和90%的情况下，均能实现水资源供需平衡，水系连通下的水资源配置仍可以满足各区域的需水量要求，缺水问题得到有效解决，可见配置河湖水系连通工程的效益和重要性。

从水源的供水配置结果可以看出，在经济稳定发展一段时间，需水量有了较大的增长后，低用水情景下，水资源的配置仍然比较灵活，先充分利用供水量较大的水源，相对均匀的供给各用户，仍不能满足的用户再通过供水量较小的相应的水源补充，可供水量比较充裕，符合水资源的调度原则。

9.4.3.2　高用水情景

结合 2030 年水资源系统概化结果，预测经济社会高速发展且采用适度节水措施情景下，各单元各用户供需关系分析见表 9.9，各水源供水量的配置见表 9.10。

表 9.9　　　　高用水情景下 2030 年供需关系分析表　　　　单位：万 m³

区域	用户	一般水平年（P=50%）			一般枯水年（P=75%）			特别枯水年（P=90%）		
		需水	供水	缺水	需水	供水	缺水	需水	供水	缺水
秀英	城镇生活	2684	2684	0	2684	2684	0	2684	2684	0
	工业建筑业	9987	9987	0	9987	9987	0	9987	9987	0
	第三产业	4655	4655	0	4655	4655	0	4655	4655	0
	河道外生态	403	403	0	403	403	0	403	403	0
	农村生活	520	520	0	520	520	0	520	520	0
	农田灌溉	3752	3752	0	4426	4426	0	5439	5439	0
	林牧渔畜	2060	2060	0	2346	2346	0	2498	2498	0
	总量	24062	24062	0	25021	25021	0	26186	26186	0
龙华	城镇生活	5689	5689	0	5689	5689	0	5689	5689	0
	工业建筑业	12840	12840	0	12840	12840	0	12840	12840	0
	第三产业	13460	13460	0	13460	13460	0	13460	13460	0
	河道外生态	853	853	0	853	853	0	853	853	0
	农村生活	366	366	0	366	366	0	366	366	0
	农田灌溉	2085	2085	0	2474	2474	0	2999	2999	0
	林牧渔畜	728	728	0	831	831	0	932	932	0
	总量	36022	36022	0	36514	36514	0	37140	37140	0
琼山	城镇生活	3330	3330	0	3330	3330	0	3330	3330	0
	工业建筑业	2431	2431	0	2431	2431	0	2431	2431	0
	第三产业	2594	2594	0	2594	2594	0	2594	2594	0
	河道外生态	499	499	0	499	499	0	499	499	0
	农村生活	725	725	0	725	725	0	725	725	0
	农田灌溉	10393	10393	0	12239	12239	0	15101	10065	5036
	林牧渔畜	4872	4872	0	5532	5532	0	5839	5839	0
	总量	24844	24844	0	27350	27350	0	30519	25483	5036
美兰	城镇生活	5970	5970	0	5970	5970	0	5970	5970	0
	工业建筑业	1838	1838	0	1838	1838	0	1838	1838	0

区域	用户	一般水平年（P=50%）			一般枯水年（P=75%）			特别枯水年（P=90%）		
		需水	供水	缺水	需水	供水	缺水	需水	供水	缺水
美兰	第三产业	12762	12762	0	12762	12762	0	12762	12762	0
	河道外生态	895	895	0	895	895	0	895	895	0
	农村生活	580	580	0	580	580	0	580	580	0
	农田灌溉	6099	6099	0	7167	7167	0	8887	5428	3459
	林牧渔畜	3086	3086	0	3472	3472	0	3961	3961	0
	总量	31230	31230	0	32684	32684	0	34893	31434	3459

表 9.10   **高用水情景下 2030 年水源供水量的配置**   单位：万 m³

水源	受水用户	一般水平年（P=50%）供水量	一般枯水年（P=75%）供水量	特别枯水年（P=90%）供水量
地下水	龙华城镇生活	1007.73	0.00	161.96
	龙华工业建筑业	1654.04	0.00	934.29
	龙华第三产业	1820.40	443.49	1449.56
	龙华生态	0.00	0.00	0.00
	龙华农村生活	0.00	0.00	0.00
	龙华农田灌溉	0.00	0.00	0.00
	龙华林牧渔畜	0.00	0.00	0.00
永庄	龙华城镇生活	2636.81	4789.53	4230.49
	龙华工业建筑业	3285.06	5722.79	5002.34
	龙华第三产业	3454.70	5736.12	5001.45
	龙华生态	614.85	853.40	853.40
	龙华农村生活	365.99	365.99	365.99
	龙华农田灌溉	1055.21	2382.47	2609.19
	龙华林牧渔畜	554.06	831.34	931.89
米铺	龙华城镇生活	1935.28	899.79	1296.87
	龙华工业建筑业	2579.38	1829.78	2070.20
	龙华第三产业	2749.90	1846.98	2068.12
	龙华生态	0.00	0.00	0.00
	龙华农村生活	0.00	0.00	0.00
	龙华农田灌溉	354.00	0.00	0.00
	龙华林牧渔畜	0.00	0.00	0.00

水源	受水用户	一般水平年 （$P=50\%$） 供水量	一般枯水年 （$P=75\%$） 供水量	特别枯水年 （$P=90\%$） 供水量
新坡	龙华城镇生活	109.50	0.00	0.00
	龙华工业建筑业	0.00	109.50	109.50
	龙华第三产业	0.00	0.00	0.00
	龙华生态	0.00	0.00	0.00
	龙华农村生活	0.00	0.00	0.00
	龙华农田灌溉	0.00	0.00	0.00
	龙华林牧渔畜	0.00	0.00	0.00
龙华区 小水库	龙华工业建筑业	222.00	0.00	0.00
	龙华第三产业	0.00	222.00	222.00
	龙华生态	0.00	0.00	0.00
	龙华农田灌溉	0.00	0.00	0.00
	龙华林牧渔畜	0.00	0.00	0.00
龙华区 中水库	龙华工业建筑业	2901.58	3425.84	2785.95
	龙华第三产业	3069.89	3443.18	2783.96
	龙华生态	238.54	0.00	0.00
	龙华农田灌溉	675.72	90.98	390.09
	龙华林牧渔畜	174.27	0.00	0.00
东山泵站 2	龙华工业建筑业	2197.95	1752.11	1937.73
	龙华第三产业	2365.31	1768.42	1935.11
	龙华生态	0.00	0.00	0.00
	龙华农田灌溉	0.00	0.00	0.00
	龙华林牧渔畜	0.00	0.00	0.00
地下水	秀英城镇生活	0.00	0.00	0.00
	秀英工业建筑业	773.96	0.00	266.71
	秀英第三产业	0.00	0.00	0.00
	秀英生态	0.00	0.00	0.00
	秀英农村生活	0.00	0.00	0.00
	秀英农田灌溉	0.00	0.00	0.00
	秀英林牧渔畜	0.00	0.00	0.00

续表

水源	受水用户	一般水平年 (P=50%) 供水量	一般枯水年 (P=75%) 供水量	特别枯水年 (P=90%) 供水量
永庄	秀英城镇生活	1616.05	1654.46	1809.74
	秀英工业建筑业	2404.18	2817.81	2959.91
	秀英第三产业	1507.06	1466.41	1785.21
	秀英生态	200.38	0.00	137.72
	秀英农村生活	519.86	519.86	519.86
	秀英农田灌溉	1328.66	1427.74	2000.21
	秀英林牧渔畜	868.20	741.36	1101.87
东山	秀英城镇生活	0.00	0.00	0.00
	秀英工业建筑业	73.00	0.00	0.00
	秀英第三产业	0.00	73.00	73.00
	秀英生态	0.00	0.00	0.00
	秀英农村生活	0.00	0.00	0.00
	秀英农田灌溉	0.00	0.00	0.00
	秀英林牧渔畜	0.00	0.00	0.00
秀英区 小水库	秀英工业建筑业	1155.51	1410.39	1211.65
	秀英第三产业	258.23	58.90	31.95
	秀英生态	0.00	0.00	0.00
	秀英农田灌溉	76.25	20.71	246.40
	秀英林牧渔畜	0.00	0.00	0.00
秀英区 中水库	秀英工业建筑业	2406.45	3565.88	3088.71
	秀英第三产业	1507.66	2215.51	1913.65
	秀英生态	202.24	402.62	264.90
	秀英农田灌溉	1326.94	2174.94	2127.35
	秀英林牧渔畜	869.86	1488.97	1227.96
东山泵站1	秀英城镇生活	1068.08	1029.67	874.39
	秀英工业建筑业	1854.63	2193.15	2023.43
	秀英第三产业	958.79	841.49	851.49
	秀英生态	0.00	0.00	0.00
	秀英农村生活	0.00	0.00	0.00
	秀英农田灌溉	778.87	802.81	1065.24
	秀英林牧渔畜	322.32	115.57	168.14

续表

水源	受水用户	一般水平年 （P=50%） 供水量	一般枯水年 （P=75%） 供水量	特别枯水年 （P=90%） 供水量
东山泵站2	秀英工业建筑业	1319.48	0.00	436.82
	秀英第三产业	423.56	0.00	0.00
	秀英生态	0.00	0.00	0.00
	秀英农田灌溉	241.41	0.00	0.00
	秀英林牧渔畜	0.00	0.00	0.00
地下水	琼山城镇生活	747.56	429.31	746.32
	琼山工业建筑业	0.00	0.00	20.58
	琼山第三产业	0.00	0.00	51.34
	琼山生态	0.00	0.00	0.00
	琼山农村生活	0.00	0.00	0.00
	琼山农田灌溉	771.53	0.00	2704.93
	琼山林牧渔畜	0.00	0.00	0.00
云龙	琼山城镇生活	182.50	0.00	182.50
	琼山工业建筑业	0.00	0.00	0.00
	琼山第三产业	0.00	0.00	0.00
	琼山生态	0.00	0.00	0.00
	琼山农村生活	0.00	0.00	0.00
	琼山农田灌溉	0.00	182.50	0.00
	琼山林牧渔畜	0.00	0.00	0.00
儒俊	琼山城镇生活	1203.52	1504.69	1155.13
	琼山工业建筑业	6.23	162.93	427.16
	琼山第三产业	38.69	133.06	461.18
	琼山生态	0.00	0.00	0.00
	琼山农村生活	431.22	416.79	382.93
	琼山农田灌溉	1226.79	1071.65	408.69
	琼山林牧渔畜	435.87	0.00	154.25
九尾高黄	琼山城镇生活	131.40	0.00	131.40
	琼山工业建筑业	0.00	0.00	0.00
	琼山第三产业	0.00	0.00	0.00
	琼山生态	0.00	0.00	0.00

续表

水源	受水用户	一般水平年 （$P=50\%$） 供水量	一般枯水年 （$P=75\%$） 供水量	特别枯水年 （$P=90\%$） 供水量
九尾高黄	琼山农村生活	0.00	0.00	0.00
	琼山农田灌溉	0.00	131.40	0.00
	琼山林牧渔畜	0.00	0.00	0.00
琼山区 小水库	琼山工业建筑业	968.13	0.00	0.00
	琼山第三产业	998.76	0.00	0.00
	琼山生态	143.39	0.00	0.00
	琼山农田灌溉	2185.48	3390.01	2972.01
	琼山林牧渔畜	1395.23	2300.99	2718.99
琼山区 中水库	琼山工业建筑业	1179.23	713.04	0.00
	琼山第三产业	1214.81	1000.00	0.00
	琼山生态	356.04	499.43	0.00
	琼山农田灌溉	2402.08	3188.85	2056.58
	琼山林牧渔畜	1607.63	2098.68	1801.83
龙塘右 泵站1	琼山城镇生活	1064.58	1395.57	1114.20
	琼山工业建筑业	0.00	54.93	386.01
	琼山第三产业	0.00	23.15	420.18
	琼山生态	0.00	0.00	0.00
	琼山农村生活	293.98	308.40	342.26
	琼山农田灌溉	1087.70	961.58	366.79
	琼山林牧渔畜	297.38	0.00	114.19
龙塘左泵站	琼山工业建筑业	182.76	400.08	574.55
	琼山第三产业	213.48	369.10	607.06
	琼山生态	0.00	0.00	26.95
	琼山农田灌溉	1404.14	1307.35	553.75
	琼山林牧渔畜	611.87	217.28	301.18
东山泵站2	琼山工业建筑业	94.19	1099.57	1022.25
	琼山第三产业	128.12	1068.55	1054.10
	琼山生态	0.00	0.00	472.48
	琼山农田灌溉	1315.49	2005.96	1002.00
	琼山林牧渔畜	523.80	914.73	748.85

续表

水源	受水用户	一般水平年（P=50%）供水量	一般枯水年（P=75%）供水量	特别枯水年（P=90%）供水量
地下水	美兰城镇生活	867.46	202.01	823.73
	美兰工业建筑业	0.00	0.00	0.00
	美兰第三产业	1216.12	670.19	1963.80
	美兰生态	0.00	0.00	0.00
	美兰农村生活	0.00	0.00	0.00
	美兰农田灌溉	266.19	0.00	1.77
	美兰林牧渔畜	0.00	0.00	0.00
大致坡	美兰城镇生活	170.82	292.00	292.00
	美兰工业建筑业	0.00	0.00	0.00
	美兰第三产业	119.19	0.00	0.00
	美兰生态	0.00	0.00	0.00
	美兰农村生活	0.00	0.00	0.00
	美兰农田灌溉	1.99	0.00	0.00
	美兰林牧渔畜	0.00	0.00	0.00
米铺	美兰城镇生活	1794.96	2303.45	1959.13
	美兰工业建筑业	457.75	784.51	859.73
	美兰第三产业	2145.12	2772.26	3099.22
	美兰生态	197.95	469.62	588.72
	美兰农村生活	280.82	498.61	435.65
	美兰农田灌溉	1194.43	1838.02	1132.79
	美兰林牧渔畜	709.40	1155.98	888.57
儒俊	美兰城镇生活	1322.56	1287.32	1231.36
	美兰工业建筑业	0.00	0.00	133.42
	美兰第三产业	1674.02	1756.91	2372.99
	美兰生态	0.00	0.00	0.00
	美兰农村生活	0.00	0.00	0.00
	美兰农田灌溉	722.45	824.97	408.49
	美兰林牧渔畜	238.66	141.68	164.41

水源	受水用户	一般水平年（$P=50\%$）供水量	一般枯水年（$P=75\%$）供水量	特别枯水年（$P=90\%$）供水量
美兰区小水库	美兰工业建筑业	0.00	0.00	0.00
	美兰第三产业	1166.88	1211.03	0.00
	美兰生态	0.00	0.00	0.00
	美兰农田灌溉	322.12	277.97	866.18
	美兰林牧渔畜	0.00	0.00	622.82
美兰区中水库	美兰工业建筑业	743.23	681.27	0.00
	美兰第三产业	2428.60	2000.00	0.00
	美兰生态	482.42	370.26	0.00
	美兰农田灌溉	1479.28	1738.22	1625.32
	美兰林牧渔畜	994.15	1055.26	1381.39
龙塘右泵站2	美兰城镇生活	1813.69	1884.71	1663.28
	美兰工业建筑业	474.83	366.11	565.66
	美兰第三产业	2161.96	2355.32	2804.55
	美兰生态	215.06	55.55	296.06
	美兰农村生活	298.81	81.02	143.98
	美兰农田灌溉	1213.01	1424.05	839.33
	美兰林牧渔畜	729.02	739.62	593.52
龙塘左泵站	美兰工业建筑业	162.40	6.32	279.38
	美兰第三产业	1850.09	1996.27	2521.42
	美兰生态	0.00	0.00	10.65
	美兰农田灌溉	899.71	1064.11	554.40
	美兰林牧渔畜	415.11	379.03	310.20

与低用水情景相似，海口市在社会经济高速发展一段时间后，同时实行适度节水措施下，需水量有了大幅度的增加，2030年4个单元所有用户，在来水频率分别为50%和75%的情况下，均能实现水资源供需平衡。

但在特别枯水年时，龙华区和秀英区能实现各受水用户的供需平衡，琼山区和美兰区出现了不同程度的缺水，水资源缺口较大主要还是农业发展用水，琼山区灌溉缺水5036万 m³，占灌溉需水量的33.4%，美兰区灌溉缺水3459万 m³，占灌溉需水量的38.9%。缺水程度基本在35%左右。相比基准年（2014年）在特别枯水年时，琼山和美兰的灌溉缺水程度都超过了50%，有了很大程度的缓解。海口市经济发展速度过快，节水措施又有限，当遇到来水量较少的年份，就可能出现部分用户未能实现供需水平衡的现象。总的来说，通过南渡江引水工程实现水系连通的背景下，使水资源得到充分的利用，水资源的配置更合理，缺水问题得到了有效改善。

从水源的供水配置结果可以看出，来水在一般水平年（$P=50\%$）时，水资源的配置与低用水情景下相似，先充分利用供水量较大的水源，相对均匀的供给各用户，仍不能满足的用户再通过供水量较小的相应的水源补充，供水的灵活性较大。在一般枯水年（$P=75\%$），尤其特别枯水年（$P=90\%$）时，水厂逐渐集中供水城镇生活、城镇第二产业、城镇第三产业和生态用水，中小水库逐渐集中供水农田灌溉和林牧渔畜，水资源配置的灵活性有所下降，可供水量开始紧张，符合水资源的调度原则。

9.5　小结

本章介绍了水资源合理配置内涵、模式和原则，并以此构建了海口市量质效三位一体水资源合理配置模型，对海口市现状（2014年）和未来（2020年、2030年）的水资源合理配置模型进行求解。相比于2014年，2020工程竣工后，海口市的水资源充沛，各区域都可以满足其需水要求，2030年工程发挥最大效益时，随着经济发展一段时间达到新的高度，海口市的需水量有了很大的增长，海口市各区域各用户的缺水问题也可以得到一定程度上的缓解，其主要原因在于南渡江引水的工程效益。可见人为地改变河湖水系连通格局，可以更合理地对水资源进行再分配，有利于实现水资源利用和经济社会发展的高效结合，河湖水系连通对水资源配置的效益显著。

第 10 章　海口市河湖水系连通与联合调配水资源管理系统

海口市河湖水系连通与联合调配水资源管理系统是以信息技术为基础，运用各种高科技手段，对水资源、水利工程以及其他相关的大量信息进行实时采集、传输及管理；以现代水资源管理理论为基础，以计算机和通信网络技术等为依托，对水资源进行实时监测、实时预报、实时管理和实时调度；以地理信息技术为依托，对流域内重要的水利工程设施进行展示和控制操作。

10.1　海口市水利信息化建设的必要性和可行性

10.1.1　海口市水利信息化现状

近年来，随着计算机和现代通信技术的普及以及现代信息技术的发展，利用先进的科技手段对水资源进行管理成为当今世界发达国家水资源管理的新思潮。水利部对水利信息化的总体要求也进一步提高，海口市水务局顺应现代信息技术发展的新思潮，围绕安全、资源、环境三位一体的水利发展战略，以需求为导向，以应用为核心，积极有效地开展信息化建设工作，使海口市的水利信息化技术得到了一定的提高，为建设海口市河湖水系连通与联合调配水资源管理系统奠定了良好的基础。

10.1.1.1　水利信息化建设水平

1950 年海南全岛只有 1 个水文站，2 名职工。到 2000 年年底，全岛先后设立过各类水文（位）站 52 处，雨量站 323 处。全省现有各类水文站 14 处，水位站 5 处，潮水位站 3 处，雨量站 196 处，蒸发站 7 处，泥沙站 5 处，水质监测站 8 处。

随着时代的发展，科技的进步，水文资料自 1991 年开始实现电算整编，1994 年开始国家水文数据库建设。1999 年开发和引进先进的水文数据库管理系统。2000 年国家水文数据库通过水利部水文局的考核验收。

1999 年开始，海南省水利局与海南省"三防"办开始实施电脑网络办公自动化系统工程建设工作，各处室都配备若干台电脑。近年来，三防会商室的建设，在防汛会商过程中，以简明的形式直观显示决策指挥时所需要的多种信息源数据及各类模型的分析计算结果，便于决策者快速准确地了解三防形势、分析判断各种调度方案的利弊，科学地做出决策。

2010 年 1 月海口市水务局门户网站改版上线，共设置了信息公开、水务要闻、水务常识、水环境、行政审批、公务信箱、办事指南、资料下载等 19 个版块，为水务局信息公开提供了平台，提升了政府公信力。

10.1.1.2　基础设施信息化建设

公共信息服务平台建设是海口市信息化发展的特色之一。全市已建成涵盖政务信息、社会事业信息、其他信息等全方位、多样化的信息服务平台及数据中心，分别完成了数字城管系统、地理信息查询系统、网上申报系统、市政府信息发布平台、市长邮箱系统等建设。

2013 年，"无线海口"项目将建设三大基础网络工程：一是无线网络 4G（TD - LTE）工程，建设约 2000 个基站，提升上网速度；二是无线 WIFI 网络优化工程，建设海口市行政办公区域，提供便民服务；三是行业光纤覆盖工程，主要建设政府及行业分支机构、学校、医院等光纤覆盖。同时，推出政务、公共事业服务、交通出行、消费购物等 10 类主题 100 项应用，其中涉及政务、交通、旅游、民生等重点应用有 60 项，目前已上线的有 40 多项。

10.1.1.3　信息化技术建设存在的问题

信息共享标准规范尚未出台，信息资源库和重要信息系统不能满足各部门履行职能的实际业务需求，政务信息共享和跨部门协同配合机制还不够健全，跨部门、跨地域、跨层级的政务信息共享和业务协同仍需重点推进，海口市服务型政府建设任重道远，社会管理信息化水平有待进一步提升。

10.1.2　系统建设必要性

水利作为国民经济的基础设施，水资源作为基础的自然资源和战略性的经济资源，实现水资源的可持续利用是我国经济社会可持续发展极为重要的保证。由于水资源在新时期对人类社会和经济发展的特殊作用，如何减少洪涝灾害造成的损失，克服水资源短缺，水污染加剧、水土流失严重等矛盾，是水利发展面临的重大挑战。为了完成水利发展的历史使命，根据水利事业发展的迫切需求，水利部党组在 2003 年提出了由传统水利向现代水利、可持续发展水利转变，以水资源的可持续利用支撑经济社会的可持续发展的治水新思路，提出了"水利信息化是水利现代化的基础和重要标志"，要"以水利信息化带动水利现代化"的发展。可持续发展的治水思路强调了在水利建设各项活动中要更加重视对水资源的节约、保护和配置，要坚持科学治水的方针，充分认识现代科学技术特别是高新技术对水资源管理的重要作用，不断利用高新技术改造传统水利行业，提高水利科技含量。在这一新的治水思路的要求下，建设海口市水资源调度与管理系统更显得十分必要和紧迫。对海口市水资源实行科学管理，确保对水资源的合理开发、高效利用、优化配置、全面节约、有效保护和综合治理，实现从工程水利向资源水利，从传统水利向现代水利、可持续发展水利转变提供了有力保障。

南渡江作为海口市的一条重要河流，已经有了一定的水利工程设施基础，在水资源管理方面也做了大量基础工作。但总的来看，水资源管理没有得到应有的重视，对水资源的配置问题缺乏系统、综合考虑，水资源开发利用程度还很低，在一定程度上加剧了流域内洪涝灾害、干旱缺水和水环境恶化等问题，影响了水资源的优化配置和可持续利用。因此，水资源的优化配置、节约和保护客观上要求加强水资源管理，水资源的开发必须与水资源优化调度统筹考虑。坚持水利部工作方针和可持续发展的治水思路，坚持全面规划、统筹兼顾、标本兼治、综合治理的原则，实行兴利除害结合，开源节流并重，防洪抗旱并举，对水资源进行合理开发、高效利用、优化配置、全面节约、有效保护和综合治理，就必须将水资源优化调度与管理纳入水资源统一管理的范畴。这就要求我们必须采用现代化的手段，应用信息技术、计算机技术、人工智能等技术，建立水资源调度系统，实现水资源管理的信息化，才能解决这样复杂的资源配置问题。

10.1.3　系统建设的可行性

海南岛穹窿状地形使水资源开发利用具有显著特征，具体表现为：降水量多，但时空分布不均，可供水量少且调控能力弱，抵御旱季、特殊枯水年、连续枯水年的能力偏低，南渡江、昌化江、万泉河等三大江河来水过程不完全同步。上述特点导致了海南岛水资源开发利用现状呈现缺水与弃水并存的双重特征。海口水资源时空分布不均，缺乏足够的水资源配置工程，提引水工程规模不足，属工程性缺水城市。为解决缺水问题，海口市政府建设了不少水资源配置工程解决区域缺水问题，也极大地改变了原有水系连通形式。海口市主城区范围内的河流水系总体呈现"二横七纵"的格局，建立了松涛水库引水、主城区水动力工程、南渡江引水工程等若干水系连通工程，现规划在东山镇上游的南渡江增设水源工程，该工程是南渡江引水工程中的重要组成部分，将解决城市用水增长需求和羊山地区灌溉缺水问题。未来海口市将形成永庄水库、龙塘水源地和东山闸坝的三大水源格局，三处水源地在城市的位置呈三角形分布，布局较为合理，能较好地完成各区域的供水任务。

河湖水系连通的最显著功用在于合理调配水资源，2010年水利部部长陈雷在部署"十二五"规划工作中着重强调："深入研究河湖水系连通、水量调配和提高水环境承载能力问题，发挥河湖水系的综合功能，实现水量优化调配。"河湖水系连通有利于开发水资源调度系统，提高水资源供给、利用、排放的全过程控制能力，实现水资源管理机构工作的科学化和定量化水平，确保水资源的合理开发、高效利用、优化配置、全面节约、有效保护和综合治理，保障经济社会的可持续发展。

10.2　系统建设目标及总体框架

10.2.1　系统建设目标

对海口市水资源进行合理配置，分析现状与未来的水资源供需平衡关系，开发海口市水资源联合调配管理系统，该系统以基础信息为支撑、信息采集为基础、管理应用为先导、网络通信为保障，构建面向实时水资源预报、调度可视化的水资源调度管理系统。将信息技术引入到海口市水资源管理的实际当中，提升水资源管理能力和水平，提高水资源利用效率，为落实最严格水资源管理制度提供了可靠的技术保障。为海口市水行政主管部门更好地履行水资源管理职责，实现水资源优化配置、高效利用和科学保护目标提供支撑。

10.2.2　系统建设的任务

海口市河湖水系连通与联合调配水资源管理系统是以信息技术为基础，运用各种高科技手段，对水资源、水利工程以及其他相关的大量信息进行实时采集、传输及管理；以现代水资源管理理论为基础，以计算机和通信网络技术等为依托，对水资源进行实时监测、实时预报、实时管理和实时调度。

海口市河湖水系连通与联合调配水资源管理系统的核心任务，是通过实时监测、通信、计算机网络、远程自动控制、数据库、地理信息系统、决策支持系统等技术手段，全面掌握海口市水资源动态状况，结合海口市社会经济发展对水资源的需求，对水资源进行实时预报、管理和调度。

根据流域水文水资源的特点和供用水特征，基于目前流域所面临的水资源短缺和水环境恶化问题，研究和开发流域水资源调配管理系统。该系统的任务主要包括：

（1）水资源监测网的调整和完善。在海口市三防指挥系统工程的基础上，建设和完善南渡江流域水资源信息采集传输系统，建设南渡江流量、水质监测站网，实现水资源信息的实时采集、快速传输，提高水资源信息采集、传输、处理的自动化水平，扩大水资源信息采集的范围，提高信息采集的精度和传输的时效性，形成较为完善的水资源信息采集与传输体系。

（2）该系统由庞大而复杂的基础数据库、模型数据库、空间数据库、业务数据库等组成。其特点是系统规模庞大、处理的数据信息量大，模型运算复杂以及数据传输接口多，要确保信息存储、加工、传输过程的安全可靠。

（3）信息的采集和传输。水情、工情、社会经济等信息，是水资源调配与管理工作的基础。各类信息经人工观测或自动监测进行收集、整理，存入系统的综合数据库。水情、供水、用水需求的信息、相应人工测读站的监测信息和旱情、气象监测、生态环境和社会经济信息定期输入系统进行更新，工情、工程管理和地理信息以年为周期进行更新。

（4）建设海口市水资源决策支持系统，完成水资源实时管理、实时预报，给出各区域各用户需水量，给出各类水源供水配置结果，并对各种供水配置结果进行决策会商，拟定合适的调度方案，最后对方案的实施效果进行后评价，为水资源优化配置和调度管理提供全面的决策支持。

10.2.3　建设原则

海口市河湖水系连通与联合调配水资源管理系统建设结构复杂、技术含量高、涉及面广、建设周期较长，应遵循"全面规划、分步实施、先行试点、逐步扩展"的原则。系统应确保具有"功能实用、技术先进、安全可靠、操作简便、界面友好、开放性强"的特点。为确保系统建设达到预期目标，系统建设应遵循以下主要原则：

（1）总体规划，分步实施。海口市河湖水系连通与联合调配水资源管理系统规模较大，结构复杂。在系统建设中要贯彻总体规划、统筹考虑与突出重点、分步实施相结合的原则，在总体规划的指导下，结合海口市实际情况和当前工作的重点，确定分阶段实施方案，急用先建，边建边受益，使系统建设尽快发挥效益。

（2）数据的有效性和实用性。有效和实用的数据是实现水资源优化配置与科学管理的基础和前提。现代电子、遥感、信息、网络等技术实现监测数据的采集和传输，在系统建设中要充分利用这些先进技术，尽量选用当前先进成熟的软件、硬件设备，采用先进的水资源管理方法，保证系统的先进性，以确保监测数据的有效性，也使其具有较长的生命周期，为系统升级及今后与各有关部门连接预留足够接口。

（3）决策的科学性和可靠性。要充分运用现代计算机和人工智能等技术进行高度集成，快速、高效、准确、客观地分析处理大量数据信息，为海口市的水资源优化配置提供实用可靠的数据。

（4）资源共享，避免重复。系统建设要充分利用海口市已有的信息公共基础设施和相关行业的信息资源，实现优势互补，资源充分共享。要避免重复建设，统筹考虑，充分利用海口市三防指挥系统和其他业务应用系统的网络设施、硬件设备、软件平台、数据库等，整合已有的气象、水文、供水、排水和水环境监测体系，在整合的基础上扩展、提高。

10.2.4　总体框架

10.2.4.1　系统的工作流程

海口市河湖水系连通与联合调配水资源管理系统是以现代通信和计算机网络系统为手段，以水资源优化调度和地表水、地下水、污水处理回用及外调水的联合高效利用为核心，追求节水、防污、提高水资源利用效率和最终实现水资源的可持续利用为目标，通过水资源信息的采集、传输、模型分析，及时制定水资源调度决策方案，并给出方案实施情况的后评估结果等，以确保实现水资源的统一、动态和科学管理，做到地表水与地下水、当地水与外调水、水质与水量之间联合调度和高效利用，以支撑社会经济的可持续发展。

根据海口市河湖水系连通与联合调配水资源管理系统的结构及其在传输和处理过程中的演进步骤，将系统的工作流程分为四个层次：①信息采集；②信息传输；③信息管理；④决策支持。海口市河湖水系连通与联合调配水资源管理系统流程如图 10.1 所示，各个层次的主要功能组成见表 10.1。

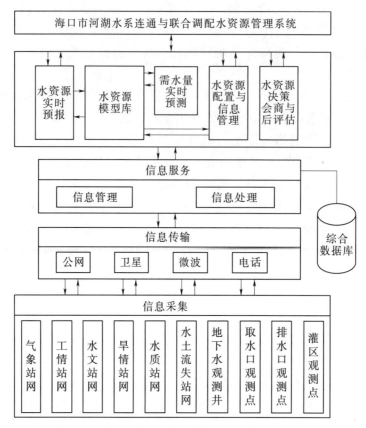

图 10.1　海口市河湖水系连通与联合调配水资源管理系统流程图

表 10.1　海口市河湖水系连通与联合调配水资源管理系统主要功能组成表

	水　情	区域概况	水　源
信息采集	降水量、蒸发量监测	各区域人口	各区域水库配置
	河流（水库）水位、流量（入库流量）监测	各类经济发展指标	各区域水厂配置
	地下水动态监测	各类用水户用水定额	各区域供水工程配置
	含沙量监测		各区域地下水配置
信息传输	卫星通信		
	超短波通信		
	微波通信		
	程控电话网		
	计算机网络		

续表

信息管理	信息接收和数据预处理		
	资料整编处理（专业分类、排序、统计、分析、处理）		
	综合数据库、专用数据库、数据维护管理		
	基于 GIS 的水情信息查询	基于 GIS 的区域概况信息查询	基于 GIS 的水源信息查询
	水资源数据	区域概况数据	水源统计数据
决策支持	需水量实时预测	区域社会经济信息管理	水资源实时管理
	来水量实时预测		
	水资源实时调配	区域需水分析	区域配水分析
	水资源决策会商与后评估		
	电子会商支持/决策后评估		

10.2.4.2　系统功能

海口市河湖水系连通与联合调配水资源管理系统由实时监测、信息管理和决策支持三大功能组成。决策支持功能是整个系统的核心，又细分为需水量预测、水资源实时预报、管理、调度和决策会商与后评估等功能。其主要目的是实现流域内水资源状况的实时监测、信息管理和决策支持，以快速、准确、便捷的数字化、网络化、信息化等技术手段，辅助决策者科学、高效、正确地解决水资源管理、调度等问题。

系统的功能主要包括 4 个主要层次，自上而下依次为：系统总控制层、分系统功能层、子系统功能层、系统支撑层。系统总体结构如图 10.2 所示。

（1）系统总控制层。系统总控制层即人机交互界面，用于建立人机联系。总的作业是构建系统的软件运行环境，提供直观、清晰、方便、灵活的操作和控制环境。

（2）分系统功能层。即系统应用种类，是按照系统的应用种类进行功能划分，以利于进行系统设计和开发的工程化管理，也便于子系统建设过程中的技术整合、系统总装、调试、测试和维护管理。

（3）子系统功能层。即系统应用模型，它是根据系统中的实际应用模型进行功能划分，每一个子系统均与实际的应用模型相对应，形成结构、功能和信息流程都相对独立的应用功能。

（4）系统支撑层。即系统运行的基础环境，它提供支持系统运行的各种环境，如计算机网络、通信设施、数据库、模型库、方法库、文本库、GIS 系统、系统运行平台和设计开发工具。

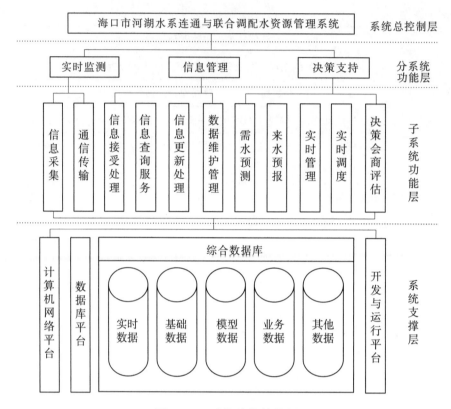

图 10.2　系统总体结构图

10.3　水资源优化调度综合数据库

10.3.1　数据库建设原则

数据库建设应遵循以下主要原则：

（1）统一标准原则。建立数据库最重要的是标准化，只有做到统一技术标准，才能实现数据交换和数据共享。信息分类编码和所有的库表采用的标准应当统一，有国家标准或行业标准的必须采用国家标准或行业标准，并与水利部水资源司组织编制的"城市水资源实时监控与管理系统数据库库表结构与标识符"的数据库设计保持一致，采用统一的数据库表结构，包括统一的接口、开发工具和管理软件、统一的字段标识符、项目编码等。

（2）数据共享原则。综合数据库建设应充分利用已开发建设的海口市三防指挥系统综合数据库和其他应用系统数据库，如实时雨情数据库、实时工情数据库、水文数据库、工程数据库、旱情数据库、社会经济数据库、空间数据库等。

（3）安全可靠原则。综合数据库是海口市河湖水系连通与联合调配水资源管理系统的信息支撑层和信息基石，必须确保综合数据库安全可靠运行，从系统安全、数据安全、用户安全和应用程序安全等方面进行控制，采用多种安全机制与操作系统相结合，实现数据库的安全保护。

（4）实时准确原则。综合数据库是水资源业务管理和决策调度的信息支撑，数据的准确性、实时性是否满足要求，直接关系到决策调度的科学性和正确性。在数据库设计和建设的过程中，要保证数据的唯一性和完整性，减少应用中数据的转换和误差，字段精度应尽量准确。同时，数据库应及时更新维护，保证数据的实时可用。

（5）高效利用原则。综合数据库为各应用系统和众多用户直接共享访问，提高数据库访问速度是数据库设计与建设过程中应予考虑的。应尽量把不同的数据类型但关系紧密的数据放在同一个表中，在数据查询中应减少连接，提高访问速度和利用效率。

10.3.2　主要功能要求

海口市河湖水系连通与联合调配水资源管理系统的综合数据库有如下功能要求：

（1）解决以前存在的各种水文、气象、工情等数据源的信息孤岛问题，实现所有信息源的中心平台整合，避免信息闭塞，提高信息使用率。

（2）便于信息的查询、检索、浏览、统计等，为系统内的信息服务、业务人员的预报及公众信息发布提供各种实时数据、历史数据。

（3）信息管理功能，便于对各类信息进行增添、删减、修改、更新、恢复、备份，保证数据安全。

（4）便于信息的决策分析，为水资源调配管理系统提供完善的信息支持。

（5）为各应用子系统提供输入信息接口，完成各子系统间的信息交换，使信息处理实现系统化、综合化，给用户提供方便。

10.3.3　数据库总体结构

根据海口市水资源管理的业务要求，从水资源配置和科学管理等各类数据的存储与管理要求出发，依据"统一规划、统一标准、统一设计、数据共享"的原则，将水利信息归纳为：水文数据库、供用水数据库、工情数据库、综合地理信息数据库、社会经济数据库等。其中，综合地理信息数据库采用地理信息系统进行管理，其他数据库由数据库管理系统进行管理。

考虑到水资源管理中心担负着为信息管理、决策支持等提供各种数据支持的任务，综合数据库应该包括空间数据库、基础数据库、模型数据库、业务数据库和其他数据库等（见图10.3）。

10.3.3.1　空间数据库

空间数据库的建立要按照区域水资源管理及防汛抗旱指挥和水务管理工作用图标建立各种比例尺的对象地区的水利专题图和数字高程图，并根据具体业务要求进行基于级别和类型的更细化分层，同时分别列出不同的工程属性。专题图层要与各

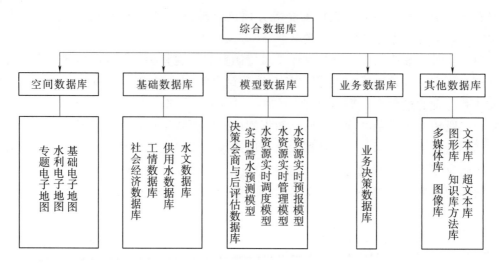

图 10.3　综合数据库总体结构图

个综合数据库相联系，将地图的基本要素与水利各专业的需要相联系，为水利各项业务活动提供基础信息。

针对不同层次和业务人员，将空间数据库的建设内容划分为基础电子地图、水利基础电子地图及专题电子地图。所有空间数据（包括遥感影像数据）采用图层的方式进行管理。图层是代表特征相同的地理实体在一定空间范围的集合，通常由点、线、面图元构成。

（1）基础电子地图。主要包括行政区划图、重点建筑物分布图、居民区分布图、道路交通图、社会经济状况分布图、DEM 数字高程模型图、土地利用图等。

（2）水利基础电子地图。主要包括水系分布图、水利工程分布图、水利通信网络分布图、水利组织机构分布图等。

（3）专题电子地图。按主题可划分为水资源专题电子地图、抗旱专题电子地图、防洪专题电子地图及水土流失专题电子地图。

10.3.3.2　基础业务数据库

基础业务数据库由水文数据库、供用水数据库、工情数据库、社会经济数据库等组成。

（1）水文数据库。水文数据库包括实时雨水情库和历史雨水情库。

1）实时雨水情数据库。用来存储、管理流域各水情自动测报站（含水量站、水位站、潮位站、流量站等）自动测报和人工采集的实时水情信息以及预报信息。主要包括代表性雨量站和蒸发站的降水量、水面蒸发量等气象信息数据表，代表性水文站（点）控制断面的水位、流量等地表水信息数据表，代表性地下水水位、水温等地下水信息数据表。

2）历史雨水情数据库。主要包括降雨量数据表、蒸发量数据表、水库蓄水量数据表、水库蓄水量多日平均值数据表等。

（2）供用水数据库。供用水数据库中主要包括地表供水水源地数据表、地下水源信息数据表、地下水开采井数据表、地下水动态数据表、用水量信息数据表等。

（3）工情数据库。主要包括水库、引提工程、输水工程、地下水开采井等。

1）水库。主要包括水库基本情况、水库常用指标、水库水文特征、水库设计、校核洪量、水库汛限水位和库容、水库大坝基本情况、水库溢洪道基本情况等。

2）引提工程。主要包括引提工程管理单位、设计引提水能力、实际引提水能力、供水对象范围等。

3）输水工程。主要包括输水工程管理单位、输水长度、设计输水能力、实际输水能力、供水对象范围等。

4）地下水开采井。主要包括设计开采量、实际开采量、供水对象和行业等。

5）供水水厂。主要包括供水水厂的供给对象，供给区域、最大供水量等。

（4）社会经济数据库。主要包括各行政区的总人口、城镇化率、各类经济发展指标、各类用水户的用水定额等。

10.3.3.3 模型数据库

模型数据库是水资源调度与管理系统的核心，需要建立具有实际效用的模型库，完善需水实时预报模型、地表径流实时预报模型、水资源实时调度模型、水资源实时管理模型等，提高预报精度和科学的管理、调度水平。

（1）需水实时预报模型，主要包括城镇生活用水、农村生活用水、第二产业用水、第三产业用水、农业灌溉用水、林牧渔畜用水和生态用水的预报。

（2）水资源实时预报模型主要是南渡江河道来水量的实时预报。

（3）水资源实时调度模型。根据所确定的水资源需水量和来水量的结果，建立水资源优化调度模型，通过模型分析和计算结果，经过会议协商制定水资源实时调度方案。

（4）水资源实时管理。主要是通过调查和分析流域内社会经济与生态、环境特点、节水现状、工业用水重复利用系数等，研究和制定需水管理目标，分析确定工业、农业、生活和生态环境等需水定额，建立流域水资源实时管理模型，通过系统中模型分析和计算，为水资源合理开发和利用提供依据。

10.3.3.4 业务数据库

业务数据库主要是决策业务数据库。

决策业务数据库主要包括水资源实时评价数据库、水资源实时预报数据库、水资源实时管理数据库、水资源实时调度数据库，以及水资源决策会商与后评估数据库。

决策支持系统为了有效地实现对决策过程的支持，需要掌握充分的信息，从而经常需要访问大量的、不同数据源的、当前或历史的数据。即使得到了所需的数据，还需要对其中具体的、细节的数据进行综合、总结、概括，并要求数据库不仅能存储一般数据，而且要求能存储中间结果。

10.3.4　数据库安全管理

数据资源是海口市河湖水系连通与联合调配水资源管理系统的核心和基础,因而确保数据的安全是整个系统安全的核心和重点。数据库的安全,主要包括数据的保密性、完整性、可用性、真实性和有效性等,可以从物理安全、逻辑安全、管理措施、标准和规范等方面进行控制,具体实现时应从系统设计、实现、使用和管理等阶段进行控制来保证数据库的安全运行。

(1)物理安全:主要从数据库存储设备、网络安全、数据备份与恢复等方面来保护数据的物理安全。

(2)逻辑安全:从逻辑上考虑,一个安全的数据库应当允许用户只访问其授权了的数据。数据库通过不同安全级别的权限管理,对用户的权利进行限制,保证系统的安全。还应当考虑到不同的用户对不同的数据库、同一数据库中的不同数据的访问权限。

(3)管理措施:安全运行管理制度的建立和安全管理措施的推行也非常重要,主要包括数据的保密、日常维护、系统安全及对外服务等,管理制度还包括数据装载制度,对数据录入、数据验收、数据备份和数据检查等进行严格的质量控制,以减少数据的差错率。

10.4　实时监测与通信传输系统

实时监测与通信传输系统是支撑海口市河湖水系连通与联合调配水资源管理系统正常运行的基础。根据海口市河湖水系连通与联合调配水资源管理系统的需要,科学地布设监测网络,合理设置监测站(点)、监测井及观测断面等,采用自动监测仪器、移动存储监测仪器、人工测读监测仪器、遥感、数字影像以及人工巡测等方式获得各类水资源监测数据信息。对于自动采集仪器,其信息采集的频率和测次应能够进行程序化控制,并与通信传输系统相连接,实现网络化的监测信息远程自动传输。其他方式采集的监测信息,也应尽可能采用程序化和半程序化的方式在测控节点或测控分中心进行批量信息输入,通过计算机网络系统送至海口市信息处理中心,经初步分析处理后,存入系统综合数据库,提供给数据分析、信息服务和决策支持等各功能系统使用。

10.4.1　监测站现状

10.4.1.1　水位站

海口市的引调水工程是以南渡江为水源进行布置,在海南省水文水资源信息网中,对南渡江现存的水位站、雨量站、水情站、水质站等进行了总结,后期可以结合海口市经济可持续发展对水资源综合利用、防汛、防旱和防风调度、水质环境评价等的需求,调整和布设水资源监测站网,提高站网的整体功能。南渡江流域水位站点情况见表10.2。

表 10.2 南渡江流域水位站点情况

编号	站　　点	地　　址	报汛站分类
1	海口（三）潮位站	海南省海口市长堤路	中央报汛站
2	金江	海南省澄迈县金江镇京岭坡	中央报汛站
3	定安（三）	海南省定安县定城镇	中央报汛站

10.4.1.2 雨量站

根据海南省水文水资源信息网，流域内雨量站情况见表10.3。

表 10.3 南渡江流域雨量站情况

编号	站　　点	地　　址	检测项目
1	海口	海南省海口市长堤路	雨量
2	莫好	海南省白沙县南开乡莫好村	雨量
3	萌芽	海南省白沙县南开乡萌芽村	雨量
4	南开	海南省白沙县南开乡力保村	雨量
5	福才	海南省白沙县元门乡那吉村	雨量
6	可任	海南省白沙县可任乡	雨量
7	松涛水库（南丰）	海南省儋州市南丰镇南丰	雨量
8	澄迈	海南省澄迈县金江镇京岭坡	雨量
9	岭北	海南省琼山市东山镇岭北水库	雨量
10	龙塘	海南省琼山市龙塘镇	雨量

10.4.1.3 水情站

根据海南省水文水资源信息网，流域内水情站情况见表10.4。

表 10.4 南渡江水情站情况

编号	站名	河名	地　　址
1	白沙	南叉河	海南省白沙县牙叉镇
2	福才	南渡江	海南省白沙县元门乡那吉村
3	南丰	南渡江	海南省儋州市南丰镇
4	金江	南渡江	海南省澄迈县金江镇京岭坡
5	大陆坡	大陆坡河	海南省屯昌县大陆坡
6	三滩	新吴溪	海南省定安县新竹镇三滩村
7	定安	南渡江	海南省定安县定城镇
8	龙塘	南渡江	海南省海口市龙塘镇

10.4.1.4　水质监测站

水利系统水质监测工作经历了三个阶段。第一阶段为 1956—1970 年，主要任务是收集江河天然水质资料，监测天然水化学成分。第二阶段为 1970—1985 年，这是我国水质监测工作步入全面发展的初期，水质污染监测工作在水利部门开始全面展开，水文部门内增设了水质监测机构，进一步建立健全了各流域水质监测中心。1984 年又成立了水利部水质试验研究中心，同年发布了 SD 127—84《水质监测规范》，为水质监测工作的规范化管理奠定了基础。第三阶段为 1985 年至今，这是水质监测工作相对快速发展的阶段，现已建成了覆盖全国的水质监测网络体系，监测项目涵盖绝大部分水质指标，实现了对水质的有效监测。同时注重保证监测数据的可靠性，截至 1997 年年底，全国水利部门的水环境监测机构全部通过国家级计量认证考核。根据海南省水文水资源信息网，流域内水质站点情况见表 10.5。

表 10.5　　　　　　　　　　南渡江流域水质站点情况

序号	站　名	类　型	方　式
1	松涛水库（南丰）	水库	人工
2	龙塘	河流	人工

海口市属季风性热带气候区，降雨丰沛，又处于海南最大河流南渡江的河口三角洲区，城市内河网密布，水资源丰富。海口市城区的主要河流、湖泊及水库也是重要供水水源，沿途取水口纵多。因此，海口市严格执行《海南省城镇内河（湖）水环境监测方案》，2016 年 12 月，海口市要求监测的 19 个水体环境质量状况统计见表 10.6。

表 10.6　　　　　海口市要求监测的 19 个水体环境质量状况统计表

序号	水体名称	断面名称	水体类型	水质管理目标	当月水质类别	当月水质总体评价
1	南渡江海口段	儒房	河流	地表水Ⅲ类	地表水Ⅱ类	达标
2	海甸溪	四二四医院	海水	海水Ⅳ类	海水劣Ⅳ类	超标
3	美舍河	凤翔桥	河流	地表水Ⅴ类	地表水劣Ⅴ类	超标
		3 号桥	河流	地表水Ⅴ类	地表水Ⅴ类	达标
4	五源河	后海桥	河流	地表水Ⅴ类	地表水劣Ⅴ类	超标
		五源河出海口	河流	地表水Ⅴ类	地表水Ⅳ类	达标
5	大同沟	大同沟	河流	地表水Ⅴ类	地表水劣Ⅴ类	超标
6	龙昆沟	龙昆沟	河流	地表水Ⅴ类	地表水劣Ⅴ类	超标
7	电力沟	电力沟入海口	河流	地表水Ⅴ类	地表水Ⅴ类	达标
8	龙珠沟	龙珠沟入海口	河流	地表水Ⅴ类	地表水Ⅴ类	超标

序号	水体名称	断面名称	水体类型	水质管理目标	当月水质类别	当月水质总体评价
9	鸭尾溪	海达路	河流	地表水Ⅴ类	地表水劣Ⅴ类	超标
10	白沙河	海达路	河流	地表水Ⅴ类	地表水劣Ⅴ类	超标
11	海甸沟	海上都小区	河流	地表水Ⅴ类	地表水劣Ⅴ类	超标
12	秀英沟	市二十七小	河流	地表水Ⅴ类	地表水劣Ⅴ类	超标
13	响水河	铁桥村	河流	地表水Ⅴ类	地表水Ⅳ类	达标
14	红城湖	红城湖	湖库	地表水Ⅴ类	地表水劣Ⅴ类 （地表水劣Ⅴ类）	超标
15	东西湖	东西湖	湖库	地表水Ⅴ类	地表水劣Ⅴ类 （地表水劣Ⅴ类）	超标
16	金牛湖	金牛湖	湖库	地表水Ⅴ类	地表水劣Ⅴ类 （地表水劣Ⅴ类）	超标
17	工业水库	工业水库	湖库	地表水Ⅴ类	地表水劣Ⅴ类 （地表水劣Ⅴ类）	超标
18	东坡湖	东坡湖	湖库	地表水Ⅴ类	地表水劣Ⅴ类 （地表水Ⅴ类）	超标
19	丘海湖	丘海湖	湖库	地表水Ⅴ类	地表水Ⅲ类 （地表水Ⅲ类）	达标

注 括号内的水质类别为总氮单独评价结果。

20世纪60—70年代，海口市水体开始受到污染，水质污染主要以工业污染为主，2000年以来逐渐转为生活污染为主。40多年来，随着海口社会经济的不断发展，水质状况一度出现很大幅度的下降，后来又随着全社会污染防治力度的加大，而开始恢复。2012年海口市主要陆源排污口排污状况统计见表10.7。

表10.7　　　　　2012年海口市主要陆源排污口排污状况统计表

序号	排污口名称	2012年超标排放次数	主要超标污染物
1	龙昆沟排污口	4	粪大肠菌群
2	美舍河入海口	0	—
3	演丰西河入海口	1	悬浮物
4	秀英工业排污口	0	—
5	福昌河入海口	1	磷酸盐

10.4.2 信息采集内容及方式

10.4.2.1 采集内容

水资源信息从更新方式上一般可划分为基础信息和实时信息两大类。从表现方式上可划分为属性信息、空间信息及视频信息等。基础信息是指在一段时间内基本保持不变的信息，主要包括水利工程基础信息、监测站（网）信息、经济社会信息以及基础空间地理信息等。基础信息主要通过人工录入和外部交换的方式得到。基础信息的稳定是相对的，也要注意及时更新以保证数据的实时性。实时信息是指时效性要求比较强的信息，也是实时采集传输系统的重点采集内容。实时信息主要包括以下内容：

（1）实时雨水情数据库：用来存储、管理流域各水情自动测报站（含水量站、水位站、潮位站、流量站等）自动测报和人工采集的实时水情信息以及预报信息。主要包括代表性雨量站和蒸发站的降水量、水面蒸发量等气象信息，代表性水文站（点）控制断面的水位、流量等地表水信息，代表性地下水长观孔水位、水温等地下水信息。

（2）实时工情数据库：主要包括地表水和地下水的供水工程和取水工程的运行情况信息等。

（3）实时供水数据库：主要包括城市集中供水水源地（河湖取水水源地、水库、地下水源等）供水量、来水量、蓄水量、水位、地下水埋深和水质等的供水量和水质等实时信息。

（4）实时取用水数据库：主要包括取用水大户的时段取用水量、瞬时流量等实时信息。

10.4.2.2 采集方式

根据水资源实时监控与管理的需要和信息类别，信息采集方式可以分为自动采集、人工采集和移动采集等方式。

（1）自动采集。目前，雨量站、水位信息的自动采集已有了许多成熟的方案和技术，雨量信息采集可采用雨量自动遥测站方式进行。在各监测站设置标准雨量观测场，配置雨量计及翻斗式雨量传感器，并配置固态存储器，以采集和存储雨量信息。采用水文监测和水位自动遥测站相结合的方式进行水位自动采集。在监测点设置自计水位装置，配置自计机械水位计及编码水位传感器或超声波水位传感器或压力式水位传感器或气泡水位计并配置水位固态存储器等仪器设备，以采集存储水位信息。同时设置观测道路、台阶及校核水尺等基础设施。地下水监测点配置遥测压力水位计，遥测数据终端、固态存储器。输水管道测压点和测流点采用自动监测设备。各类泵站工作状态监测采用自动监测设备。

流量信息自动采集成本过高，典型站点采用自动监测方式，其他站点则采用闸坝推流或缆道或巡测方式。

（2）人工采集。在目前的技术条件下无法做到自动采集或采用自动采集方式成本过高，采用人工方式完成，并把所采集的数据录入到数据库。

（3）移动采集。为了提高应急指挥能力，对突发事件或险情可通过移动采集方式进行信息采集。

10.4.3　通信传输系统

海口市水资源通信传输系统由监测站、中继站、中心站、分中心等组成，将监测站所获得的监测数据资料远距离地实时传输到中心站，继而传入到信息中心或分中心的计算机网络系统，可以方便地进行高速宽带信息交互、统一的信息存储管理和信息加工处理。

10.4.3.1　监测站

监测站主要是完成数据的采集、存储，定时发送等工作。主要由传感器（或监测仪）、检测电路、单片机、调制器、无线电台、控制器及电源等组成。系统将自动采集的信息通过传感传输到固态存储器，并根据监测信息时间要求，及时拍报，随时加报；不能直接读报的信息，通过人工置数等方式拍报，基本实现有人看管，无人值守。可以接受中心与分中心的随时查询和召测。

10.4.3.2　中继站

中继站主要是完成数据的传递，在监测站点信息无法直接报送分中心的情况下设立中继站，将接收到的各种信息在要求的时间段内，传递到分中心，在数据传递过程中即可用数字信号再生中继，也可用话路模拟中继。中继站由单片机系统、调制解调器、无线电台及电源等部分组成。

10.4.3.3　中心站

中心站是海口市水资源调度与管理系统的总控制中心，负责实时数据的收集、处理和信息管理。中心站的主要设备包括信号收发装置和计算机，用以进行监测数据资料的接受、存储、检索、显示和维护等数据处理工作。中心站要全天候值守、不中断地运行，随时接收由各站点发来的数据，进行合理性检验，若合理则用新数据代替该站前一次合理数据，否则作为可疑数据待下一次接到该站的数据后进行取舍，并对相应测站工作状态标志置位，将接收到的数据打印。操作人员将接收到的数据的时间及合理性判别的结果存入指定文件，按指定的时间段进行整理，便于随时检索、查询、显示和打印。

10.4.3.4　分中心

实时接收监测站点报送、拍发的各类信息，对其所管辖区域内监测站点进行遥控、遥测，对所采集的数据信息进行整理，上传至中心站，接收中心站的调试指令，完成对辖区范围内控制点的用水控制。

海口市河湖水系连通与联合调配水资源管理系统的基本环节包括：水库、河流、渠道、提灌站（泵站）或提灌系统的引水、输水、配水、扬水、蓄水及地表水、地下水等项目的监测，这些基本环节的工作状况和通信状况直接影响到整个系统的正常运行和决策调度的准确性。根据水利系统的特点，结合实际情况，在进行通信系统的建设时要遵循 SL 61—2015《水文自动测报系统规范》和 SL 517—2013《水利水电工程通信设计技术规范》中的规定标准。系统应具备先进性，采用国际主流技术平台，适应系统的发展，保证系统的开放性和兼容性。还要保障系统运行的稳定性、可靠性。

信息传输可以采用超短波、微波、GSM、GPRS、PSTN、ADSL、卫星信道等一种或几种通信方式，实现各类监测信息的快速、准确传输。本着充分利用现有通信资源的原则，海口市河湖水系连通与联合调配水资源管理系统可采用海口市已建的通信网络和水利公用网络平台。在现有网络不能覆盖的站点及新建的流量自动监测站，采用超声波、移动通信、PSTN 通信、光纤、卫星等多种技术手段来组网。各类监测信息由各监测站采集之后，经信息传输系统报送至中心站，部分信息先报送至分中心，再经水利公用网络平台报送至中心站。

10.5　决策支持系统

决策支持系统是海口市河湖水系连通与联合调配水资源管理系统的核心。系统在保障流域社会经济可持续发展以及水资源可持续利用原则的基础上，根据流域社会和经济现状及发展规划，利用水资源实时预报、实时管理和实时调度模型制定合理的供水计划和水资源调配方案，为科学决策提供参考依据。

为实现水资源合理配置目标，掌握水资源供需形势的发展变化，进行动态水情、雨情、工情等信息的接收与处理，也要收集水资源工程情况以及生活、工业、农业等经济社会发展信息；进行水资源数量、质量、空间分布规律以及水资源利用状况实时分析和评价；来水预报、需水预测，确定水资源极其开发利用形势和存在的问题；制定水资源实时管理方案和实时调度方案，并分析其实施效果；通过决策会商等确定实施方案并进行水资源调配组织管理等多项工作。在决策分析中不但要进行行之有效的模型、方法对决定性问题进行求解，还要根据原则、协议、规则、规定和水资源调配专家的经验，解决半结构化问题。由于水资源条件和社会经济发展条件的复杂性，还要能按决策者的意图，灵活、智能地制定各种可行方案，使决策者能有效地应用经验减少风险，筛选满意方案组织实施，充分发挥有限水资源的利用效率，尽可能减少水资源短缺的损失，对生态环境的不利影响达到最小，实现水资源可持续利用。水资源的决策过程可以分为 6 个阶段（见图 10.4）。

（1）情报活动阶段。主要完成基本信息（包括行政区划、地形、地貌、人口、社会、政治经济和文化概况、水资源分区情况、政治法规等），气象，水文，雨水情（包括降雨、地表水、地下水等），水资源工程状况（包括水库、渠道、拦河坝、城市供排水工程、污水处理工程等），灾情（包括旱灾、水污染灾害、洪灾、突发性工程

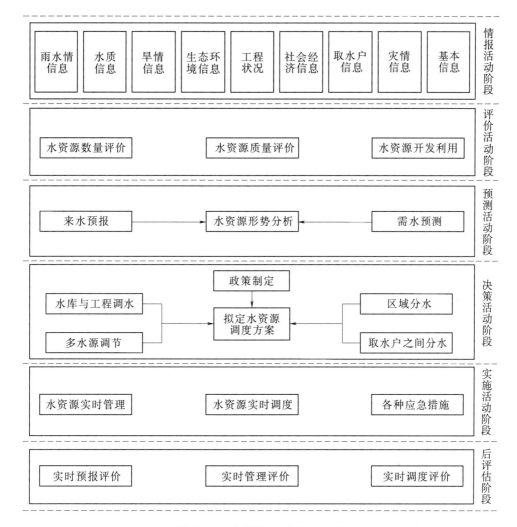

图 10.4　水资源的决策过程图

事故及管理事故灾害等），生态环境（包括水环境、植被、地温、湿度、地下水漏斗、地裂缝、地面沉降、盐碱化、荒漠等）等信息的采集、收集整理，并提供信息服务。信息是决策的基础，它构成了决策的环境。

（2）评价活动阶段。主要完成水资源数量评价（包括地表水、地下水）、水资源质量评价和水资源开发利用评价。评价既是对水资源现状的分析，也是预报的基础。

（3）预测活动阶段。主要完成水资源供需形势及发展趋势分析，即供给侧的来水预报，包括地表资源（即河川径流）预报；需求侧的需水预测，包括生产（工业、农业）需水预测，生活（城镇、农村）需水预测和生态需水预测等。由于水资源调度决策属事前决策，预报的结果是管理和调度的依据。预报的误差能否满足要求，是决策风险的主要原因之一。

（4）决策活动阶段。水资源供给和需求状况及其发展趋势的预报构成了水资源形势，经过分析归纳，依据决策目标和可以使用的手段设计出一组或几组可以实现决策目标的可行方案（方案的内容包括：在需求侧进行用水结构调整、分行业节水措施等。抑制需求过度增长，并提高水资源利用率；在供给侧统筹安排污水资源化、地表水和地下水联合利用，增加水资源对流域发展的综合保障功能；以及调动各种工程与非工程手段提高对水资源的调控能力，改善水资源的时空分布和水体质量以满足发展需求，同时通过水资源统一管理和行政区的断面总量控制保证水量调配方案的落实），以及每个可行方案的风险及后果评价，然后由决策层在认清水资源形势的基础上，本着水资源可持续发展目标，通过会商，进行方案补充调整，选出满意方案予以实施。

（5）实施活动阶段。主要任务是依据决策活动阶段选定的方案，实施水资源实时管理和实时调度，以及各种应急措施。

（6）后评估阶段。主要任务是对水资源实时预报方案的准确性进行评估，分析和评价预报误差的大小及其产生的原因等，并在此基础上，对水资源实时管理和实时调度方案实施后的效果进行评估，评估标准是水资源的可持续利用。

除情报活动阶段以及实施和后评估活动阶段的部分内容外，开发的系统应对上述阶段都予以支持。

海口市河湖水系连通与联合调配水资源管理系统主要是为决策者提供决策支持，而不是代替决策或进行决策。所谓决策支持主要是提供信息，提供分析计算手段，启发决策者发现问题，寻求问题可能解决的途径，辅助决策者制定水资源调配方案，并对方案进行评价。该系统是一个人机交互系统，支持过程必须通过决策者和计算机系统反复交互才能实现，而且水资源实时管理和实时调度决策时群决策行为，要通过会商进行决策。

10.6 软件应用系统

软件应用系统是调度与管理系统的核心，由信息接收处理、信息管理、业务管理、决策支持、综合数据库等组成，完成水资源信息接受处理，完成水资源信息管理、查询和发布，完成水资源日常业务管理，完成供水调度、决策会商、方案后评价，为水资源优化配置和调度管理提供全面的决策支持。通过软件应用系统的建设，全面提高海口市水资源管理现代化和决策智能化水平，实现海口市水资源的可持续利用，为社会经济可持续发展提供强大的技术支持。

10.6.1 系统总体逻辑结构

软件应用系统的总体逻辑结构可划分为三个层次：用户界面层、应用层（业务逻辑组件、中间件）、数据支撑层。系统应用层通过用户界面层与管理人员和决策者交互，在系统应用层众多业务逻辑组件和中间件以及数据支撑层的支持下，完成水资源管理与决策过程中各阶段、各环节的多种信息需求和分析功能,系统界面如图10.5所示。本系统界面友好,操作简单,界面内容主要包含菜单栏、工具栏、图层窗口、显示窗口和状态栏。

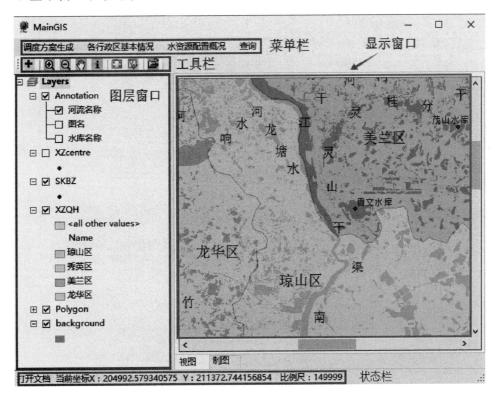

图 10.5 系统界面

菜单栏包含调度方案生成、各行政区基本情况、水资源配置情况和查询等四项菜单,"调度方案生成"主要负责打开需水预测、来水预测,然后进行优化计算生成方案;"各行政区基本情况"主要显示海口市各区域的社会情况、经济情况等;"水资源配置概况"主要显示海口市各区域的可供水水库、水厂、供水工程及地下水可开采量;"查找"是用来查询和定位具体某个水库、行政区等在地图上的位置。

工具栏:主要包含一些地图操作的功能,如添加数据、地图放大、缩小、平移、要素属性、全图、打开文档等。点击工具栏中右边的"打开文档",即弹出打开地图窗口,如图 10.6 所示,选择需要加载的地图文件(mxd 格式),即可在系统中显示。另外,通过点击工具栏中左边的"添加数据",即弹出打开数据窗口,如图 10.7 所示。选择要加载的矢量数据,栅格数据,以及其他 ArcGIS 支持的数据。

图层窗口:用于显示当前地图所有加载的图层,可通过左键拖拽改变图层上下位置,关闭或打开图层,右键可以移除图层、打开属性表和缩放至该图层。

显示窗口:主要用于地图要素的显示、浏览等。

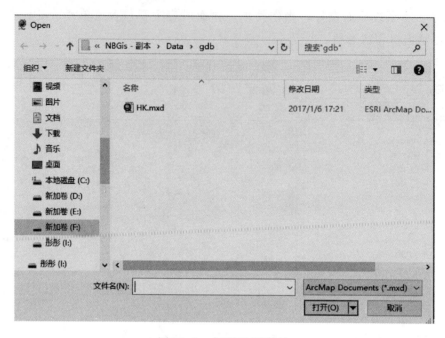

图 10.6 打开地图窗口

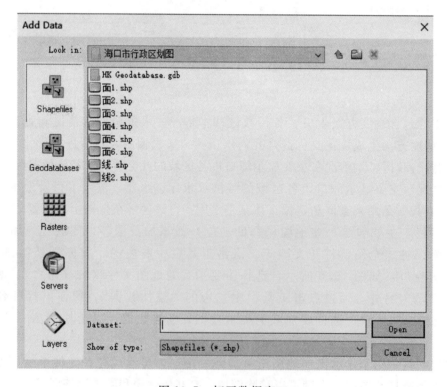

图 10.7 打开数据窗口

10.6.2 系统主要模块

海口市河湖水系连通与联合调配水资源管理系统主要包括需水预测模块、来水预测模块、调度方案生成和查询等模块。

10.6.2.1 需水预测模块

需水预测模块主要是运用系统动力学法对各区域各用水户进行需水量计算，本系统中需要在需水预测窗体下输入预测年份，选择预测情景，系统会生成结果，如图 10.8 所示，并把计算结果填充到"XZQH"图层的属性表中，可以将计算结果可视化。

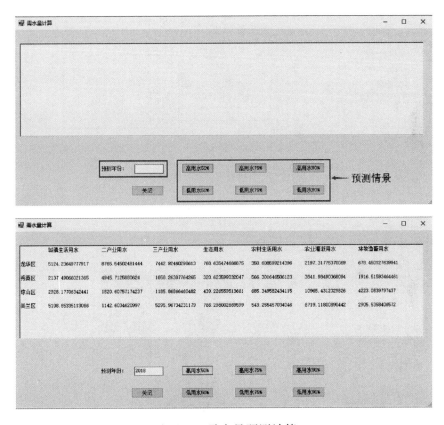

图 10.8　需水量预测计算

关闭需水预测窗体后，点击工具栏中"属性要素"后，选择一个行政区，属性表中就可以看到该区域"城镇生活用水""农村生活用水""二产业用水""三产业用水""生态用水""农业灌溉用水""林牧渔畜用水"的计算结果，如图 10.9 所示。另外，通过设置图层的显示方式，可以直观看出不同行政区对某类型用水户水量需求的高低（见图 10.10），对以后区域水源的配置可作重要的参考。

10.6.2.2 来水预测模块

该模块主要包括降雨和蒸发数据的设置、参数设置及来水预报三个部分。

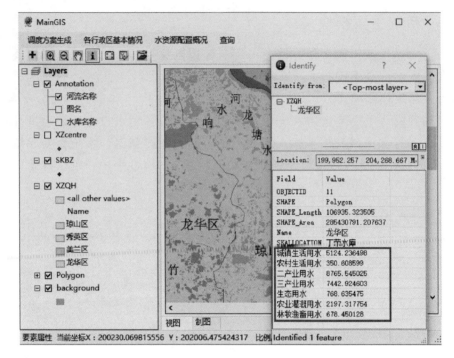

图 10.9　行政区需水量查询

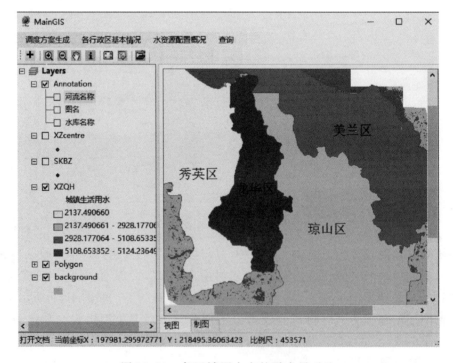

图 10.10　各区域用水户的需水量对比

降雨和蒸发设置主要是对模型降雨和蒸发数据的输入，在"初始化时间设置"中用户可以选择计算时段长度内的降雨和蒸发数据来进行计算，如图 10.11 所示。除了系统中已有的数据，用户还可以将未来的降雨和蒸发数据估计值通过手动输入到模型中去，从而进行未来的来水预报。

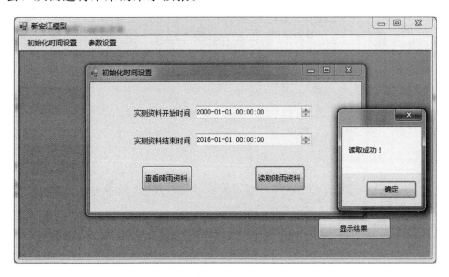

图 10.11　读取文件设置

参数设置主要是对模型运行的参数进行合理的设置，包括 17 个雨量站点的控制面积、深层蒸散发系数、蒸散发折算系数、上层初始含水量、下层初始含水量、初始自由水面积等参数的设置，参数设置界面如图 10.12 所示。参数设置是模型计算准确的关键条件，所以选择合理的参数尤为重要。

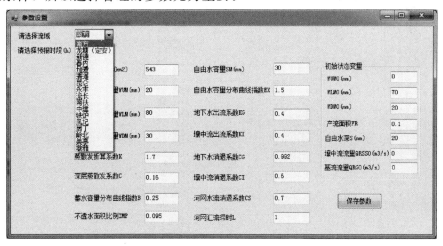

图 10.12　参数设置

来水预报模块主要就是将前面所做的时间和参数设置作为计算的参数，通过新安江模型计算得出流域出口断面的流量。

10.6.2.3 调度方案生成模块

调度方案生成模块主要是利用前面两个模块的结果，进行优化计算，得出最佳的水资源调度方案，即各水源分给各用户的水量。也就是说一定要先进行前两个模块的运行，才可以完成调度方案生成模块。在前面需水预测和来水预测运行完成后，点击菜单栏"调度方案生成"下的一种情景方案生产，系统将自动调用前面的计算结果进行优化计算，生成方案并保存。打开计算的水资源配置结果如图 10.13 所示。

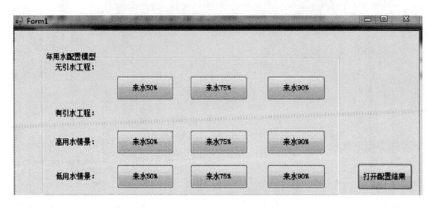

图 10.13 水资源配置结果

10.6.2.4 查询模块

查询模块主要是显示海口市各区域的社会情况、经济情况、水资源情况等，对现状做了整理，如有变化也可以进行编辑修改并自动更新数据库，便于日后的管理和查询。

（1）行政区基本情况及水资源配置查询。在菜单栏"各行政区基本情况"下，可以选择对应行政区的子菜单，点击将弹出该行政区的基本情况，如图 10.14 所示。由于社会经济发展情况每年是在动态变化的，尽管波动较小，系统设置了"保存修改"按钮，可以进行人为修改或者放弃修改，保持数据的更新，修改后系统会自动更新数据库。

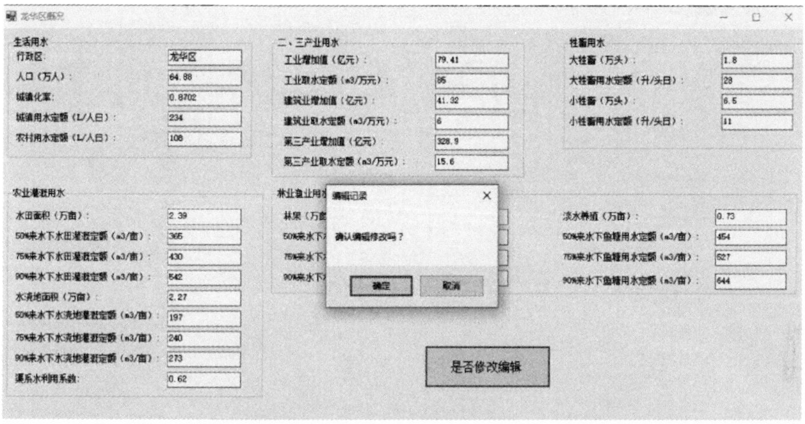

图 10.14　行政区基本情况

在菜单栏"水资源配置概况"下，可以选择对应行政区的子菜单，点击将弹出该行政区的水资源配置情况，包括"水库配置""水厂配置""供水工程配置"和"地下水配置"，如图 10.15 所示。可以将前面介绍的各区域需水预测的情况结合各区域水资源配置的情况，在调度协商时进行综合考虑，方便决策。

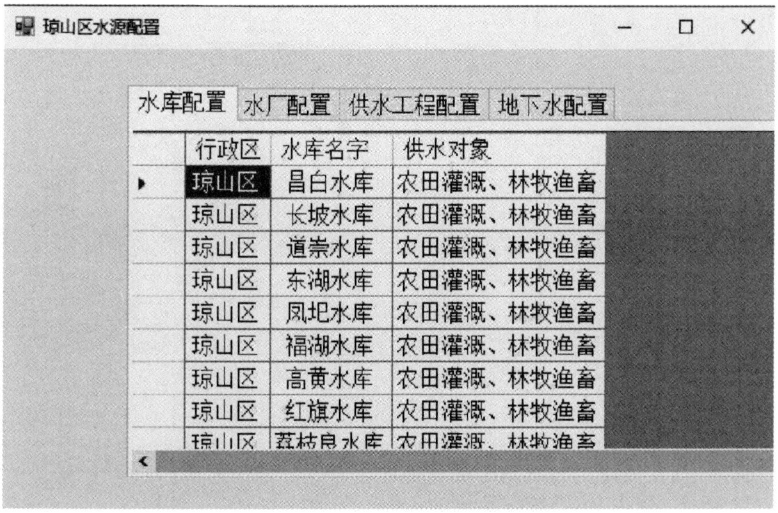

图 10.15　区域水资源配置

（2）查询。像许多商业软件一样，系统也提供了"查询"对象的功能，用户通过菜单栏下的"查询"命令，单击"查询目标位置"子菜单，将弹出查询位置的窗体，如图 10.16 所示。在窗体中选择"图层名称"，选择"字段名称"，输入字段值，单击"查询"，系统将锁定目标的位置，从而可以进一步使用工具栏中"查询要素"功能查看该对象特征变量值，如图 10.17 所示。

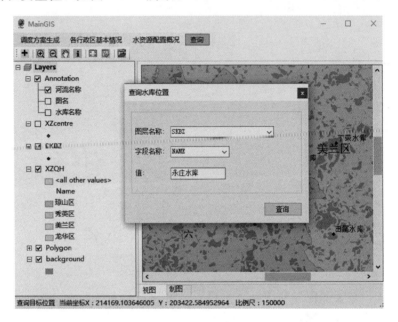

图 10.16　查询窗体

图 10.17　查询结果

10.7 小结

本章介绍了海口市水利信息化建设的必要性和可行性，针对海口市河湖水系连通与联合调配水资源管理系统提出了具体的目标、任务、原则和总体框架，严格采用统一标准的数据库。分析了海口市现有的监测站点，保证数据的有效传输。提出决策过程，计算机模拟结果经过决策者的分析和判断，制定水资源调配方案，并对方案进行评价，实现水资源的优化配置和调度。最后，根据前期对海口市水系、水利工程、供水工程、需水预测、来水预测、优化配置的整理，开发了海口市河湖水系连通与联合调配水资源管理系统，并对软件的总体逻辑结构和主要功能进行了展示。

第11章 主要研究成果

本书收集研究区域社会经济、水文气象、地形、地貌、河流水系、湖泊、水利工程等基础资料，综合考虑流域水系格局、人水格局、资源环境状况和水系连通状况等方面，选择能够描述水系连通状况以及河湖健康情况的一系列可以量测的指示因子，建立一套合理的指标体系，构建基于系统动力学方法的河湖水系连通评价模型，对海南岛河湖水系连通现状进行分析评价。以海口市为示范区，对海口市河网水系连通现状进行整理，研究复杂水资源系统的优化配置问题，开发海口市河湖水系连通与联合调配水资源管理系统，所得到的主要研究成果如下：

（1）明晰了河湖水系连通的基本概念、内涵和特征。针对河湖水系连通研究不够充分，其内涵不够明晰等问题，在总结相关研究成果的基础上，结合河湖水系连通的战略目标、构成要素等，对河湖水系连通概念、内涵及特征进行深入探讨，明晰了河湖水系连通的基本概念、内涵和特征，将河湖水系连通概念界定为客观存在，构建了包括水系连通性、自然功能、社会功能等准则层及相对应的若干指标层构成的河湖水系连通评价指标体系。

（2）对海南岛河湖水系连通系统进行了动力学仿真与评价。在系统科学、可持续发展思想和战略思维方法的指导下，综合运用系统动力学、统计分析、环境学等理论和方法，采用分析、仿真模拟、评价和归纳总结相结合的手段，对河湖水系连通进行了系统概化和仿真评价分析研究。利用系统动力学理论和方法建立包括水系连通性、自然功能、社会功能三个子系统的河湖水系连通系统动力学仿真模型，通过特征分析找到影响系统的主要驱动因子，并以主要驱动因子为调节变量分析河湖水系连通系统演变特征，得出未来5年南渡江流域河湖水系连通系统及各子系统的发展趋势，为河湖水系连通存在问题和有效实施提供理论依据。建立基于联系数的南渡江河湖水系连通等级评价模型，即用改进的基于标准差的模糊层次分析法确定河湖水系连通评价体系中各指标和各子系统的权重，用集对分析法构造各评价样本与评价标准等级之间联系数分量方法，从而保障河湖水系连通评价的可靠性，并在南渡江流域开展水系连通评价实证研究。

（3）分析了海南岛河湖水系连通总体布局。在对海南岛河湖水系连通状况和功能进行分析的基础上，结合典型流域水资源及其开发利用状况、水利工程布局、生态功能格局、生态环境整体情况等，从连通的目的、方式、功能、作用、影响等多个角度总结典型流域在河湖水系连通方面的得失与经验教训，分析典型流域河湖水系连通现状存在的主要问题及其成因，提出海南岛河湖水系连通的总体布局。

（4）分析了海口市水资源水环境问题。海口市是海南岛的经济、交通、政治中心，其战略地位和发展意义不言而喻，水资源是经济发展中的基础资源，对于海口而言，降水、径流和地下水等各方面的城市水资源量相对较为丰富，但在时间维度和空间维度上都存在一定程度的不均匀分布问题，为此，海口市积极、高效进行水资源管理，以支持国民经济发展和满足居民生产生活需求，研究海口市水资源概况及水资源利用情况等，着重分析了海口市河网水系、水环境质量存在的主要问题及其原因，提出改善水环境质量的整治措施。

（5）评价了海口市河湖水系连通工程。海口市地处南渡江下游河口地区，河网水系发达，纵横交错，为海口市构建"海洋、江河与湖泊"水景观提供了良好自然条件。海口市主要河流有南渡江、荣山河、五源河、秀英沟、龙昆沟、美舍河、响水河、龙塘水等 20 多条，主要湖泊包括红城湖、东西湖、金牛岭等，有丁荣、凤潭、云龙、永庄等 10 座中型水库和 27 座小（1）型水库。为了争夺有限的土地资源，海口市在城市化以及社会经济发展进程中，河流水面被人为侵占，河网末端大量村镇级小河流被填埋，河网水系自然的调蓄功能萎缩，高度城市化地区非主干河道不断减少，河网结构趋于简单，河网有单一化以及主干化的趋势，导致河流水系结构破坏以及功能退化的状况比较突出，严重影响了河网水系的连通性和水动力特性，造成河湖逐年淤积、水污染日益加剧、生态环境退化。在深入掌握海口市河湖水系连通现状的基础上，揭示其存在的主要问题，并对其进行评价。

（6）对海口市江东水系连通水量水质调度数值进行了模拟研究。江东水系发达，河网纵横交错，但是河道管理相对较弱，大部分为当地养殖用户自行管理或无人管理，缺乏专业指导，管理环节薄弱，河道占用严重，水体自净功能几近丧失。采用水系连通工程来改善江东水系水环境，分析不同潮位和流量情形下潭览河、迈雅河、道孟河下游河段水流和水质变化状况，通过对江东水系的水量水质模拟研究，确定合理的调水方案，改善海口市江东水系的水环境质量。

（7）对海口市龙昆沟河湖水系连通水量调度数值进行了模拟研究。龙昆沟为海口市中心城区的主要排洪河道，因管理不善及潮水顶托，工农业和生活废污水蓄积回荡在河道内，造成河道污染，严重影响居民生活。为改善龙昆沟现状，利用河湖水体动力特性，实行龙昆沟水系联合调度。本书分析不同潮位和流量情形下龙昆沟下游河段水流和水质变化状况，以便确定合理的调水方案，改善海口市中心城区的水环境质量。

（8）对海口市社会经济发展需水预测。根据海口市城市发展规划总体布局对 2020 年、2025 年、2030 年海口市全市的常住人口、城镇化水平进行预测，得到不同年份的生产总值、工业增加值、建筑业增加值、第三产业增加值等生产行业发展水平。根据海口市近年相关数据，参考现有规划和其他城市的用水水平，结合现有相关节水技术措施及节水潜力，预测海口市未来城镇居民生活、工业建筑业发展、第三产业发展、河道外生态维护、农村居民生活、农田灌溉和林牧渔畜产业发展的需水量。

（9）构建了海口市南渡江来水预测模型。南渡江是海口市众多引水工程和水源的取水口，需要将南渡江来水预测结果作为河道的来水量放入优化配置模型。分析南渡江流域各雨量站点的位置和基本情况，选取龙塘水文站以上松涛水库以下均匀分布的 17 个雨量站点的坐标，计算各站点的控制面积。根据各站点的日降雨量资料和流域蒸发站点的蒸发数据，构建来水预测模型，得到预测时段内龙塘水文站的日径流量数据，结合龙塘水文站的实测流量资料分析得出来水预测模型可靠，加入未来的降雨蒸发数据，可以进行未来时段内的河道来水量预测。

（10）构建了海口市水资源优化配置模型。从满足海口市经济社会可持续发展、实行最严格水资源管理和水生态文明建设要求出发，优化和调整海口市水资源配置新格局，为海口市构建供水安全、生态安全保障体系提供依据。本书中水资源配置模型是一种以水资源区套行政区为基本计算单元，以水资源供用耗排平衡、水利工程调度供水平衡以及各水源可供水量为约束条件，以缺水率最小、环境污染最小、经济效益最大为目标函数的数学规划模型，为调整水资源配置格局和设计合理的工程规模提供科学的依据。

（11）开发了海口市河湖水系连通与联合调配水资源管理系统。分析海口市水利信息化现状，论述了系统建设必要性和可行性。建立海口市河湖水系连通与联合调配水资源管理系统的目标、任务、原则和总体框架，其中决策支持系统是海口市河湖水系连通与联合调配水资源管理系统的核心，明确决策支持的依据和流程。将前期的海口市河湖水系、社会经济、产业发展统计结果、需水预测、来水预测及优化配置模型等集成到系统中，开发海口市河湖水系连通与联合调配水资源管理系统。水资源管理系统的开发不仅使海口市水利信息化技术得到了一定的提高，水资源的开发利用决策更具有科学依据，同时充分发挥了河湖水系连通工程的效益。

参　考　文　献

［1］　窦明，崔国韬，左其亭，等．河湖水系连通的特征分析［J］．中国水利，2011（16）：17-19.

［2］　李宗礼，刘晓洁，田英，等．南方河网地区河湖水系连通的实践与思考［J］．资源科学，2011，33（12）：2221-2225.

［3］　夏军，高扬，左其亭，等．河湖水系连通特征及其利弊［J］．地理科学进展，2012（1）：26-31.

［4］　李原园，郦建强，李宗礼，等．河湖水系连通研究的若干问题与挑战［J］．资源科学，2011（3）：386-391.

［5］　吴道喜，黄思平．健康长江指标体系研究［J］．水利水电快报，2007（12）：1-3.

［6］　陈雷．关于几个重大水利问题的思考——在全国水利规划计划工作会议上的讲话［J］．中国水利，2010（4）：1-7.

［7］　崔国韬，左其亭，窦明．国内外河湖水系连通发展沿革与影响［J］．南水北调与水利科技，2011（4）：73-76.

［8］　崔国韬，左其亭，李宗礼，等．河湖水系连通功能及适应性分析［J］．水电能源科学，2012（2）：1-5.

［9］　Rogers K.，Biggs H. Integrating Indicators，Endpoints and Value Systems in Strategic Management of the River of the Kruger National Park［J］．Freshwater Biology，1999，41（2）：439-451.

［10］　Healthy Rivers Commission. Healthy River for Tomorrow［C］．Sydney：Heohhy River Commission，2003.

［11］　B. B. M. Wong，J. S. Keogh，D. J. McGlashan. Current and Historical Patterns of Drainage Connectivity in Eastern Australia Inferred from Population Genetic Structuring in a Widespread Freshwater Fish Pseudomugil Signifier（Pseudomugilidae）［J］．Molecular Ecology，2004，13（2）：391-401.

［12］　符传君，姚烨，马超．海口市水资源供需平衡分析及对策研究［J］．水资源与水工程学报，2011（2）：94-99.

［13］　陈隆文．邗沟、菏水与鸿沟——兼论黄河与长江两大流域水运的沟通［J］．淮阴工学院学报，2012（4）：1-4.

［14］　曹玲玲．作为水利遗产的都江堰研究［D］．南京：南京大学，2013.

［15］　范玉春．灵渠的开凿与修缮［J］．广西地方志，2009（6）：49-51.

［16］　谭徐明，于冰，王英华，等．京杭大运河遗产的特性与核心构成［J］．水利学报，2009（10）：1219-1226.

［17］ 徐宗学，庞博．科学认识河湖水系连通问题［J］．中国水利，2011（16）：13－16.

［18］ 汪秀丽．国外流域和地区著名的调水工程［J］．水利电力科技，2004（1）：1－25.

［19］ 李原园，黄火键，李宗礼，等．河湖水系连通实践经验与发展趋势［J］．南水北调与水利科技，2014（4）：81－85.

［20］ 郑从奇．南水北调山东段中水截蓄导用工程综合效益评价研究［D］．济南：山东大学，2013.

［21］ 冯晓晶，金科，梁忠民，等．引江济太工程调水效益评估［J］．水电能源科学，2012（6）：135－138.

［22］ 祝雪萍．跨流域引水与水库供水联合调度及变化条件对其影响研究［D］．大连：大连理工大学，2013.

［23］ 郭潇，方国华，章哲恺．跨流域调水生态环境影响评价指标体系研究［J］．水利学报，2008（9）：1125－1130＋1135.

［24］ 张君，基于河湖连通的区域水资源承载能力分析［D］．北京：中国水利水电科学研究院，2013.

［25］ 王光谦，欧阳琪，张远东，等．世界调水工程［M］．北京：科学出版社，2009.

［26］ 刘坤，焦国明．农业需水预测方法研究［J］．安徽农业科学，2007（34）：10985－10986.

［27］ 覃绍一，刘立彬．需水预测方法浅谈［J］．四川水利，2006（1）：32－34.

［28］ 王海锋，贺骥，庞靖鹏，等．需水预测方法及存在问题研究［J］．水利发展研究，2009（3）：19－24.

［29］ 王盼，陆宝宏，张瀚文，等．基于随机森林模型的需水预测模型及其应用［J］．水资源保护，2014（1）：34－37＋89.

［30］ 王艳菊，王珏，吴泽宁，等．基于灰色关联分析的支持向量机需水预测研究［J］．节水灌溉，2010（10）：49－52.

［31］ 侯景伟，孔云峰，孙九林．蚁群算法在需水预测模型参数优化中的应用［J］．计算机应用，2012（10）：2952－2955＋2959.

［32］ 崔东文．加权平均集成神经网络模型在城市需水预测中的应用［J］．水资源保护，2014（2）：27－32＋45.

［33］ 郭亚男，吴泽宁，高建菊．基于主成分分析的支持向量机需水预测模型及其应用［J］．中国农村水利水电，2012（7）：76－78＋82.

［34］ Hartley J. A., Powell R. S. The Development of a Combined Water Demand Prediction System［J］．Civil Engineering Systems，1991，8（4）：231－236.

［35］ Prassifka D. W. Current Trends in Water Supply Planning［M］．New York：Von Nostrand Reinhold Compang，1988.

［36］ Atef AlKharabsheh，Rakad Taany．Challenges of Water Demand Management in Jordan［J］．Water International，2005，30（2）：210－219.

［37］ Jan Adamowski．Peak Daily Water Demand Forecast Modeling Using Artificial Neural Networks［J］．Journal of Water Resources Planning and Management，2008. 134（2）：119－128.

［38］ Mohsen Nasseri，Ali Moeini，Massoud Tabesh．Forecasting Monthly Urban Water Demand Using Extended Kalman Filter and Genetic Programming［J］．Expert Systems with Applications，2011，38（6）：7387 - 7395.

[39] Seok J. H.，Jeong - Jung Kim，Joon - Yong Lee，et al. Abnormal Data Refinement and Error Percentage Correction Methods for Effective Short - term Hourly Water Demand Forecasting [J]. International Journal of Control，Automation and Systems，2014，12 （6）：1245 - 1256.

[40] Bruno M. Brentan，Edevar Luvizotto Jr，Manuel Herrera，et al. Hybrid Regression Model for Near Realtime Urban Water Demand Forecasting [J]. Journal of Computational and Applied Mathematics，2015（3）：78 - 85.

[41] 王浩，游进军. 水资源合理配置研究历程与进展 [J]. 水利学报，2008（10）：1168 - 1175.

[42] 王浩，秦大庸，王建华，等. 黄淮海流域水资源合理配置 [M]. 北京：科学出版社，2003.

[43] 蒋云钟，赵红莉，甘治国，等. 基于蒸腾蒸发量指标的水资源合理配置方法 [J]. 水利学报，2008，39（06）：720 - 725.

[44] 娄帅，王慧敏，牛文娟，等. 基于免疫遗传算法水资源配置多阶段群决策优化模型研究 [J]. 资源科学，2013，35（03）：569 - 577.

[45] 付银环，郭萍，方世奇，等. 基于两阶段随机规划方法的灌区水资源优化配置 [J]. 农业工程学报，2014，30（05）：73 - 81.

[46] 吴凤平，贾鹏，张丽娜. 基于格序理论的水资源配置方案综合评价 [J]. 资源科学，2013，35（11）：2232 - 2238.

[47] Maass A，Hufschmidtm M，Dorfman R，et al. Design of Water Resource Management [M]. Cambridge：Harvard University Press，1962.

[48] Buras N. Scientific Allocation of Water Resources：Water Resources Development and Utilization - A Rational Approach [M]. New York：American Elsevier Publishing Company，Inc，1972.

[49] Haimes Y. Y.，Hall W. A.，Fredmand H. T. Multiobjective Optimization in Water Resources Systems：The Surrogate Worth Trade off Method [M]. New York：Elesvier，1972.

[50] 蒋云钟，鲁帆，雷晓辉，等. 水资源综合调配模型技术及实践 [M]. 北京：中国水利水电出版社，2009.

[51] 2015 年海口市国民经济和社会发展统计公报 [R]. 海口：海口市统计局国家统计局海口调查队，2015.

[52] 贺有利，王生林，赵晗彬. 城市化的动力——工业化和三产化 [J]. 甘肃理论学刊，2009（2）：106 - 111.

[53] 黄国如，冯杰，刘宁宁，等. 城市雨洪模型及应用 [M]. 北京：中国水利水电出版社，2013.

[54] 黄国如，冼卓雁，陈文杰. 海口市近年短历时暴雨演变特征分析 [J]. 水利与建筑工程学报，2015（2）：121 - 126.

[55] 张凯荣，宋长远，陈钰祥. 近 50 年来海南岛东部台风记录及其灾害性评价 [J]. 安徽农业科学，2010（23）：12880 - 12882.

[56] 孙伟，刘少军，田光辉，等. 海南岛台风灾害危险性评价研究 [J]. 气象研究与应用，

2008 (4)：7 - 9.

[57] 潘欢迎，万军伟，夏长健．海口市地下水含水层结构三维可视化建模初探 [J]．安全与环境工程，2010 (6)：1 - 4.

[58] 方荣杰，付检根．海口市地下水特征及城市应急水源地优选 [J]．水资源保护，2013 (1)：61 - 64.

[59] 海口市国土环境资源局．海口市饮用水水源地环境保护规划 [R]．海口：海口市国土环境资源局，2006.

[60] 海口市环境保护局．2014 年海口市环境状况公报 [R]．海口：海口市环境保护局，2015.

[61] 海口市水务局．海口市供水规划（2007—2020）[R]．海口：海口市水务局，2008.

[62] 刘家宏，秦大庸，王浩，等．海河流域二元水循环模式及其演化规律 [J]．科学通报，2010 (6)：512 - 521.

[63] 陈家琦．现代水文学发展的新阶段——水资源水文学 [J]．自然资源学报，1986 (2)：46 - 53.

[64] 尚松涛．水资源系统缝隙方法及应用 [M]．北京：清华大学出版社，2006.

[65] 游进军．水资源系统模拟理论与实践 [D]．北京：中国水利水电科学研究院，2005.

[66] 魏传江，王浩．区域水资源配置系统网络图 [J]．水利学报，2007 (9)：1103 - 1108.

[67] 许光清，邹骥．系统动力学方法：原理、特点与最新进展 [J]．哈尔滨工业大学学报（社会科学版），2006 (4)：72 - 77.

[68] 王艳芳，崔远来，顾世祥，等．系统动力学在水资源优化配置中的应用 [J]．水电能源科学，2006 (5)：8 - 11.

[69] 张波，虞朝晖，孙强，等．系统动力学简介及其相关软件综述 [J]．环境与可持续发展，2010 (2)：1 - 4.

[70] 符传君．南渡江河口水资源生态效应分析与高效利用 [D]．天津：天津大学，2008.

[71] 海南省水务厅规划计划处．南渡江流域综合规划（修编）环境影响评价 [R]．海口：海南省水务厅规划计划处，2013.

[72] 珠江水资源保护科学研究所．南渡江海南省海口市南渡江引水工程环境影响报告书 [R]．海口：海口市水务局，2014.

[73] 李兴拼．广西北部湾水资源合理配置理论与模型研究 [D]．广州：华南理工大学，2010.

[74] 袁建平，余天虹，施冉冉，等．基于偏离份额分析法的海口产业结构分析 [J]．海南师范大学学报（自然科学版），2012 (2)：197 - 205.

[75] 庄葆．国际旅游岛建设中海口城市旅游发展研究 [D]．海口：海南大学，2015.

[76] 钟伟．旅游业扩张对城市经济增长的影响 [D]．上海：华东师范大学，2013.

[77] 梁其海．海口市都市农业发展对策研究 [D]．天津：天津大学，2008.

[78] 李隆伟，韦开蕾．海南农田灌溉基础设施建设现状及对策 [J]．热带农业科学，2011 (12)：91 - 94.

[79] 林华文，冼晖翔．海口市林地资源综合开发利用和保护的探讨 [J]．热带林业，2013 (2)：36 - 40.

[80] 杜娜，王平，白小易．海口市城市化水平测度及对策研究 [J]．海南师范大学学报

（自然科学版），2012（3）：324－329.

[81] 钱耀军．生态城市可持续发展综合评价研究——以海口市为例[J]．调研世界，2014（12）：54－59.

[82] 张勤，李慧敏．城市供水规划中人均综合用水量指标的确定方法[J]．中国给水排水，2007（22）：45－48.

[83] 覃杰香，王琳，黄国如，等．基于系统动力学的广西北部湾经济区需水预测[J]．水电能源科学，2012（2）：28－31.

[84] 张银平，谭海鸥，陈奇，等．济宁市系统动力学需水预测模型研究[J]．中国农村水利水电，2012（5）：21－24.

[85] 陈沁．城市化——人口和土地的要素再配置[D]．上海：复旦大学，2013.

[86] 王济干，张婕，董增川．水资源配置的和谐性分析[J]．河海大学学报（自然科学版），2003（6）：702－705.

[87] 邓彩琼．区域水资源优化配置模型及其应用研究[D]．武汉：武汉大学，2005.

[88] 姚荣．基于可持续发展的区域水资源合理配置研究[D]．南京：河海大学，2005.

[89] 裴源生，赵勇，张金萍．广义水资源合理配置研究（Ⅰ）——理论[J]．水利学报，2007（1）：1－7.

[90] 王济干．区域水资源配置及水资源系统的和谐性研究[D]．南京：河海大学，2003.

[91] 韩月．三亚市水资源优化配置研究[D]．邯郸：河北工程大学，2013.

[92] 邵东国，贺新春，黄显峰，等．基于净效益最大的水资源优化配置模型与方法[J]．水利学报，2005（9）：1050－1056.

[93] 温鹏．对城市供水效益计算方法的初步研究[J]．水利经济，1997（3）：42－69.

[94] 古璇清，王海丽，王小军．广东省水稻灌溉效益研究[J]．广东水利水电，2011（10）：1－8.

[95] 梁祝，倪晋仁．农村生活污水处理技术与政策选择[J]．中国地质大学学报（社会科学版），2007（3）：18－22.

[96] 朱杰敏，张玲．农业灌区水价政策及其对节水的影响[J]．中国农村水利水电，2007（11）：137－140.

[97] 吴天霁．海口市污水海洋处置工程对附近海域的影响[J]．热带地理，2008（4）：338－341.

[98] 王东鑫，胡超，张静，等．海南省城镇污水处理厂污染物减排特征分析[J]．环境污染与防治，2013（10）：17－23.

[99] 吴有平，刘杰，何杰．多目标规划的LINGO求解法[J]．湖南工业大学学报，2012（3）：9－12.